高填方场地
变形机理与建造技术
应用实践

周垂一　李树一　朱　鹏
任金明　梅龙喜　等　　著

中国水利水电出版社
www.waterpub.com.cn
·北京·

内 容 提 要

　　本书以白鹤滩水电站库区消落带高填方场地为研究对象，系统阐述了消落带高填方场地变形机理与绿色智能建造技术；在系统总结高填方场地研究现状的基础上，基于原型试验与室内试验，研究了消落带填筑体损伤本构模型与破坏准则、强度与变形劣化规律、材料力学特性与参数选取方法、填方场地长期稳定性评价与监测预警体系；基于白鹤滩高填方场地特征与料源规划，系统阐述了大体积高填方地基绿色智能建造技术。

　　本书可供水利、交通、房建等相关领域的科研人员、工程技术人员及高等院校师生参考。

图书在版编目（CIP）数据

　　高填方场地变形机理与建造技术应用实践 / 周垂一等著. -- 北京：中国水利水电出版社，2023.4
　　ISBN 978-7-5226-1483-0

　　Ⅰ．①高… Ⅱ．①周… Ⅲ．①水库－水利工程－地基变形－研究 Ⅳ．①TV62②TU433

　　中国国家版本馆CIP数据核字(2023)第064754号

书　　名	高填方场地变形机理与建造技术应用实践 GAOTIANFANG CHANGDI BIANXING JILI YU JIANZAO JISHU YINGYONG SHIJIAN
作　　者	周垂一　李树一　朱　鹏　任金明　梅龙喜　等 著
出版发行	中国水利水电出版社 （北京市海淀区玉渊潭南路 1 号 D 座　100038） 网址：www.waterpub.com.cn E-mail：sales@mwr.gov.cn 电话：(010) 68545888（营销中心）
经　　售	北京科水图书销售有限公司 电话：(010) 68545874、63202643 全国各地新华书店和相关出版物销售网点
排　　版	中国水利水电出版社微机排版中心
印　　刷	北京印匠彩色印刷有限公司
规　　格	184mm×260mm　16 开本　16 印张　389 千字
版　　次	2023 年 4 月第 1 版　2023 年 4 月第 1 次印刷
印　　数	001—800 册
定　　价	**118.00 元**

　　凡购买我社图书，如有缺页、倒页、脱页的，本社营销中心负责调换

本 书 编 委 会

主　　编：周垂一　李树一

副 主 编：朱　鹏　任金明　梅龙喜　王四巍　王永明

编写人员：范光庆　普瑞泽　潘威杰　曾章波　刘　全
　　　　　陈　胜　裴志勇　胡　红　张亚鹏　吴　坚

审 稿 人：单治钢　方火浪

参编单位：中国电建集团华东勘测设计研究院有限公司
　　　　　浙江华东工程建设管理有限公司
　　　　　华北水利水电大学
　　　　　武汉大学

前言

白鹤滩水电站位于四川省宁南县和云南省巧家县境内，是金沙江河段梯级开发的第二个梯级水电站。白鹤滩水电站控制流域面积约为 43.03 万 km^2，总装机容量为 16000MW，是仅次于三峡水电站的中国第二大水电站。其建设任务主要是以发电为主，兼顾防汛、拦沙、改善航运等功能，在国家西电东送中担任了重要电源的使命。白鹤滩库区蓄水后将淹没巧家县部分居住区及生产用地，为解决库区移民安置问题，需实施高填方工程作为建设用地以解决移民安置问题。高填方场地多处紧邻水库，水库年水位变幅在 765～825m 之间，受到水库消落带水位变动的影响较大 。水库运行后，周期性水位波动将对高填方场地变形及稳定性产生不利影响，可能危及高填方区建筑物及居民生命和财产安全，因此，开展白鹤滩水电站库区消落带高填方场地变形机理与绿色智能建造技术研究具有重要实践意义。

本书共9章。第1章为绪论，介绍了白鹤滩高填方场地变形机理与绿色智能建造技术的研究意义。第2章为国内外研究现状，介绍了高填方场地国内外研究现状以及存在的问题。第3章为消落区高填方场地及料源规划，介绍了高填方场地基本特征与料源选取和规划。第4章为消落区高填方地基现场试验，介绍了原位条件下填筑体强度及变形规律，以及填方场地稳定性演化特征。第5章为消落区高填方填筑料室内力学特性试验及本构模型，介绍了干湿循环作用下填筑体物理力学特征、损伤本构和破坏准则。第6章为消落区高填方地基稳定性模型试验及数值模拟分析，基于原位试验和数值分析探讨了高填方场地稳定性。第7章为消落区高填方地基绿色智能建造，从智慧碾压、智慧强夯角度提出了绿色智能建造新技术。第8章为消落区高填方场地稳定性监测及预警，提出了消落区高填方场地预警监测体系与预警指标。第9章为工程应用实例，详细阐述了白鹤滩水电站库区高填方场地建造过程与所采用的新技术。

本书内容丰富、思路清晰，可供水利、交通、房建等相关领域的科研人员、工程技术人员及高等院校师生参考使用。

由于作者水平有限，书中疏漏和不足之处在所难免，敬请读者批评指正。

作者

2023 年 1 月

目录

第1章 绪 论

1.1 研究背景和研究意义

随着我国基础设施建设的蓬勃发展，大型水利水电工程、公路、机场、新城等越来越多建设在山区，如四川九寨黄龙机场、延安新城等，这些工程都遇到大量填方的问题。四川九寨黄龙机场，填方总量约 2763 万 m^3，最大填方高度约 104m。延安新城工程土方总量 3.63 亿 m^3，其中挖方 2.0 亿 m^3，填方 1.63 亿 m^3。目前我国有关土石方工程施工技术规范和规程中，对高填方尚无确切的划分界限。《公路路基设计规范》（JTGD 30—2004）结合填料的种类，进行了以下划分：填料为漂（块）石土、卵石土、砾类土以及碎石土并且填方高度大于 20m 的路堤边坡认定为高填方边坡。

白鹤滩水电站是一座装机容量 16000MW 的巨型电站，是我国能源建设中为解决华中、华东地区能源短缺、改善能源结构，实施"西电东送"战略部署中的骨干工程之一。坝址位于四川、云南两省之间的金沙江上，距云南省巧家县城约 41km。拦河坝正常蓄水位 825m，死水位 765m，干流回水长度约 182km。白鹤滩库区蓄水后将淹没巧家县部分居住区及生产用地，库区基本地貌多为高山，需安置移民人口较多，但可供用地较少。为解决库区移民安置问题，已开展北门、天生梁子、邱家屿、莲塘、金塘、蒙姑、象鼻岭等移民安置用地建设，其中以北门填筑方量较大。这些用地多采用劣迹配土石混合体填筑压实而成，填筑高度大，如象鼻岭工程最大填筑高度约 80m，北门最大填筑高度约 30m，填筑土石方约 1730 万 m^3。白鹤滩水库汛限水位为 785m，水库正常运行后每年库水位变化范围为 40~60m，上述高填方场地多处紧邻水库，易受水库消落带水位变动的影响。

消落带是水陆交错地带，由于特殊受力方式与受力强度，以及受到频繁的侵蚀与堆积等作用，使得这一交错带呈现不稳定的特征，可能会带来如地质灾害、环境污染以及生态破坏等诸多问题。对消落带的土地利用，一方面可以充分利用库区土地资源作为发展生产的潜力；另一方面可以作为安置移民的生产资源补充，解决库区的人地矛盾。由于消落带水位的周期性涨落，当水库在高水位运行时，两边库岸的土体将浸泡在水中，表面受到水的浸润，黏结力降低；水位下降时，又会带动土体向下移动，加上长期的水流冲刷作用，将有可能诱发滑坡、崩塌和泥石流等地质灾害，严重威胁库岸人民的生活财产和库区的安全。

白鹤滩库区移民安置区填筑材料主要为砂砾料，卵石、碎石占总重不小于 30%，最大粒径不超过 200mm，细料含量少，渗透性强，填筑体下部为透水性较好的深厚覆盖层。由于白鹤滩水库库区移民安置区消落带高填方区填方高度大、填筑面积与填筑方量巨大，新近填筑体本身固结尚未完成。上部大量的填筑体作用在深厚覆盖层之上，使其产生新的变形，这种变形同时受到周期水位升降影响。此外，后续工业与民用建筑区修建，上部荷载增加，会更进一步影响其变形。水库运行后，周期性库水位波动将对高填方场地变形及稳定性产生不利影响，进而危及高填方区建筑物及居民生命和财产的安全，因此，库区消落带高填方场地变形特征亟须探明，开展白鹤滩水电站库区移民安置区场地稳定性现场试验非常有必要。

1.2　高填方工程的特性和稳定性影响因素

高填方工程的特性集中体现在一个"高"上，相对于低矮填筑体而言，高填方填筑体具有以下一些显著特性：

（1）高填方的填筑面积和土石方工程量很大，难以保证其填筑压实的质量，对压实施工工艺及检测评价标准要求很高。

（2）填筑体的自重大，造成高填方地基的沉降很大，在填筑过程中必须对地基的沉降进行监测，控制总沉降量和沉降速率，以保证高填方地基在填筑过程中不至于失稳而破坏。

（3）填筑体的自重过大，填料性能复杂多样，其工后沉降也是一个不容忽视的问题，它的工后沉降要经过一段很长的时间才能完成，所以对其工后沉降的计算及预测都非常重要。

（4）填筑高度大，必须对边坡的稳定性进行验算，要求高填方填筑体本身具有足够的整体强度和稳定性。

高填方工程稳定性的影响因素主要有以下几个方面：

（1）自身压缩引起沉降。当填土压实度不足或填料为不良土质时，填方工程本身会产生竖向压缩变形而引起沉降。对高填方而言，即使压实度和填料均满足要求，但由于在土中仍存在空隙，在雨水渗流或毛细水压及上部荷载的作用下产生竖向压缩变形，若这一变形有很大部分在工后发生，则工程的损坏不可避免。

（2）固结沉降和失稳破坏。当地基为软基时，由于其固结沉降需要一定的时间才能完成，特别在软基较厚时，若面层施工前，地基固结沉降尚未完成，则其较大的工后沉降就会引起路堤和路面的损坏。对高填方而言，软基的概念仅仅是相对的，同样的地基，在低填方为良好地基，但在高填方的较大填土荷载作用下，却可能表现为类似于软基的固结沉降甚至失稳破坏。为了保证高筑填地段路堤的稳定，必须了解、掌握相应的地基土物理状态指标及其力学变形指标，并提出相应的处理方案。

（3）填方体强度不足或填料的不均导致的差异沉降和边坡不稳定。高填方边坡为永久性边坡，为节约土地和资金，将坡度尽量取大值，降低了边坡的稳定性，并增加了边坡压实的施工难度。对高填方而言，尽管填土的强度能满足路基稳定的要求，但边坡潜在的滑动面仍使边坡存在滑动的趋势，特别在雨水渗流或冲刷的作用下，这一现象更为明显，从而引起高填方的较大侧向位移或沉降。另外，在分层碾压过程中，设备不能靠近路边，加之边坡部位的失水和浸水性都较高，难控制最佳含水量，造成边坡部位很难达到设计压实度。特别在大型机械的动载加压下，边坡土易产生横向蠕动，并沿坡面方向产生位移，不但降低压实度，而且边坡内部产生纵向裂隙，填方越高，此现象越严重。完工后，在雨水渗入或毛细水作用等影响下，使边坡转化并连续向中线方向发展，造成填方纵向裂纹并下沉，尤其路肩部位最为严重。

（4）排水或防水设施不当。在雨季或洪水期间，填筑体受到雨水的长时间浸泡，或是直接被洪水冲毁破坏。排水设施不全或设计不当，将会导致填土含水量增加，引起土质松软、强度降低、边坡坍塌等问题，在有冻融循环的地区还会产生冻害作用。

（5）外荷载的作用。填方体高度与坡率的设计不当或不合理，以及特大型装备运输荷载的作用，使填筑体和路基承受了远远超出当初设计计算时的允许荷载作用，导致填筑体开裂或失稳破坏。在地震区还需要考虑地震荷载的作用，以防受到地震荷载的破坏作用。

1.3　白鹤滩水电站移民工程简介

白鹤滩水电站位于金沙江下游河段，上游与乌东德梯级相接，下游尾水接溪洛渡梯级，其拦河坝为混凝土双曲拱坝，坝顶高程 834m，最大坝高 289m，水库正常蓄水位 825m。电站坝址位于四川、云南两省之间的界河上，下距四川省宜宾市约 380km，上距云南省巧家县城约 41km。

白鹤滩水电站地处云贵高原西北，水库区基本地貌类型多为侵蚀褶断高山与中山。水电站建设征地影响云南部分涉及昭通市巧家县、曲靖市会泽县和昆明市东川区、倘甸产业园区、禄劝县，共计 3 市 5 县（区），其中以云南省昭通市巧家县移民最多。巧家县移民安置区包含大寨镇上王家湾、下王家湾、白鹤滩镇黎明、七里、北门、天生梁子、邱家屿、金塘、蒙姑等。巧家县北门安置区安置人数最多，填筑场地面积最大，填筑面积 1700 多亩。填筑厚度不均，最大约 30m。

1.4　安置区高填方场地特征

巧家县北门安置区位于巧家县白鹤滩镇北门村，属巧家县城市规划区范围，地处巧家县中心城区中部、老城区西侧扩展区域。场地东侧为新华支路，南侧临魁阁公园，西侧为金沙江，北侧为 S303 省道，与七里居民区相接。场地西侧紧邻新建巧家防护堤，防护堤大致沿地面高程约 800m 呈近南北向展布，堤顶设计高程 827.50m，场地内低于 826m 高程区采用土石料分层碾压填高至 826m，作为北门居民区建设用地，规划造地 1.17km²。

场地坐落在巧家县金沙江右岸不规则宽阔扇形冲洪积缓坡台地上。从场地至江边地形总体平缓，局部有陡坎。场地以石灰窑沟为界，分为南北两块。北块场地呈不规模三角形分布，长约 800m，宽约 400m，面积约 0.22km²，场地有大桥沟通过，地形起伏大。南块场地呈条形分布，长约 1800m，宽约 600m，面积约 0.98km²，场地地形平缓，填筑前地形坡度一般为 3°～8°，西侧紧邻金沙江，建防护堤，东侧分布有较多民居，南侧巧家气象站—赵家坡一带有临江陡坡。场地内由南向北主要发育有钟家沟、石灰窑沟和大桥沟三条较大冲沟。

巧家县位于云南省昭通市西南部，县城西邻金沙江畔，东与药山镇、中寨乡接壤，南与金塘乡相连，西与四川省宁南县隔江相望，北与大寨乡相连。三面环山，南北狭长，地势东南高西北低。巧家县属亚热带与温带共存的高原立体气候，夏季受东南海洋季风控制，雨热同季；冬春受极地大陆季风控制，干凉同季。每年 5—10 月为丰水季节，降水充沛；11 月至翌年 4 月为枯水季节，降雨稀少。年均气温 21.1℃，无霜期 347d 以上；境内太阳辐射强，年平均日照时数 2297.4h。年平均降水量 801.2mm，境内总体上降雨少，但雨量集中，降雨主要集中在 6—9 月，县域内水系属金沙江水系，金沙江由蒙姑镇小河口入境，境内流长 138km，集水面积 2287km^2，河床平均坡降 1.37‰。

1.5　安置区区域地质条件

北门安置区在大地构造单元分区上处于一级构造单元扬子准地台（I_1）西部，康滇地轴（II_1）与上扬子台坳（II_4）两个二级构造单元的交接部位。

区域断裂较发育，主要有小江断裂（F_4）、昭通断裂（F_9）、则木河断裂（F_9、F_{11}）、小江断裂（F_{12}、F_{13}）、普渡河—大桥河断裂（F_{19}）等；场址区 5km 之内发育的主要区域性断裂为小江断裂和则木河断裂，其中则木河断裂和小江断裂为全新世活动断裂，小江断裂为发震断裂，是场地附近主要断裂。

小江断裂是滇东地区最重要的一条强震活动带，对场区稳定性影响最大。该断裂几何学上可分为三段：北段（F_{12}）北起巧家一带，向南顺金沙江和小江河谷延伸，经蒙姑止于达朵，全长 50km。中段分为西、东两支：西支（F_{13-1}）由达朵北向南经乌龙、苍溪、甸沙、杨林、汤池，一直延伸到大松棵和澄江，全长 180km；东支（F_{13-2}）由蒙姑西向南经东川、功山、寻甸、宜良，延至徐家渡一带，全长 200km。南段是从徐家渡和宜良盆地向南继续延伸的断裂，断裂呈辫状，向南经华宁、盘溪、建水，止于建水东南山花一带，全长 150km。

场区附近经过的 F_{12} 断裂是小江断裂北段末端，位于巧家盆地东缘部位，断裂构成了基岩与巧家盆地的界限，地貌上表现为清晰的断裂槽地。巧家盆地与蒙姑台地之间，断裂带沿金沙江西岸通过，它构成金沙江阶地与基岩山地之间的界限，或通过金沙江 II 级阶地以上阶地之间，地貌上表现为断层崖或断层陡坎。

根据区域地质资料及周边勘察工作综合分析，小江断裂带北段（F_{12}）称为巧家—蒙姑断裂，其从场地东侧约 700m 处通过，为隐伏断裂，场地附近其活动性相对偏弱，其为中等全新活动断裂，由于场地覆盖层深厚，抗震设防烈度为Ⅷ度，场地基本地震动反应谱特诊周期为 0.45s，场地地震动峰值加速度 0.20g。

第2章 国内外研究现状

2.1 国外研究现状

2.1.1 干湿循环下高填方填筑料力学性能

Zhang 等[1] 研究了三峡库区秭归县马家沟滑坡红砂岩在干湿循环下力学性能及细观结构。岩样呈圆柱形，直径 50mm，高 100mm，密度为 2.61g/cm³，为孔隙式泥质胶结，组分含量如下：石英 38%，长石 19.1%，方解石 11.6%，伊利石 22%，绿泥石 4.9%，高岭石 4.4%等。其中伊利石、绿泥石和高岭石等黏土矿物作为胶结物充填于石英、长石等碎屑矿物周围。试验过程中应力为 2MPa、渗透压力为 0.3MPa，渗透稳定认为试样饱和、恒温干燥箱放置质量不变认为干燥。试验结果表明，在恒载、渗透作用下，干湿循环对红砂岩的力学性能有较大影响，黏聚力损失明显，且逐次降低，6 次之后影响较小；内摩擦角损失较小，规律不显著。在恒载及稳定渗流作用下，干湿循环引起的水与黏土矿物的水化反应造成碎屑结构一定的破坏，破坏程度影响了其细观结构的变化，进而影响了其力学性能的劣化。

Goh 等[2] 对静压实砂土—高岭土试样进行了干燥和润湿条件下的一系列非饱和固结排水三轴试验，提出了干湿条件下非饱和土抗剪强度的预测方程。并选取 12 个已发表的抗剪强度试验进行评估，验证了所提方程的有效性。试验结果表明：干燥路径下的试样剪切强度较高，剪切过程中表现出较高的延性、较低的刚度和收缩；湿润路径下的试样剪切强度较低，剪切过程中表现出较高的脆性、较高的刚度和膨胀；所提出的方程对该研究的干燥和湿润剪切强度结果以及以往研究中发表的数据提供了最佳预测。

采用石灰改良后的膨胀性黏土，可以降低土的膨胀性。Guillaume 等[3] 研究了连续干湿循环对石灰处理黏性土水力学特性的影响。对生石灰处理的样品进行连续的控制吸力（渗透技术）干燥/润湿循环；对严重的水力循环对应的变化，采用烘箱干燥和饱和。考察了生石灰掺量和养护时间对其性能的影响。结果表明，随着干湿循环次数的增加，材料的膨胀性能逐渐提高，强度逐渐下降。降解程度与生石灰添加量和干湿循环幅度有直接关系。压汞孔隙率测试表明，连续循环导致微组构逐渐变化，这在一定程度上解释了宏观性能的下降。该研究表明，连续干湿循环的风化作用可能会显著改变石灰处理土的性质，因此在处理土结构的长期设计中应考虑风化作用的影响。

Ling 等[4] 采用压力板试验和核磁共振（NMR）自旋—自旋弛豫时间（T_2）分布测量，研究了多次干湿循环对原状花岗岩残积土土水特征曲线（SWCC）和孔隙大小分布（POSD）的影响。结果表明：随着干湿循环次数的增加，储水能力、进气量减小，孔隙趋于均匀；经过 4 次干湿循环后，土壤达到近乎恒定的状态；多次干湿循环样品的 POSD

变化与土壤的 SWCC 具有一致性。

石膏土因其对水的敏感性高，是一种有问题的土壤。它的性能取决于石膏含量，当饱和时，它会失去很多强度。石灰稳定化是土木工程（主要是道路工程）中用于稳定土壤的一种传统技术。为了评价石灰稳定石膏土的长期稳定性，Abdulrahman 等[5] 研究了不同石膏含量（0、5％、15％ 和 25％）细粒土的干湿循环对其力学特性的影响。土壤样品用3％石灰稳定，经过 28d 的不同养护时间，然后进行 6 次干湿循环，每个循环 96h。结果表明：随着养护时间的延长，压实土的强度增加，石膏添加量为 5％ 时，压实土的无侧限抗压强度达到最大值；干湿循环对土样的抗压强度和纵波速度均有不利影响，但随石膏含量的变化而变化。含 25％ 石膏的土样强度损失更大。

Marius 等[6] 研究表明，非饱和粗粒土非平衡持水性能影响其基质吸力状态。由于不同水流速度下土体多孔网络内水分布的不同，吸力状态和有效应力状态也不同。压实黏土由于其较低的导流性和自修复性而被用作垃圾填埋场的屏障。Julina 等[7] 研究表明，压实黏土中裂缝与较高浓度含盐的水作用强度大于较低浓度的盐水及蒸馏水。在蒸馏水的干湿作用下，黏土中原有裂缝并没有继续扩大，表明黏土具有自愈性能，但在盐水干湿的作用下，原有裂缝会继续扩展，黏土自愈性能全部恶化，其抗渗透性能也降低。

Tang 等[8] 通过室内试验研究了干湿（D—W）循环对黏土层裂缝萌生和演化的影响。制备了 4 个相同的泥浆试样，进行了 5 次后续的 D—W 循环，监测了 D—W 循环过程中的水分蒸发、表面裂纹演化和结构演化。通过图像处理分析了 D—W 循环对裂纹形态几何特征的影响。结果表明：D—W 循环对试样的干燥开裂行为有显著影响，试样的实测开裂含水量 θ_c、表面裂纹比 R_{sc} 和最终厚度 h_f 在 D—W 循环前 3 次显著增加，然后趋于平衡；第二次 D—W 循环后形成的裂纹形态比第一次 D—W 循环后更不规则；干燥过程中，表面裂纹的增加伴随着孔隙体积收缩的减小。此外，D—W 循环的应用导致试样结构发生了明显的重排：在第二次 D—W 循环后，试样从最初的均匀非聚集结构转变为清晰的聚集结构，聚集间孔隙明显；随着循环次数的增加，由于聚集和孔隙度的增加，试样体积普遍增加。图像分析结果表明，D—W 循环对裂纹形态几何特征有显著影响，但这种影响在第三次循环后减弱。这与试验观察结果一致，表明图像处理可用于定量分析黏土干燥开裂行为的 D—W 循环依赖性。

在填埋工程中，压实黏土既要经历物理化学变化，又要经历干湿循环。物理化学相互作用发生在微观结构层面的黏土颗粒和化学成分之间，如盐水溶液或垃圾填埋场产生的渗滤液。此外，润湿和干燥过程中的体积变化也会引起压实黏土的微观结构变化。由物理化学相互作用和干湿循环引起的微观结构变化反映在宏观结构层面，并控制着压实黏土的宏观行为。因此，Thyagaraj 等[9] 提出了相互作用流体和干湿循环对压实黏土体积变化、微观结构和水力导率的综合影响。为了达到这一目的，在干湿循环中，用蒸馏水和氯化钠（NaCl）溶液淹没压实的黏土试样。试验结果表明：在 $4M$ 氯化钠溶液中，随着干湿循环次数的增加，黏土颗粒在微观结构上的膨胀和大孔隙尺寸的减小能力完全丧失。因此，即使在较高的有效围压下，$4M$ 氯化钠溶液浸水的压实黏土试样在二次及进一步干湿循环结束时的水力传导率也异常高。

2.1.2 填方场地物理模型试验研究现状

在山区建设新机场的场地平整通常是通过切割和填充丘陵部分来完成的。受季节变化的影响，填充材料的含水量变化较大。含水量的变化使填充材料被表征为不饱和或饱和。Chen 等[10] 对粗粒土进行了一系列非饱和排水三轴试验，得到了有效应力参数 χ 与基质吸力的关系。探讨基质吸力对重庆山区某机场新跑道填充料局部土体压缩特性的影响，并且利用新设计的吸力控制测压仪对该土壤进行了多级压缩试验，研究了吸力对充填体压缩随时间变化的影响。结果表明：基质吸力能提高压缩刚度，卸载再加载指数随吸力的增加呈非线性变化；建立了随时间变化的压缩系数与归一化有效竖向荷载之间的线性关系。利用线性关系预测时变压缩系数，以描述非饱和条件下充填体的时变特性；采用基于 Yin[11] 工作的非线性函数来描述时间依赖压缩的发展，结果表明这两种新方法的预测结果是有前景的，可以预测这种粗粒土的非线性时变压缩特性。

Xu 等[12] 利用离心机模型评估了一个高（H）14m 土工格栅加筋边坡的变形行为、竖向应力、应变和破坏模式。测试是在高达 40g 的加速度下进行的。为了研究层间距（原型尺寸为 0.5～1.0m）和斜坡倾角（45°～90°）对加筋边坡性能的影响，还进行了额外的试验。最大应变（0.04%）出现在最靠近坡顶的加固层。从加固层的峰值应变识别出潜在滑移面。土工格栅的受拉特性导致竖向应力重新分布，土体内部的竖向应力转移到坡面附近（距坡面 0.26～0.77H）。随着层间距的增加（从 0.5m 增加到 1.0m），潜在滑移面随着变形量的增加而远离坡面，从而降低了加筋边坡的整体稳定性。与平缓斜坡模型相比，垂直斜坡模型产生的钢筋应变最大（0.2%）、垂直沉降和地表膨胀最大。

Rajesh 等[13] 通过离心模型研究和有限元分析，对黏土基垃圾填埋场覆盖层在不同沉降作用下的变形行为进行了评价。利用基于电机的微分沉降模拟器，通过改变土壤屏障的厚度（有或没有与垃圾填埋场凹槽相同的覆盖层厚度），对连续微分沉降下的模型土壤屏障进行了一系列离心试验。此外，利用 PLAXIS 有限元程序，通过改变土屏障的厚度和覆盖层压力，进行了参数化的数值研究。在有限元分析中采用的建模考虑是为了使它们在原型尺寸上接近离心机模型试验。有限元分析中的微分沉降采用预先定义的位移剖面进行赋值。离心模型试验结果表明，0.6m 和 1.2m 厚的土屏障在最大曲率区都出现了全深度裂缝，不能满足有效水力屏障的基本目的。有限元分析结果表明，在最大曲率区域，土体的拉应力和应变在整个土体厚度范围内都有较大的发展，说明了当变形产生的拉应力超过土体的允许拉强度时，土体有可能发生拉裂。随着覆盖层压力的增加，最大曲率区土体顶面水平拉应力的大小受到抑制。当覆盖层压力在 50～75kPa 范围内时，土屏障出现拉应力向压应力的完全转变，间接说明即使在变形水平为 0.125 的情况下，也不可能出现拉裂纹的发展前景。

Rajesh 等[14] 通过试验研究了土工格栅作为填埋覆盖层的加固层在不同变形程度下的影响。采用印度理工学院孟买分校的半径为 4.5m、容量为 2500g·kN 的梁式离心机，在土壤屏障连续微分沉降条件下进行了 40g 的离心模型试验。采用针对高重力环境设计的基于电机的微分沉降模拟器进行了微分沉降模拟。采用基于标记物的数字图像分析方法估计了差异沉降开始时沿土工格栅层和土工格栅界面土体的应变分布。采用微型孔压传感器、线性变差动变压器和应变片等多种传感器，分别测量土体的突水、土体的变形剖面和模型土工格栅的动员拉伸荷载。离心模型试验结果表明，0.6m 和 1.2m 厚的非加筋土挡墙在覆盖层压力相当于覆盖层压力的情况下，都出现了裂缝，裂缝一直延伸到挡墙的整个厚度，并在低变形水平下失去完整性。在覆盖层厚度为 0.6m 和 1.2m、与垃圾填埋场覆盖层厚度相当的土工格栅层上加固土工格栅，土工格栅变形较大，无突水现象。随着土工格栅厚度的增加和相当于覆盖系统的覆盖层压力的增加，可以注意到土工格栅的拉伸荷载的调动增加。该研究还揭示了在土挡墙顶面厚度的 1/4 处放置合适的土工格栅进行加固时土挡墙厚度减小的可能性。

在垃圾填埋场中，黏土衬垫的防渗性是保护环境不受污染的关键。为完成这一任务，Viswanadham 等[15] 通过采用活板门布置的土工离心机对垃圾填埋场非均匀沉降进行控制飞行模拟，研究了含和不含加固夹杂物的垃圾填埋场黏土衬垫的特性。利用土工格栅等土工合成材料的加筋能力，可以在较大沉降差异下控制黏土衬砌的裂缝扩展和渗透性能。离心模型试验结果表明，加筋黏土衬垫在不出现明显裂纹和裂纹扩展的情况下保持其完整性的潜力；在黏土衬垫的顶部设置土工格栅层，由于土工格栅摩擦阻力的作用，抑制了土工格栅的开裂，提高了密封效率。土工合成加筋黏土衬砌是一种很有前途的屏障材料，在某些情况下，不均匀沉降是预期的，例如，在垃圾填埋场封盖系统。

Gourc 等[16] 研究了用于储存危险废物的废物容器系统的黏土帽屏障的变形行为。其研究的重点是在潜在废物内的不同沉降情况下，黏土屏障弯曲的风险。在法国对 0.7m 厚度不同含水量的黏土屏障进行了现场弯曲"爆破试验"，试图确定裂纹产生的极限变形水平。通过现场爆破试验，在土工离心机中模拟了厚度为 56mm 的模型帽黏土屏障在爆破破坏模式下的、12.5g 强度下的黏土帽屏障结构。采用数字图像分析技术确定了差异沉降开始时裂缝的萌生和扩展。通过离心模型试验，进一步评价了离散和随机分布的聚丙烯带纤维对黏土屏障抗裂倾向的影响。随着成型含水量的增加和随机分布纤维的存在，极限变形水平增加。使用 0.5% 的纤维用量和 90mm 长的离散纤维可以抑制黏土屏障在不同运动下开裂的扩展。现场爆破试验的分析和解释与物理观察离心机模型试验结果一致。

Camp 等[17] 研究了储存极低活度核废料场址的黏土覆盖屏障的行为，重点讨论了黏土在底层废料内不同沉降情况下的行为，提出了填埋场覆盖层黏土材料四点弯曲试验方案。室内和现场原始大尺度爆破试验，变形结果表明，黏土材料在基本相同应变下发生裂纹萌生。

2.1.3 填方场地变形的数值分析研究

数值计算法中以有限单元法最为常用，它结合比奥（Biot）固结方程，常用来解决地基土沉降变形方面复杂的非线性问题。该类法除了可以采用非线弹性、弹塑性、黏弹-塑性等多种描述土体应力-应变关系的模型外，目前已能考虑较为复杂的土体本构关系，如一些考虑流变的黏弹-塑性模型，考虑损伤效应的弹塑性损伤模型等。有限单元法还可以考虑复杂的边界条件、土体应力-应变关系的非线性特性、土体的应力历史、水与骨架上应力的耦合效应，可以模拟现场逐级加荷和处理超填土问题，能考虑侧向变形、三维渗流对沉降的影响，并能求得任一时刻的沉降、水平位移、孔隙水压力和有效应力的变化。数值计算法中除常见的有限单元法外，还有有限差分法、边界元法、无单元法等方法。

颗粒强度和刚度随时间而变化。McDowell[18] 据此假设用解析法推导出沉降量和时间的对数关系成线性函数，这与实测数据相吻合。Goodwin[19] 等通过 CT 观察碎石形成的局部临时结构会在压力下塌陷，填充到附近的较大孔隙中。对于碎石等粗颗粒填筑料发生湿陷沉降的机理，一般认为水使得颗粒的强度降低，导致颗粒在压力下更容易破碎；另外水有润滑作用，降低了颗粒间的摩擦力，使得颗粒间更容易发生相互滑动或转动，对于黏土等细颗粒填料，水降低细微颗粒间的黏聚力，同时也使得颗粒聚合体膨胀，最终的体积变化和当前的压力水平有关。

Edward 等[20] 为验证土工膜衬砌系统性能设计数值模型的有效性，对某土工膜衬砌垃圾填埋场在垃圾沉降和地震荷载作用下的大规模离心试验进行了研究。该试验是在美国国家科学基金会地震工程模拟研究网络（NEESR）项目的加州大学戴维斯分校使用 240t 的离心机进行的。衬垫采用 0.05mm 的薄膜来模拟。废料是用泥炭和沙子的混合物制成的。为了使土工膜顶部和底部界面抗剪强度与诱导张力之间的差异最大化，在土工膜上铺设了润滑的低密度聚乙烯。仪器包括监测土工膜应变的薄膜应变仪和监测地震激发的加速度计。结果表明，下拖垃圾沉降和地震荷载共同作用，甚至可能每种现象单独作用，都会对土工膜衬垫产生潜在的破坏性拉应变。从试验中收集的数据是公开的，可以用来验证土工膜衬砌系统性能的数值模型。

Kyungbeom 等[21] 对土工合成黏土衬垫的小型和大尺寸堆石坝进行了振动台试验，以研究其抗震性能。通过数值分析，研究了全尺寸堆石坝的地震响应特性。首先，在小尺度振动台试验中，堆石坝在地震作用下，土工合成黏土衬砌未发生破坏；数值分析证实了模型土工合成黏土衬砌对坝体性能的影响不大。其次，对采用倾斜核心区和土工合成黏土衬砌的全尺寸堆石坝进行了对比振动台试验。两个模型坝具有相似的加速度响应和变形特性。需要指出的是，加速度响应向坝顶方向逐渐增大，且在靠近坡脚的位置震动后变形较大。数值分析成功地模拟了这些观测结果。

20 世纪 90 年代中期以来，由于滨海软土地基新一轮大规模开发，多层、高层、摩天大楼不断涌现。软土地基地区由于工程环境效应，特别是高密度建筑群施工引起的地面沉降问题越来越受到人们的关注。容积率可能是影响工程沉降的重要因素之一。为此，Tang 等[22] 在 3 种不同容积率条件下，开展 3 次土工离心模型试验，研究了软土地区高密度建筑群地基沉降机理。结果表明，高密度建筑群中心区沉降叠加效应明显；沉降量随容积率的增加而增加。因此，城市规划部门在确定建筑容积率时应考虑到这种沉降情况，使土地利用更合理、更安全。

沉降分析非常重要，应在施工前进行计算。Nazir 等[23] 研究采用了两种方法来确定总沉降的预测。该仪器由沉降板和磁引伸仪组成，得到了实际的总沉降值。总沉降的预测采用 Asaoka（1978）方法计算，并与沉降板的实际沉降进行比较。另一种预测总沉降的方法是采用太扎吉法进行一维固结理论，并与磁引伸计实测沉降数据进行比较。结果表明，两种沉降预测都倾向于给出比仪器测量得到的沉降值更高的沉降值。

对于工程问题，需要建立适用于各种应力/应变幅值下循环加载行为预测的弹塑性本构模型。为了此要求，Hashiguchi[24] 提出了次加载表面模型，推导了加载面相似中心的转换规则和一致性条件，并同时考察了加载准则在应变率方面的物理意义，以及具有各向异性硬化/软化且没有碎屑材料的相关流动规则该模型假设一个法向屈服（或边界）面和一个子加载面，该子加载面不仅在加载状态下，而且在卸载状态下始终通过当前应力点，与法向屈服面保持几何相似性。因此，可以描述加载过程中连续的应力率-应变率关系，实现了光滑的弹塑性过渡，其加载准则不需要判断当前应力是否存在于屈服面上，它能够一致地描述各向异性硬化/软化过程、光滑的弹塑性转变过程以及包括聚集效应、闭合迟滞回路和机械齿轮效应在内的迟滞行为。但是，由于法向屈服和次加载表面的相似中心是固定的或平移规则没有得到合理的表述，它不能合理地描述法向屈服表面内应力变化的诱导各向异性和滞后行为。本书提出了该模型的精确公式。

Morro[25] 发现，在蠕变试验中，出现应变率相对较小和大致不变的两个阶段，分析至导出基于弹簧和阻尼器连接的著名模型（Maxwell、KelvinVoigt、标准线性固体、Wiechert），不能表现恒定的二级应变率。利用麦克斯韦元素与阻尼器并联的简单模型，建立了相应的应力-应变关系，并对二次阶段进行了研究，结果表明新的模型可以表现近似恒定的应变速率。并且，应力-应变关系符合热力学第二定律，即应力为两项之和。其中一个是纯粹的耗散和另一个出现从格拉夫沃尔泰拉自由能势。

徐变沉降是造成路面和大坝防渗构件劣化的主要原因，需要一种计算徐变沉降的方法。黏弹性模型（如标准线性固体）被选择来代表颗粒材料的蠕变。Justo 等[26] 通过有限元计算，得到了任意荷载作用下路堤施工期及施工期后一维黏弹性沉降的显式表达式，并绘制了线性荷载下路堤施工期及施工期后一维黏弹性沉降的显式表达式。其中 E_o、R_c、T_r 三个黏弹性参数可通过室内或现场试验确定，并可根据沉降记录进行调整。几个大坝的实测沉降与计算沉降之间的比较验证了二者有较好的一致性。

Yin 等[27] 引入了等效时间的概念，提出了黏土一维应变弹黏塑性修正模型，并说明了如何利用单阶段或多阶段蠕变试验数据确定模型中的参数。该模型不仅可以描述一般情况下的一维应力或应变响应，包括多级蠕变应变加载、连续加载以及卸载或再加载，并且可以描述恒定速率应变试验、恒定速率应力试验和松弛试验的响应。

焦油岛堤坝是一个 92m 的尾矿坝，用于保留油砂尾矿，并已由森科尔在加拿大阿尔伯塔麦克默里堡运营。该堤坝的建设始于 20 世纪 60 年代中期，毗邻阿萨巴斯卡河。堤坝的地基由一层粉砂和黏土互层构成，上覆一层基砂层。30 多年来，堤坝对地基黏土施加的应力一直在导致该结构的持续移动。堤防的运动已经监测了超过 25 年。对黏土中的孔隙压力进行了监测，在此期间孔隙压力变化不大。因此，这种移动主要是由于蠕变而不是固结。这个案例的独特之处在于，15 年来，堤坝的荷载基本上是恒定的，但运动仍在继续。Morsy 等[28] 采用一种有效的蠕变应力模型来模拟焦油岛堤坝的施工过程。该模型基于临界状态土力学，采用二次固结和泰勒—辛格—米切尔蠕变关系。该模型能较好地反映堤坝及其地基的运动情况，计算变形与实测变形具有较好的一致性。

土在荷载作用下的沉降是由一种称为固结的现象引起的，其机理在许多情况下与从弹性多孔介质中挤压出水的过程相同。Biot[29] 建立了这一现象的数学物理方程。推导了确定土的性质所必需的物理常数的数量，以及在三维问题中预测沉降和应力的一般方程。

Schiffman 等[30] 利用了一维固结理论、准三维固结理论和真三维固结理论，分析了半平面上条带载荷的特殊问题，求解了全应力场，得出了超孔隙压力和最大剪应力的横向分布，并对三维伪理论和三维理论的结果进行了比较。以伦敦黏土为例，对厚黏土层进行了分析，结果表明，三维固结理论比其他类似理论更好地模拟了固结过程。

在理论上，许多学者利用各自提出的流变模型，进行次固结变形的估算，如陈宗基流变模型、应用概率理论的村山朔朗模型、引入等效时间概念的弹-黏-塑性本构模型、具有双屈服面的有效应力蠕变模型等。

在室内一维固结试验中，时间和应变率效应对黏土性状的影响引起了越来越多的关注。从这些研究中得到的改进认识现在必须纳入改进的本构模型，以便用于分析基础沉降。Yin 等[31] 提出了阶梯式加载的一维模型，采用了建立时变应变"等效时间"的新概念。然后将该模型发展为连续加载的通用本构方程。该模型使用了三个参数 λ、κ 和 ψ。这三个参数可以通过传统的土工试验确定。该模型已用于蠕变试验、松弛试验、恒应变率（CRSN）试验和恒应力率（CRSS）试验。

Liu 等[32] 提出了一种用于二维固体应力分析的点插值方法。在 PIM 中，问题域由适当分散的点表示。提出了一种基于一组任意分布的点构造具有 delta 函数性质的多项式插值的方法。然后利用变分原理导出 PIM 方程。在 PIM 中，基本边界条件可以像传统的有限元方法一样容易实现。通过算例验证了该公式的有效性和有效性。发现目前的 PIM 是非常容易实现，并非常灵活地获得位移和所需精度的固体应力。由于单元不用于划分问题域，目前的 PIM 为开发适用于固体和结构应力分析的自适应分析代码开辟了新的途径。

Fei 等[33] 认为城市生活垃圾在生物反应器和常规填埋场中的长期沉降是由多种机制造成的。生物反应器填埋模拟机的实验室测试可以对每一种机制和因素进行评估。对文献中已有的 29 个中尺度模拟试验中的 98 个试验进行了系统分析。长期沉降分为三个阶段：过渡阶段、生物活性降解阶段和残留阶段。计算每个阶段的持续时间、应变和长期压缩比（等于应变与持续时间的比值），并对数据进行统计分析。长期沉降主要发生在活性生物降解阶段（平均 9.5% 应变），平均压缩比为 0.168。其他两个阶段对总长期解决办法的贡献要小得多。探讨了模拟器的初始和运行条件对 Municipal Solid Waste 长期沉降量和速度的影响。研究发现，在长期试验前施加外部垂直应力可以减少长期沉降量和沉降速率。在长期试验过程中，曝气可促进好氧生物降解，从而提高沉降速率。城市生活垃圾的长期沉降还受到垃圾组成、总单位重量和模拟器大小的影响。

David 等[34] 建立了一种沉降模型，用于预测深埋垃圾填埋场中各层垃圾的压缩量与上覆垃圾重量的关系。利用每一层的压缩量来估算其渗透系数，以此来模拟渗滤液在垃圾堆中的流动。结果表明，垃圾填埋场底部低的渗透系数会影响渗滤液向渗滤液收集系统（LCS）的移动，在运行的 LCS 上方会形成一个渗滤液堆。这堆渗滤液有可能导致渗滤液侧渗出，并可能干扰堆填区气体收集系统。如果在特定的地点存在这些问题，则应考虑在低渗透性衬层上采用高渗透性层的替代 LCS 设计。然而，研究结果也表明，垃圾内的渗滤液堆积并不一定意味着衬垫上的顶部。

Sivakumar 等[35] 利用新开发并验证的本构模型进行参数研究，探讨了模型参数对城市生活垃圾预估沉降量随时间的影响。

Ertan 等[36] 建立了一种一维多相数值模型，用于模拟可变形沉降城市生活垃圾填埋场中液体和气体的垂直沉降。城市生活垃圾由化学成分表示，并使用全球化学计量反应来估计产气的最大产量。按照文献中普遍接受的假设，废物分解产生的气体由甲烷（CH_4）

和二氧化碳（CO_2）组成。产气速率随时间呈指数衰减函数。基于一阶动力学单生物反应器方法建立的气体生成模型包括气体迁移、液体流动和填埋场变形的控制方程。采用伽辽金有限元法对所得方程进行求解。所建立的模型可用于估算城市生活垃圾填埋场中由于垃圾分解和气体产生而产生的瞬态和最终沉降。该模型可以估计垃圾填埋场的孔隙率、气体压力、液体压力、气体饱和度、液体饱和度和应力分布。将可变形填埋场与刚性固体骨架填埋场的结果进行了比较。变形垃圾填埋场由于沉降作用，垃圾深度比刚性垃圾填埋场小 27％。

堆填区容量及沉降量的估计，对成功运作及日后的发展至关重要。Chen 等[37] 研究了城市生活垃圾的生物降解行为和压缩。研制了一套实验装置，包括温度控制系统、渗滤液回收系统、加载系统和气液收集系统，进行了最佳生物降解和不最佳生物降解试验比较。试验结果表明，当生物降解过程受到抑制时，蠕变引起的沉降相对不显著。在最佳生物降解条件下，由于分解产生的压缩比与蠕变相关的压缩大得多。操作温度对生物降解过程影响较大。提出了一种计算沉降和估算垃圾填埋场在相对最佳生物降解条件下容量的一维模型。该模型的建立是为了适应垃圾填埋场多步填埋过程中沉降的计算。计算方法相对简单，便于设计。物理过程模拟表明，在填埋阶段加强固体废物的生物降解可以显著提高填埋场的容量和减少关闭后沉降。Liang 等[38] 选择了时变黏弹性模型 Poynting - Thomson（标准线性固体）来表示土的蠕变特性。采用遗传积分法计算荷载增加随时间变化时的应变。给出了路基在一维压缩条件下施工过程及施工后蠕变沉降的计算公式。利用这种方法，可以确定每一层的三个参数，并根据现场监测数据进行调整。计算结果与现场实测结果吻合较好，表明提出的方法能够较准确地预测高填方路堤的蠕变沉降。

Vicente 等[39] 研究了来自西班牙西北部花岗岩工业的细粒花岗岩（GF）在填筑路堤中的应用。针对含水量接近饱和的压实土的非饱和固结问题，开发了数值分析软件，引入二次压缩效应，再现了施工过程，取得了良好的模拟结果。

在含杂填土和软土的地基中，沉降变形一般是通过对各层沉降的总和进行计算得到的。但该计算方法未考虑外荷载作用下在软土中嵌入杂填颗粒引起的沉降变形，导致沉降预测误差较大。为解决这一问题，Zhang 等[40] 设计了一套室内试验装置，研究了不同杂填粒径、不同外载荷、不同颗粒材料试件的互埋特性。试验结果表明，粒径越大，比表面积越小，阻力越小，互埋沉降越大。此外，较高的外载荷和较小的界面摩擦都会引起较大的沉降。在此基础上，提出了杂填土与软土互埋引起沉降的理论计算公式。计算结果与试验结果吻合较好。

2.2 国内研究现状

2.2.1 干湿循环下高填方浇筑料力学性能

国内学者主要开展了填方料在干湿循环下的强度和变形性能的研究，填筑料类别有碎石土、改良碎石土、粉质黏土（粉土）、砂岩等。研究结果表明，一般而言，填筑料随着干湿循环次数的增加，强度逐次降低，在前 4 次循环条件下降低明显，5 次以后下降趋缓；且黏聚力受干湿循环影响明显高于内摩擦角。

刘雨等[41] 研究了干湿循环次数对水泥改良泥质板岩粗粒土的静力性能影响。土样为湖南岳阳的级配不良的含细粒土砾，掺入质量数为 4% 的为水泥用量，含水率为 15%，干密度为 2.19g/cm³，试样为圆柱，直径、高分别为 300mm、600mm。试样泡水 1d 后，再自然风干 1d，作为一次干湿循环。试验结果表明，水泥改良后泥质板岩粗粒土性能良好，经过多次干湿循环，其主要力学性能均有所损失，但总体幅度不大，黏聚力、弹性模量损失较大，但不超过 25%；内摩擦角总体变化不大；经过 5 次干湿循环后，主要力学参数均趋于稳定。

尹剑[42] 利用室内大型直剪试验、三轴压缩试验和固结试验等方法，研究了夹泥碎石土在干湿循环下的力学性能。夹泥碎石土中含石量 70%，夹杂 4.3% 的泥，主要成分为全风化花岗岩和红黏土。干湿循环方法为土样浸润 24h，烘干 24h，作为一次干湿循环。试验结果表明，干湿循环次数对碎石土的力学性能（如黏聚力、内摩擦角、压缩模量等）影响显著，前 5 次影响程度逐次减小，5 次以后，影响较小。经历 5 次干湿循环后，碎石土的黏聚力、内摩擦角、压缩模量分别损失了约 47%、19% 和 37%。

刘文化等[43] 研究了干湿循环（6 次）条件对大连粉质黏土的力学性能影响。试样为圆柱，直径、高度分别为 39.1mm、80mm，分层击实。干湿循环中采用抽真空饱和，风干脱水（控制含水率为饱和时的 20%）。采用固结不排水试验，固结压力分别为 50kPa、100kPa、200kPa，初始干密度设置为 1.61g/cm³、1.71g/cm³ 和 1.76g/cm³。剪切速率为 0.96mm/min，以轴向应变 20% 作为试验结束值。试验结果表明，初始干密度影响粉质黏土的应力-应变曲线形态、孔隙水压力和有效应力路径，在较小的初始干密度（1.61g/cm³）下，经过干湿循环，应力-应变曲线由硬化转变为软化，孔隙水压力发展曲线由先增大后减小转变为继续增加并趋于稳定；在较大的初始干密度（1.71g/cm³、1.76g/cm³）下，经过干湿循环，应力-应变曲线仍为软化，未明显变化，峰值孔隙水压力有一定增加。经干湿循环后，应力路径显著改变，初始干密度越小变化越显著。研究结果表明干湿循环条件显著改变了试样内部结构，影响了其力学性能。

王建华和高玉琴[44] 研究了干湿循环下水泥改良土强度损伤机理。试样为小圆柱，直径 3.91cm，高 8.0cm，采用粉质黏土和粉土，掺入质量数 4% 的水泥和砂进行改良。抽真空饱和后，室温下试样失水率至 30%，作为 1 次干湿循环。干湿循环设计了 0～3 四个级别。试验结果表明，土料中的黏粒含量对干湿循环影响敏感，土体结构扰动受到干湿循环的影响。干湿循环过程导致土内部干缩与湿胀变形，由此变形引起的内部微裂纹产生与发展，导致土体内部结构破坏。一旦土体内部的微裂缝扩展到一定程度，其后再经历干湿循环过程，土体内部的干缩湿胀变形有一定的空间，微裂缝进一步扩展的趋势也随之减弱，从而使得强度衰减程度随干湿循环次数的增加而逐渐趋于稳定。

陈金锋等[45] 研究了昆明新机场高填方填料在三轴作用下的力学性能。试验采用圆柱试样，直径 300mm，高度 730mm，采用相似级配法对石灰岩碎石进行缩尺。围压设置为 100kPa、200kPa、600kPa 和 1000kPa，轴向剪切速率为 2.2mm/min。试验结果表明，试样峰值强度和初始模量随围压增加而增大，表现为非线性增加，但体积膨胀性能减弱；饱和后强度及初始模量则降低，且体积膨胀性能降低，但与干燥样的残余强度相差较小。

13

邓华锋等[46]　研究了三峡水库消落带土体在干湿循环作用下力学性能并分析了边坡稳定性。采用三峡库区边坡原状土样，密度 1.85g/cm³，试样为圆柱，直径 61.8mm，高 20mm。自然浸泡 48h，然后恒温鼓风干燥箱干燥 48h，作为一次干湿循环。试验结果表明，消落带土体黏聚力和内摩擦角受干湿循环影响较大，数值损失显著，且黏聚力损失量大于内摩擦角，但自第 5 次以后，影响显著降低，参数趋于稳定。在浸泡过程中，水分子入渗，水与土体矿物发生物理、化学作用和离子交换，矿物颗粒本身和胶结物发生软化、黏结力减弱和分子引力降低，土样内部孔隙增大，宏观上表现为体积膨胀，相应的抗剪强度降低。在失水过程中，水分子外渗，矿物颗粒和胶结物的强度会得到部分恢复，但这不是一个完全可逆的过程；同时，由于水分子从内向外散失不均和土样结构不均匀，在土样内部产生较多微观、宏观裂纹，而这些裂纹的存在为下一次浸泡时的物理、化学和离子交换提供了更多通道和更大空间。

郑治[47]　研究了广东石灰岩和重庆泥页岩作为填充料的长期性能。试样为圆柱，直径 30cm，高度 30cm。石灰岩制作为两类：一类大粒径、多孔隙，松散欠压密；另一类达到工地实际压实状态。页岩采用四类料：第一类大粒径、多孔隙，松散欠压密；第二类较密实；第三类工地实际压实；第四类风化后的页岩土较为密实。加载 100kPa，一次干湿循环周期不小于 15d。试验结果表明，初始密度较低的试样长期沉降量和湿化变形量明显较大，强度越高的料其湿化变形相应也小，第一次干湿循环下变形量最大，以后逐次减小，5 次以后逐渐稳定；但细料的长期变形相对时间比较长，变形比较平缓，而粗料的长期变形相对时间短，前期变形明显，后期变形较少。

冯延云等[48]　研究了湖北咸宁崩岗土体在干湿循环作用下的抗拉强度特征。试样浸水 24h，风干至含水率 10%，作为一次干湿循环。试验结果表明干湿循环对崩岗土体影响严重，前 3 次干湿循环，土体抗拉强度损失较大，之后影响较小，并建立了抗拉强度随干湿循环预估衰减模型。

现有研究结果表明，非饱和粗粒土的非平衡持水性能影响其基质吸力状态，由于不同水流速度下土体多孔网络内水分布的不同，吸力状态和有效应力状态也不同。

目前国内对土体的干湿循环试验方法主要采用以下途径：

（1）粗粒土，浸泡水 1d，再自然风干 1d，作为一次干湿循环。

（2）水泥改良土，采用抽真空饱和，自然风干使其失水率达到 30%（试样干燥），作为一次干湿循环。

（3）土样强光照射 96h，静置 24h，浸泡水中 24h，作为一次干湿循环。

（4）细粒土在水中浸泡 2d，室内风干 2d，作为一次干湿循环。

国内对室内模拟干湿循环试验方法没有统一的认识，一是填方料性能不同，干燥和饱和时间需要时间相差较大，如弱透水性的细粒土和强透水性的粗粒土；二是填方料干燥和饱和有时难度大，如果采用小试样，在烘干箱、饱和器方便取放，如果是粗粒土的大试样，试样制作后，很难移动，干燥困难。上述方法模拟粗粒土经受干湿循环情况，对于细粒土，干燥效果较好，但对于粗粒土，干燥效果明显较差，且无具体干燥指标可以参照。

2.2.2　填方场地物理模型试验研究现状

高填方场地填料来源复杂，组成成分不同，颗粒粒径差别较大，级配不同，后期填筑施工一般采用分层碾压或夯实，这两种施工工艺差别较大，这样填筑体后期变形更为复杂。目前对重大填方工程部分开展了模型试验研究，主要采用离心机模型试验和物理模型试验。主要研究结论为，高填方填筑体变形主要发生在施工期内，后续蠕变变形相对较小，粗粒填方料相对细粒料施工期变形更大，此外，填方体原地基的变形也不可忽视。

曹杰等[49,50] 开展了柔性与刚性边界下黄土高填方沉降问题的离心机试验。模拟了60m 厚黄土高填方，采用模型体高60cm，离心加速度100g，利用固结后黄土和预制混凝土分别作为填筑体边界，模拟柔性和刚性沟谷。结果表明，柔性边界下黄土高填方沉降大于刚性边界下的，但不均匀沉降小于刚性边界的情况；高填方沉降量主要出现在施工期内，约占总变形的70%，工后沉降量较小，且主要分布在工后半年内；工后沉降量随施工期填筑速率的增加而增大，两者满足线性关系，沉降速率与填筑速率关系密切，其与时间符合指数函数关系；沉降量随填筑高度的增加而增大，表现为非线性沉降变形特征；填方遇水后，即使沉降已接近稳定也会重新出现明显变形。

杜伟飞等[51] 总结排气条件对黄土高填方沉降规律的影响，利用离心机开展了室内模型试验。试验结果表明，高填方饱和黄土地基在填筑期的沉降量占总沉降的大部分，工后孔隙水压力稳定后，沉降也基本稳定，没有出现显著的蠕变变形。黄土高填方的顶面和底部盲沟一般是填筑体内气体压缩排放的主要出口，距离出口越远，排气条件越差，早期沉降速率和沉降量越小；在荷载基本相同的条件下，排气条件较好土层的工后初期单位沉降量可以达到排气条件较差土层单位沉降量的2倍以上。离心模型试验结果与现场实测结果对比表明，较好的排气条件可以加速工后沉降，并加快曲线稳定的趋势。基于排气条件，现场回填过程中可适当减缓填筑速度，有利于在施工过程中排水固结得到更加充分地发展，减小工后沉降，加快工后沉降稳定趋势。

刘宏等[52] 利用离心机试验研究了九寨黄龙机场的高填方沉降问题。该工程填方最深102m，试验时最大加速度200g，模型尺寸选用2种，分别为 1.0m×1.0m×0.9m 和 1.0m×0.9m×0.4m。试验结果表明，土体的沉降主要出现在填筑期（3年），该部分沉降占总沉降的90%，工后土体的沉降量约占总沉降的10%，其最大沉降量约0.442m。高填方地基的沉降总体特征表现为沉降总量大，初始沉降速率大。

孙静和孙琳[53] 利用离心机研究了某高速公路土石混合料高填方的沉降问题。重庆江津至四川合江段高速公路龙井沟段高填方采用土石混合料，填筑最高38.6m，离心机模型尺寸为 60cm×35cm×50cm，模拟3种比例土石料。试验结果表明，填筑体沉降随填筑高度增加而增大，随碎石掺量增加而减少，填筑工艺和每层填筑厚度对沉降分布规律影响较小，分层强夯施工的沉降变形小于分层碾压施工的效果。

李天斌等[54] 针对攀枝花机场高填方预加固边坡滑动，诱发了易家坪滑坡复活，开展了离心机模型试验。离心机最大加速度250g，模型箱尺寸 1.2m×1m×1.2m。试验结果表明，填筑边坡的变形受填筑面及其附近的软弱层控制，填筑面附近的软弱层在自重和地下水等影响下出现蠕动变形，是填筑边坡持续变形的根本原因，是导致填筑边坡破坏的内因。在天然条件下离心机试验结果表明，填筑边坡产生了蠕滑拉裂变形并没有整体滑动，但当降雨和地下水作用后，坡体孔隙水压力迅速增大（最大时为天然条件下的3.7倍），是整体滑动重要影响因素。

赵建军等[55] 以万州至利川高速公路某段填筑后开裂路堤为研究对象，开展了室内模型试验研究。模型体长宽高分别为 $1.65m×0.5m×0.7m$，应力相似比尺为 1/200，重度相似比尺为 1。采用位移计、土压力计和三维激光扫描仪等监测手段。试验结果表明，填筑体在分层碾压成型后，正常条件下坡体逐渐完成沉降，不出现破坏。在外部堆载作用下，其变形破坏过程分为三个阶段。拉张裂缝产生：当外部堆载后，附加应力增加，堆载边缘区出现拉应力并随着外部荷载增加及时间而继续增加，最后拉应力集中，细小拉张裂缝开始出现并增多增大，坡体逐渐产生明显裂缝，这样第二级填筑体出现隆起鼓胀。滑动面形成：边坡表面裂缝继续扩展，在堆载下部逐步形成剪切塑性区，上部裂缝和下部塑性区逐步发展、汇聚慢慢贯通，并继续向下部扩展延伸，最终形成潜在连续的滑动面。整体滑动破坏阶段：潜在的滑动面继续发展，形成稳定的连续滑动面，坡体变形加剧，抗滑能力继续减小，导致滑动面以上坡体沿着滑动面整体滑动，同时上部堆载体出现倾倒。

张英平等[56] 研究了水位循环作用对洛阳典型粉土孔隙水压力及土压力变化规律。研制了模型试验装置，模型高 2m，直径 1m。在初始固结阶段，第 1 次循环孔隙水压力经历注水阶段增大、持水阶段缓慢消散、降水阶段下降的过程。上部土体中的孔隙水压力在第 1 次水位上升时存在响应滞后现象。土压力变化是水的加入导致土体自重应力增加与土体膨胀导致土压力减小两方面共同作用的结果。第 1 次水位循环使土体完成了整个试验周期 60% 的沉降量。稳定沉降阶段，孔隙水压力随水位升降而瞬时响应，而变形滞后，孔隙水压力周期性变化是导致土体周期性变形的主要原因。瞬时沉降主要是降水瞬间排出水的体积损失所致，而残余孔隙水压力的衰减消散导致的有效应力增加是土层产生固结沉降的主要原因。

赵建军等[57] 利用物理模型试验方法研究了降雨诱发填方路堤边坡变形机理。试验中几何相似比尺为 1/100，应力相似比尺 1/100，滑坡模型长 185cm、宽 47cm、高 68cm。试验结果揭示了该滑坡在降雨条件的滑动机理，后缘堆载增加坡体下滑作用力，降雨入渗使得土体抗剪切性能降低，后缘土体达到极限作用力后开始出现裂缝，裂缝更有利于降雨入渗到滑动带，土体性能进一步劣化，裂缝进一步增多扩展，裂缝最终贯通，出现滑坡失稳。孔隙水压力是滑坡失稳的最主要影响因素，填筑体的细颗粒在水的作用下汇集在滑动带附近，滑动带土体较软弱，渗透性能差，水流渗透通道淤塞，致使孔隙水压力越来越大，形成较大的下滑作用力。

2.2.3 填方场地变形特征

从沉降机理上分析，高填方地基在荷载作用下，沉降由瞬时沉降、固结沉降和次固结沉降三部分组成，其中瞬时沉降来源于外荷载使土体产生剪切作用而引起的侧向变形，一般按弹性理论计算；固结沉降是土体由于孔隙水压力消散产生的压缩变形所致，通常采用单向压缩分层总和法计算；次固结沉降是由土骨架在持续荷载下的蠕变所引起的，尚无明确计算方法。一般认为，次固结沉降通常较小，历时较久，在总沉降中一般都小于 10%。

关于地基的沉降分析及计算，已有了较多的工程实践，进行了较深入的研究和讨论，但高填方场地填料来源复杂，组成成分不同，级配不同，填筑工艺也不同，致使后期填方场地变形分布特征难以准确预测，填筑体（填石料或土石混合料）自身的沉降计算目前还没有成熟的方法，特别是还没有简单实用的工程计算方法。填筑体在自重应力作用下的本身压缩问题是一个复杂的问题，因为它的变形机理既不同于土，也不同于岩石，属于弹塑性或黏弹性问题。

曹喜仁等[58] 提出先分别考虑路基和填石料的变形，然后再叠加的方法来研究高填石路堤沉降规律。对高填石路堤地基变形的计算，采用能同时考虑剪切变形和压缩变形的修正邓肯-张模型；对填石层的变形，则采用负指数曲线来拟合现场压实曲线，最终的计算结果与实测值吻合较好。

高填方场地的蠕变变形也是一个重要问题。目前，蠕变沉降主要分为三类研究方法。第一类为经验模型法，如双曲模型法、抛物线模型法、指数模型法、现场试验法等。第二类为本构模型法，如硬化模型、减载屈服面法、弹塑性本构法等。第三类为数值模拟法，如有限元、离散元、颗粒流等。一些简单模型可以得到较好的效果，如弹簧延迟模型在蠕变第二阶段其应变率为常数，利用该特征可以模拟高填方的沉降，利用一维沉降模型得到标准线性流变模型来预测高填方施工及工后沉降。

陈晓斌[59] 根据非线性流变模型，采用线性流变元件建立本构模型和内时理论、损伤断裂力学理论建立流变本构模型。耿之周等[60] 在三参数流变模型基础上，引入了高木俊介线性加载模式，分析了堆石体分级加载条件下的变形规律，并在考虑填筑体自重应力作用条件下提出了流变模型；王占军等[61] 在等向压缩方程中引入反应粗颗粒强度的固相硬度参数，给出了双曲线型流动准则，建立了一个可同时考虑加载过程与流变过程的粗粒料黏弹塑性本构模型；黄耀英等[62] 从唯象角度建议了一种既反映粗粒料流变变形规律，又便于数学运算的组合指数型流变模型。

曹文贵和李鹏等[63] 结合公路高填石路堤工程特点，提出适合高填石路堤变形特征的蠕变本构模型计算工后沉降。但上述分析中蠕变参数获取较为困难，且有限元分析中模型比较简单，简化假设较多。

目前，对于高填方场地变形主要利用现场监测的方法，评估场地施工期及工后的总体沉降和不均匀沉降，在此基础上，利用函数方程预测后期的变形。

徐明和宋二详[64] 综述了高填方工程工后长期沉降规律。结果表明其沉降随时间一直增长，但速度变缓，沉降量与工后时间对数符合近似线性关系：

$$S/H = T \lg(\Delta t_2 / \Delta t_1) \tag{1.1}$$

式中 S——Δt_2 至 Δt_1 之间产生的沉降量，m；

H——填方高度，m；

T——常数，0.25%~1%，受碎石料性质及填筑模式影响。

分层沉降观测结果表明不同深度沉降量与工后时间的对数符合近似线性方程，对应的 T 值和竖向压力（上部填筑体重量）近似也符合线性关系。结果也表明，压实效果良好的填筑体，颗粒形状对沉降量影响较大，圆形砂卵石沉降结果为碎石料的1/3；对于密实的碎石填筑体，T 值可取 0.2% 用于长期沉降的分析。

由于地下水的升降，填筑体突然出现的较大沉降，称为湿陷沉降。与蠕变变形相比，湿陷沉降导致的工后变形要大得多。导致湿陷沉降的原因复杂，其主要因素有填筑料的类型，碎石等粗颗粒填料和黏土等细颗粒填料在工后遇水的反应差异较大，填料初始含水率及其变化，碎石在填筑前是否被水饱和浸润影响工后发生湿陷沉降的大小。

对于砂或碎石等粗颗粒填料，一般认为其长期蠕变沉降的机理有以下几种：

（1）颗粒接触点（面）的破碎。细观土力学研究结果表明，填筑体竖向压力的传递是通过一系列与最大主应力方向大致平行的传力路径来实现的；位于这些传力路径上的颗粒之间接触点（面）应力要远远大于该深度的平均应力。

（2）颗粒间的相对滑/转动。对于压实度较低的填料，或者接触点/面的破碎后，相邻的颗粒有机会通过滑动或转动来调整其位置，进而形成新的接触点/面的传力路径。颗粒中已有的细微裂缝在压力作用下逐步发展，导致颗粒的劈裂。

朱才辉等[65] 总结了吕梁机场高填方工后沉降规律，填方最深为 80m 的黄土，经过近 2 年的观测，原地基沉降量为填筑体自身变形 3 倍以上，且填筑体沉降约占其初始填筑厚度的 0.11%。填筑体沉降量和原地基沉降量均与填土厚度基本符合线性方程。提出了基于应变速率的工后沉降递推法，分析结果表明，采用 Gomportz 函数预测工后沉降效果优于指数、双曲线函数。

吕庆等[66] 根据浙江省某段高速公路高填方路堤监测资料，采用位移反演分析方法预测了工后沉降。采用广义开尔文黏弹性本构模型，基于高填方路堤实测变形结果，反演了主要岩土体参数，并基于此预测高速公路高填方路堤工后变形。

李秀珍等[67] 采用数值模拟方法研究了机场高填方的工后沉降。九寨黄龙机场元山子沟最深填方高度 104m，填筑工期 14 个月，填方底部分布最大 10m 的软弱土层。计算结果表明，高填方地基总体沉降大，差异沉降明显，速度快，沉降中心点最大值 280cm，包括填筑体的变形及软弱土层厚度较大的地基变形。计算结果和实测结果总体相当。

刘宏等[68] 总结了九寨黄龙机场高填方地基沉降结果，研究了不同工后沉降的预测模型，指数预测模型优于幂函数、平方根、双曲线和对数模型，并基于此预测了工后可能出现 2 个沉降中心，均分布于最大填方处且分布于地基软弱土层，沉降值分别 47～49cm、35～39cm。

叶观宝等[69] 总结某高填方机场跑道的地基沉降和孔隙水压力的实测分布规律，反演分析了地基参数，预测了地基下一级荷载下的沉降规律。

王博林等[70] 总结了 Logistic 曲线、Gomportz 曲线预测工后沉降的优缺点，在对两种模型优化组合的基础上，提出了最优加权平均几何预测模型，把该模型应用于黄土高填方工后沉降预测，结果与实测相吻合，应用于延安新城区黄土高填方工程，也优于其他两个模型，应用效果更优。

朱彦鹏等[71-72] 开展了甘肃省兰永一级公路某段土石混合料高填方现场沉降监测，总结了沉降分布特征，并利用指数、幂函数、双曲和对数模型拟合数据。结果表明，路肩与超车道的沉降分布不均，路肩处沉降明显较大。4 种预测沉降模型指数型拟合与实测效果最接近，但是不能预测工后长期变形，提出利用指数模型与双曲模型组合模型来预测其长期变形，效果良好。

葛苗苗等[73] 总结了最大 110m 黄土高填方的沉降变形规律，基于实测变形结果利用有限元法进行了工后沉降反分析。结果表明，黄土高填方沉降主要是平均厚度约 39m 填筑体的变形，占总沉降 63%，原地基为砂页岩及原状黄土，沉降较小，填筑期沉降的主要原因是非饱和土孔隙压密和排气固结。

　　高填方的粗粒填筑料,填筑前组成成分复杂,粒径大小及分布差异较大,含水状态差异大;填筑中填筑工艺不同,且分层填筑,填筑体随填筑厚度不同受力特征不同,工后既要在自重及后续附加荷载作用下继续完成沉降,又可能经历水位升降波动及温度波动影响,其物理力学性能差异较大,应力-应变关系曲线复杂,影响因素众多,目前尚未有统一有效的本构方程。高填方粗粒料在力及孔隙水压力下变形复杂,应力、变形达到什么标准影响填方场地正常使用,虽然国内外学者开展了广泛室内和现场研究,也未发现一个通用的准则。粗粒土的本构方程和破坏准则研究尚不成熟,直接影响到填方场地变形评估。

　　综上所述,高填方工程变形分析理论还不成熟,也没有规范可以遵循,再加上库区消落带对高填方影响,其工后变形计算更加困难,研究该问题具有非常重要的理论意义和实用价值。

2.3　白鹤滩水电站库区移民安置工程场地面临挑战

　　工作区地质环境极其复杂,发育较多不良地质。地形地貌峰峦起伏,从高山到河谷,纵比降大。白鹤滩库区巧家县处于小江断裂北端,北西与则木河断裂相接,地处高烈度区,地质结构复杂多变。在此处,泥石流、崩塌、滑坡亦很发育。沉积环境有河流相、冲洪积相、泥石流堆积相、崩坡积及残坡积相等,且沉积作用交替进行,加之由于构造作用、河流冲刷、植被覆盖、人为改造等,使得场地地质条件变得更加复杂,不易分辨。

　　目前,对于白鹤滩水电站库区消落带土地资源利用的研究相对较少,并且这些研究绝大部分是以理论性探讨为主,主要涉及库区生态、环境经济和社会发展的宏观方面,在库区消落带土地利用的研究中对消落带高填方场地的稳定性问题研究甚少。高填方工程中具有库水位涨落对填土岸坡稳定性劣化、填土与原岸坡的有效结合、填土体在周期性浸泡条件下的强度劣化机制三大关键技术难题,目前,尚无针对白鹤滩库区库水位周期性涨落的特性进行研究。

第3章 消落区高填方场地及料源规划

3.1 地质条件

3.1.1 北门地质条件

3.1.1.1 地质地貌

场地坐落在金沙江右岸、巧家县城所在不规则冲洪积缓坡台地，地貌特征见图3.1，地势东高西低，东面为整体呈南北走向的药山南麓轿顶山，地形起伏大，冲沟发育；西面为近北流向的金沙江，此段河谷较宽缓，岸坡发育有冲洪积阶地、台地和堆积扇等。

金沙江在巧家县城段流向由N48°W转为近N流向，巧家县城坐落在一个不规则宽阔扇形台地上，从县城缓台地至江边地形总体较平缓，局部有陡坎。高程780m以上，地形坡度4°～7°，局部（巧家造纸厂下）坡度达11°；高程780～710m，地形坡度10°～25°；高程710～665m，地形坡度3°～10°；高程665～655m，为陡坎，坡度30°～45°；高程655m以下，地形平缓，坡度4°～8°。

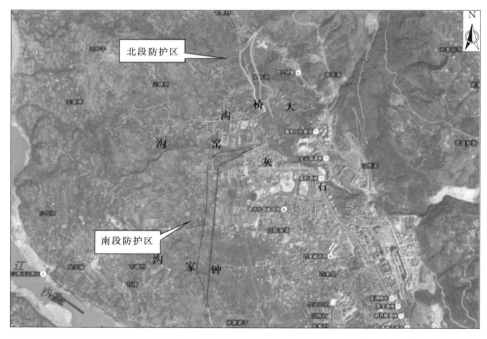

图3.1 工程范围及地形地貌

金沙江在本段有河流冲积Ⅰ、Ⅱ、Ⅲ级阶地及山前洪积台地分布。Ⅰ级阶地阶面高程650～660m，阶面宽20～260m不等，分布在临近金沙江两岸、石山寺以北岸坡；Ⅱ级阶地阶面高程670～710m，阶面宽270～450m不等，呈条带状分布于临江平缓岸坡；Ⅲ级阶地阶面高程818～840m，阶地宽950～2200m，后缘为洪积物覆盖。由于该段Ⅲ级阶地拔河高度较大，受地表流水、后缘山坡坡面流以及冲沟洪流影响，阶地破坏严重，阶地阶面和前缘阶地陡坎一般不完整，垂直岸坡的冲沟发育，部分库段阶地被破坏后又被洪积碎块石覆盖，或洪积碎块石与河流冲积砂砾石交互沉积，在原阶地范围内堆积了大量的泥石流堆积物。洪积台地呈扇形展布，地面高程818～900m左右，主要分布在县城主城区至后缘山坡坡脚。

3.1.1.2 地层岩性

巧家台地覆盖层深厚，厚度达300m以上，主要为洪积（Q^{pl}）碎石混合土、含砾黏土、冲积（Q^{al}）砂卵砾石、粉黏土等，表部分布有坡积（Q^{dl}）黏土、含砾黏土，沟谷内分布洪积及泥石流堆积物（Q^{sef}）。

3.1.1.3 地质构造

场地覆盖层深厚，未见断裂、褶皱等构造出露。据已有勘察资料，推测小江断裂带龙潭公园—红星水库一带呈NNW向通过，经过北区回填垫高造地区，其为隐伏断裂，上覆覆盖层厚大于80m。

3.1.2 溜姑地质条件

3.1.2.1 地形地貌

工程场地位于金沙江左岸会东县溜姑乡集镇东侧的营盘山上，场地西侧为NW向展布的溜姑乡集镇槽形凹地，见图3.2，东侧为金沙江，南侧为金锁桥河沟泥石流堆积扇，北侧为缓坡洪积台地。

图3.2 场地地形地貌

规划集镇新址位于营盘山山顶，营盘山呈浑圆状，山顶高程 970m，山坡总体地形较完整，山脊走向为 N15°～25°W，高程 940～970m，山顶坡度一般为 3°～10°，高程 900～940m 为斜坡，坡度一般为 10°～25°，主要位于营盘山四周；陡坡段山地高程为 820～900m，坡度一般为 25°～35°，南北比东西两侧坡度略缓，主要位于营盘山腰周围，其中临江山坡稍陡，局部坡度达到 40°～70°，坡面短小冲沟发育，雨季地表流水汇聚沿冲沟冲蚀，营盘山目前无民房和农田分布。

3.1.2.2 地层岩性

规划区内第四系覆盖层广布，以冲洪积层（Q^{apl}）、残坡积（Q^{edl}）为主，场地及周边分布地层较多，基岩主要为古生界和元古界地层，总体产状为 N10°W～N10°E，NW（SW）∠50°～75°，地层向北越过金沙江后，延伸至对岸的茶棚子一带。

3.1.2.3 地质构造

根据区域地质和现场勘察，小江断裂 F_{12-1} 于场地西侧凹槽内通过，产状为 N25°～36°W，SW∠75°～90°，出露宽度一般为 140～160m，局部为 200m 左右，主要由碎裂岩、角砾岩和糜棱岩和少量断层泥组成。其下盘为前震旦系通安组（Pt_2t）千枚岩，地层产状为 N20°～30°W，SW∠20°；断层上盘（营盘山一带）主要为二叠系栖霞-茅口组（P_1q+m）灰岩，南侧为二叠系上统峨眉山组（$P_2\beta$）玄武岩，地层产状为 N10°W～N10°E，SW（NW）∠50°～75°。

受小江断裂影响，营盘山一带断层、破碎带发育，岩体多以较破碎—破碎为主，勘察发现，营盘山坡顶发育断层 f_1，宽 2～5m，产状为近 SN，W∠65°～75°，断层内为碎粉岩、角砾岩，主要在营盘山西侧山坡的钻孔中揭露，地表为覆盖层所掩盖，延伸长度不明。

3.1.3 象鼻岭地质条件

3.1.3.1 地形地貌

工程区位于金沙江与小江间格勒坪子—象鼻岭台地南侧，台地呈长条形展布，地面高程 770～852m，地形平缓，坡度 3°～5°，局部 10°～15°，现分布有较多耕地和民房，见图 3.3。台地西侧为金沙江，东侧为小江。

图 3.3 象鼻岭居民点地形地貌

场地西侧临金沙江岸坡，流向 N10°～60°E，沟谷狭窄，河谷断面呈不对称 V 形，江水面高程约 701m。高程约 785m 以下，地形较陡，坡度 30°～40°，坡面较凌乱，浅蚀冲沟较发育，多为荒山，见图 3.4 和图 3.5；在勘 I 线附近，高程约 758m 处发育一呈 N45°E 走向的凹槽，见图 3.6，凹槽宽 20～30m，深 10～20m，为荒地，有 1 户民房分布，现已破损，无人居住；高程 701～709m 处，发育金沙江河漫滩。

图 3.4　象鼻岭居民点南侧临金沙江岸坡

图 3.5　象鼻岭居民点北侧临金沙江岸坡

地形平缓，坡度 2°～3°，雨季被金沙江水淹没。场地东侧临小江岸坡，见图 3.7，高程 740～818m，地形坡度 20°～25°，坡面较凌乱，浅蚀冲沟发育，多为荒山，有少量民房分布，勘Ⅲ线附近局部分布小江 I 级阶地，后期受人为破坏严重，保存不完整；高程约 740m 以下，为小江河漫滩，地形平坦，现在已经开垦为耕地，种植西瓜、蔬菜等。堤线南侧高程 750～760m，由于采砂，形成一缓坡台地，地形坡度 3°～5°。

图 3.6　勘 I 线临金沙江处凹槽地貌

图 3.7　临小江岸坡

3.1.3.2　地层岩性

场区第四系覆盖层深厚，主要为新生界第四系冰水堆积（Q^{fgl}）、冲洪积（Q^{apl}）、洪积（Q^{pl}）、崩坡积（Q^{col+dl}）、坡洪积（Q^{dpl}）等；临金沙江处局部有基岩出露，主要有古生界志留系中统石门坎组（S_2s）、泥盆系中统幺棚子组（D_2y）。

3.1.3.3　地质构造

场地为深厚覆盖层所覆盖，未见有断层发育，根据区域资料和其他工程地质资料，小江断裂从场地东侧通过，距离场地最近距离约 600m。

场地西侧临金沙江岸坡，局部出露基岩，岩层产状 N13°～25°E，NW∠30°～40°。主要发育以下 2 组节理。

（1）N20°～60°W，NE∠60°～62°，面平直粗糙，铁锰质渲染，平行发育，间距 20～50cm。

（2）N50°～75°E，SE∠55°～65°，面平直粗糙，铁锰质渲染，平行发育，间距 0.2～1.2m。

3.2　场地规划

3.2.1　北门场地规划

工程开挖料均作为场地回填料使用，该工程无弃渣。窝塘头料场土方开挖料约 10 万 m^3，先堆存于料场附近，用于后期料场复耕用土，其余约 46 万 m^3 运至莲塘垫高造地场地回填。北门防护造地堤身基础土方开挖料约 34 万 m^3 先堆存于围堤外侧，用于后期场地复耕用土，其余约 110 万 m^3 用于莲塘垫高造地场地回填。

工程填筑区内现有地形为缓坡地，工程施工内容相对简单，混凝土及碎石料等需加工石料均采用外购，施工工厂规模较小。工程施工用地在填筑区内高高程区域适当平整后解决，以减少工程投资。施工场地内主要布置有综合加工厂、机械设备停放场、综合仓库等，见图 3.8。

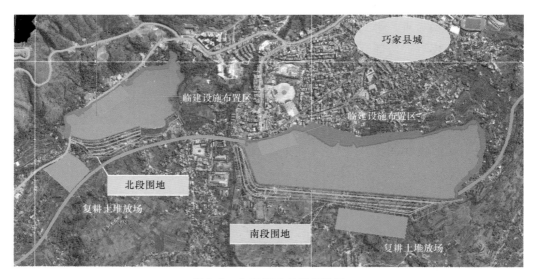

图 3.8　北门施工布置规划图

该工程施工高峰人数约 400 人，需要生活办公营地建筑面积约 4000m²，占地面积约 12000m²，生活办公营地在填筑区内高高程区域适当平整后解决，以减少工程投资。

填筑区内临时设施，后期拆除再填筑至设计高程及体型；必要的临建设施设置在已完工的填筑区平台上。

施工临时设施规划见表3.1。

表 3.1　　　　施工临时设施规划表

序号	占用土地项目	建筑面积/m²	占地面积/m²
1	机械修配厂及设备停放场	1500	5000
2	综合加工厂	800	2500
3	综合仓库	800	2500
4	生活及办公营地	4000	12000
5	其他	1000	3000
6	合计	8100	25000

3.2.2　溜姑场地规划

溜姑部分施工营地可利用库区移民废弃的房屋，其余集中布置在库区平缓场地内，见图3.9。

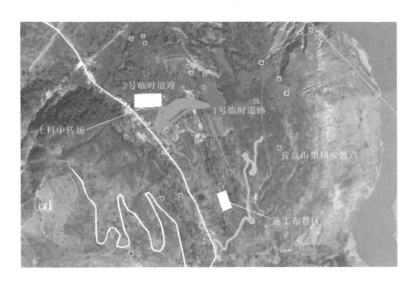

图 3.9　溜姑施工布置规划图

3.2.3　象鼻岭场地规划

工程开挖料均作为场地回填料使用，该工程无弃渣。

工程填筑区内现有地形为缓坡地，工程施工内容相对简单，混凝土骨料及碎石料等需加工石料均采用外购，施工工厂规模较小。工程施工用地在填筑区内高高程山脊区适当平整后解决，以减少工程投资。施工场地内主要布置有综合加工厂、机械设备停放场、综合仓库等，见图3.10。

该工程施工高峰人数约 250 人，需要生活办公营地建筑面积约 2500m²，占地面积约 8000m²，生活办公营地在填筑区内高高程区域适当平整后解决，以减少工程投资。

填筑区内临时设施，后期拆除再填筑至设计高程及体型；必要的临建设施设置在已完工的填筑区平台上。

施工临时设施规划见表3.2。

图 3.10　象鼻岭施工布置规划图

表 3.2　　　　　　　　　　施工临时设施规划表

序号	占用土地项目	建筑面积/m²	占地面积/m²	备　注
1	机械修配厂及设备停放场	700	2000	
2	综合加工厂	300	1000	
3	综合仓库	300	1000	
4	生活及办公营地	2500	8000	部分利用迁走移民房屋
5	其　他	1000	3000	
6	合　计	4800	15000	

3.3　料源规划

3.3.1　北门高填方工程

3.3.1.1　料源概况

1. 可选择料源

根据地质勘察及现场查勘，可供选择的料源具体如下：

（1）堤防填筑料（堆石料、过渡料、反滤料）可供选择的料场包括唐家山石料场、石灰窑沟料场、鑫磊石料场、龙潭沟石料场、葫芦口料场、尖山石料场、半沟石料场、旱谷地渣场、江边砂砾料场等，见图 3.11，最终选择旱谷地渣场。

（2）场平填筑料可供选择的料场包括水碾河砂砾料场、窝塘头料场、天生梁子及邱家屿场平开挖料，见图 3.12，最终选择水碾河砂砾料场。

2. 堤防填筑料源

旱谷地弃渣料位于巧家县后山坡旱谷地村大弯子沟上游侧，堆渣区对应沟底高程为 $1240 \sim 1450m$ 段。旱谷地料场弃渣主要为二叠系下统栖霞-茅口组（P_1q+m）灰岩，少量

图 3.11 堤防填筑料场位置示意图

图 3.12 场平填筑料场位置示意图

为残坡积（Q^{edl}）红黏土、崩坡积（Q^{col+dl}）混合土块石及人工堆积黏土、砾石等。其中灰岩料质量和储量满足北门防护工程堤防填筑料要求，旱谷地料场有专线公路可到达水碾河沟，然后可通过 S303 省道到达回填区附近，交通条件便利。

3. 场平填筑料源

（1）水碾河砂砾料场行政区划属白鹤滩镇黎明村和七里村，前缘至江边（高程约

27

635m），后缘一般到过境公路高程约 760m，根据前期钻探资料，料场剥离层较薄，料层厚度变化大，为Ⅱ类料场。

（2）水碾河砂砾料场可用于北门垫高造地回填料，其中，碎石混合土、细粒土质砾中粒径 2~20cm 整体含量约占 38.9%，细粒土含量约占 18.3%，质量能满足设计要求。

（3）水碾河砂砾料场开采分成 4 个区域，占地面积约 120 万 m²，开采深度按 15~20m 考虑，规划可开挖总量约 1777 万 m³，无用料包括表层耕植土和下部的有机质层等夹层。

（4）水碾河砂砾料场范围广，地形较平缓，场地开阔，料场紧邻 S303 省道，有简易乡村道路，距离县城填筑场地区 2~5km，运距较近，料场运输条件较好。

3.3.1.2 料源选择

1. 堤防填筑料源选择

（1）设计需要量。经土石方平衡分析，堤防填筑料源缺口如下：堤身堆石料约 468 万 m³（填筑方，余同），过渡料约 26 万 m³，反滤料约 30 万 m³。

（2）堤防填筑料设计要求。2019 年 9 月，由于旱谷地料场料源现场发生变化：现状旱谷地料场的石料大部分仅能满足原分区填筑设计变更中碾压堆石体分区 2 的粒径要求（碾压后小于 5mm 颗粒含量小于 28%，小于 0.075mm 颗粒含量小于 8%），其中符合原南区碾压堆石体分区 1 的粒径要求（碾压后小于 5mm 颗粒含量小于 20%，小于 0.075mm 颗粒含量小于 5%）的石料数量很少，不能满足南区堆石体填筑分区 1 的填筑数量及进度需求。为保证北门防护工程施工顺利进行，在确保防护工程整体结构稳定性与安全性的前提下，经相关实验和设计分析研究计算，对原南区堆石体填筑分区进行调整：

1）取消南区防护堤堆石体填筑分区，堆石体填筑料粒径要求统一为：碾压后小于 5mm 颗粒含量小于 28%，小于 0.075mm 颗粒含量小于 8%。

2）堆石体料填筑前加水 8%。碾压参数按照原南区堆石体 2 区料碾压实验确定的碾压参数执行。碾压后孔隙率小于 20%。

3）填筑料应分层碾压，摊铺厚度 0.8m。最大粒径不超过层厚。

4）对于已经填筑完成的堆石体坝体填筑要求按照原设计图纸及原设计修改变更通知单要求执行，完成收台后的填筑要求按照本要求执行。考虑到料源今后的变化情况，北区填筑料要求粒径一并统一为：碾压后小于 5mm 颗粒含量小于 28%，小于 0.075mm 颗粒含量小于 8%。堆石体料填筑前加水 8%。碾压参数按照原南区堆石体 2 区料碾压实验确定的碾压参数执行。碾压后孔隙率小于 20%。填筑料应分层碾压，摊铺厚度 0.8m。最大粒径不超过层厚。

（3）堤防填筑料源选择。北门防护工程堤防填筑料主要可选料源条件对比表 3.3。根据表 3.3 分析，堤防填筑料源可供选择有旱谷地弃渣场（回采）、巧家江边天然砂砾料场、鑫磊石料场、半沟石料场，其中鑫磊石料场、半沟石料场储量有限，为备选料场。因此堤防堆石料源选择从旱谷地弃渣场回采，过渡料和反滤料选择从巧家江边天然砂砾料场或鑫磊石料场、半沟石料场采购。

表 3.3   北门防护工程堤防填筑料主要可选料源条件对比表

序号	料场名称	料源特性	开采条件	交通条件	征地移民	料场评价
1	旱谷地弃渣场（回采）	弱风化灰岩为主，少量为残坡积红黏土、崩坡积混合土块石及人工堆积黏土、砾石等	开采条件较好，与旱谷地料场弃渣分区施工	通过旱谷地专用公路、S303 省道与填筑区相连，交通便利	无须征地	该料场开采条件较好，有公路与场地相连，储量多，弱风化灰岩料可作为堤防填筑料源
2	巧家江边天然砂砾料场	灰岩为主	开采条件较好，地方企业在开采	通过现有乡道或新建施工便道与填筑区相连，交通便利	无须征地	该料场开采条件较好，有新建施工道路与场地相连，可作为反滤料、过渡料填筑料源
3	鑫磊石料场	弱风化灰岩	开采条件较好，地方企业已获采矿权并在开采中	通过现有乡道与填筑区相连，交通便利	地方采石场，无须征地	该料场储量有限，可作为堤防填筑料源备选料场
4	半沟石料场	弱风化灰岩	开采条件较好，地方企业已获采矿权	通过旱谷地专用公路、S303 省道与填筑区相连，交通便利	地方采石场，无须征地	该料场储量有限、运距较远，可作为堤防填筑料源备选料场

2. 场平填筑料源选择

（1）设计需要量。经土石方平衡分析，扣除开挖利用料外，场平填筑料源缺口如下：土石方回填（场地平整）约 1259 万 m^3。

（2）填筑料料源质量要求。场地回填料针对不同料场，对回填料要求如下：

1）水碾河料场：粒径大于 2mm 的颗粒质量不小于回填总量的 50%，粒径大于 20mm 的颗粒质量不小于回填总量的 30%，粒径小于 0.0075mm 的颗粒质量小于回填总量的 15%，最大粒径不超过 200mm。

2）旱谷地弃渣场：粒径大于 2mm 的颗粒质量不小于回填总量的 80%，粒径大于 20mm 的颗粒质量不小于回填总量的 50%，最大粒径不超过 200mm。

（3）场平填筑料源选择。北门防护工程场平填筑料主要可选料源条件对比见表 3.4。根据表 3.4 分析，场平填筑料源选择水碾河料场、旱谷地弃渣场（回采）。

表 3.4   北门防护工程场平填筑料主要可选料源条件对比表

序号	料场名称	料源性质	开采条件	交通条件	征地移民	料场评价
1	水碾河砂砾料场	碎石混合土、细粒土质砾	开采条件较好，需做好场内排水	需新建水碾河砂砾料场至填筑区的施工道路	高程 825m 以下、移民多	该料场开采条件较好，新建施工道路与场地相连，储量多，可作为场平填筑料源
2	旱谷地弃渣场（回采）	弱风化灰岩为主，少量为残坡积红黏土、崩坡积混合土块石及人工堆积黏土、砾石等	开采条件较好，与旱谷地料场弃渣分区施工	通过旱谷地专用公路、S303 省道与填筑区相连，交通便利	无须征地	该料场开采条件较好，有公路与场地相连，部分土石混合弃渣可作为场平填筑料源

3. 其他填筑料源选择

（1）根据工程量统计，其他填筑料源量如下：块石料约 3 万 m³，碎石料（含振冲碎石桩料）约 25 万 m³，开挖弃料回填约 22 万 m³，耕植土填筑约 1 万 m³。

（2）根据堤防填筑料源选择分析结果，块石料选择从鑫磊石料场、半沟石料场采购，碎石料选择从巧家江边天然砂砾料场或鑫磊石料场、半沟石料场采购。

（3）开挖弃料回填和耕植土填筑均选择利用工程开挖料回填。

4. 混凝土骨料料源选择

北门垫高防护工程各类混凝土总量约 6.2 万 m³，所需的加工石料量相对较小，且有预制块、常态混凝土等多种规格，自建砂石加工系统的经济性较差。工程周边有天然砂砾料场和商品混凝土拌和站，可选择外购商品混凝土或外购骨料、自建小型混凝土拌和站方式，经分析对比，该工程采用商品混凝土更能满足工程需要，外购商品混凝土与自建混凝土生产系统对比见表 3.5。

表 3.5　　　　　　北门防护工程外购商品混凝土与自建混凝土生产系统对比表

对比项目	外购商品混凝土	外购骨料、自拌混凝土	对比结论
建设场地条件	无须考虑	红线外需重新征地	差异不大
施工用电	无须考虑	工程前期无法接入电网，以柴油发电机为主	外购商品混凝土更优
拌和质量控制	政府相关部门主导，浇筑工作面监理旁站取样复核	承包商自行配置试验室控制配合比，工程监理监督	外购商品混凝土更优
环水保及文明施工	无须考虑	施工区周边噪音、粉尘浓度等相对较高，需进行相关审批	外购商品混凝土更优
施工进度	随时提供，能满足工程开工时间滞后，进度紧张条件下对混凝土供给的需求	前期征地、环水保手续、建站等周期较长，影响工程快速推进	外购商品混凝土更优
混凝土造价	采用巧家信息价，挡墙常用的 C20 混凝土约 352 元/m³	需外购骨料，摊销搅拌站、搅拌车购置（租赁）费用，搅拌站建设需新增征地、场地平整及硬化、搅拌站基座及附属结构浇筑、设备安拆、场地清理、复垦等工作，复核 C20 混凝土综合单价约 368 元/m³	自拌略经济，但对工程总投资影响较小

该工程开工时间已晚于原规划报告节点，为满足移民安置目标要求，根据工程实施条件，外购商品混凝土更能满足工程快速推进的需求，从质量管控的角度，外购商品混凝土由政府相关部门主导并监督，质量保证性更高。因此，结合现场实施情况，本次变更混凝土考虑外购合格商品混凝土。

5. 料源总体规划

根据上述分析，北门防护造地工程土石方平衡规划见表 3.6，过渡料、反滤料、块石料、碎石料从巧家县外购。

表 3.6　　　　　　　　　北门防护造地工程土石方平衡规划表　　　　　　单位：万 m³

| 填筑料来源 | 类别 | 堤防堆石料 | | 场平土石回填 | | 开挖料回填 | 耕植土回填 | 合计 |
		南区	北区	南区	北区			
填筑方		348.1	120.0	122.3	736.6	251.1	23.1	0.8	1602.0
自然方		278.5	96.0	97.8	860.0	292.8	26.6	0.8	1652.5
旱谷地弃渣场	土石混合料			97.8					97.8
	弱风化料	278.5	96.0						374.5
水碾河砂砾料场	砂砾料				860.0	292.8			1152.8
北门	开挖料						26.6	0.8	27.4

注　旱谷地弃渣场开采量采用自然方计量，若换算为松方，乘以系数 1.35。

6. 填筑料折方系数

（1）旱谷地弃渣料（自然方）进北门堤防的折方系数：旱谷地弃渣量为灰岩料，按现场碾压试验报告平均值 18.6% 的孔隙率计算，折方系数为 1.229；根据《巧家县北门防护工程设计变更报告评审意见》（2021 年 11 月 8—10 日），填筑工程量按照规范要求及设计指标计算，根据《碾压式土石坝施工组织设计规范》（NB/T 35062—2015）附录 D 堆石料自然方换算为实方的系数为 1.25～1.32；旱谷地弃渣料进北门堤防的折方系数采用规范内的折方系数，并尽量与碾压试验报告计算的折方系数相近，取 1.25。

（2）水碾河料场料（自然方）进北门场平的折方系数：水碾河料场料天然干密度为 1.9g/cm³；碾压最大干密度 2.3g/cm³，场地不同分区碾压后压实度最低要求为 97%、95%、92%，根据现场碾压后取样计算压实系数平均值分别为 97.69%、96.07%、93.15%，相应碾压后干密度平均值分别为 2.247g/cm³、2.210g/cm³、2.142g/cm³，对应的折方系数分别为 0.846、0.860、0.887（1.9/2.247＝0.846、1.9/2.210＝0.860、1.9/2.142＝0.887）；根据《巧家县北门防护工程设计变更报告评审意见》（2021 年 11 月 8—10 日），填筑工程量按照规范要求及设计指标计算，根据《碾压式土石坝施工组织设计规范》（NB/T 35062—2015）附录 D 土石混合料自然方换算为实方的系数为 0.82～0.88；水碾河料场料进北门场平的折方系数采用规范内的折方系数，并尽量与现场碾压压实系数计算的折方系数相近，不同压实度（97%、95%、92%）的折方系数分别取 0.846、0.860、0.88。

（3）旱谷地弃渣料（自然方）进北门场平的折方系数：旱谷地弃渣量为灰岩料，天然块体密度为 2.66g/cm³；进入北门场平的为土石混合料，碾压最大干密度 2.31g/cm³，场地碾压后压实度最低要求为 95%，参考水碾河料碾压后压实系数平均值 96.07%，旱谷地料碾压后干密度平均值为 2.219g/cm³，对应的折方系数为 1.199（2.66/2.219＝1.199）；根据《巧家县北门防护工程设计变更报告评审意见》（2021 年 11 月 8—10 日），填筑工程量按照规范要求及设计指标计算，根据《碾压式土石坝施工组织设计规范》（NB/T 35062—2015）附录 D 堆石料自然方换算为实方的系数为 1.25～1.32；旱谷地弃渣料进北门场平的折方系数采用规范内的折方系数，并尽量与碾压压实系数计算的折方系数相近，取 1.25。

3.3.1.3 料源开采

1. 旱谷地渣场

旱谷地渣场回采规划以工程开工前时间节点为界限分成两阶段，2018 年 9 月底之前针对现有渣场进行回采，2018 年 9 月之后针对后续弃渣进行回采，见表 3.7。说明如下：

（1）2018 年 9 月，现状渣场可开采弃渣有用料约 260 万 m³（堆方），换算为自然方为 193 万 m³，相应需挖除生产废渣（石粉）约 25 万 m³（堆方）。

（2）2018 年 9 月（北门造地工程开工后）至 2020 年底（北门造地工程计划完成时间）新增弃渣有用料约 596 万 m³（自然方，堆方为 805 万 m³）及生产废渣约 72 万 m³（堆方）。由于生产废渣为砂石加工过程中产生的石粉，呈软塑状，难以直接加高堆放，为保证生产废渣的堆放安全，生产废渣需在一般弃渣料维护情况下进行堆放；但根据北门防护工程施工进度要求，旱谷地渣场开采强度较高，场内无法及时形成生产废渣的拦挡设施，所以现场生产废渣与一般弃渣料基本是无序堆放、相互混杂；在开采旱谷地渣场有用料情况下，需要挖除混杂的生产废渣。

（3）根据以上（1）和（2）说明，旱谷地渣场可开采弃渣有用料总量约 789 万 m³（自然方，堆方为 1065 万 m³），相应的生产废渣总量约 97 万 m³（堆方）。

（4）根据料源规划，北门防护工程（包含南区和北区）、北门中区（滨江大道）、莲塘造地工程的堤防料及部分北门南区的场平料来自旱谷地渣场，总量约 580.1 万 m³（自然方）。根据（3）同比例计算，相应的生产废渣量为 71.1 万 m³。为减少工程投资，实施阶段生产废渣挖除量由 71.1 万 m³ 优化为 65.8 万 m³，其中 46.2 万 m³ 生产废渣运至水碾河弃渣场，运距 14.5km；19.6 万 m³ 生产废渣在旱谷地弃渣场内倒运，运距 0.5km。

（5）旱谷地渣场总利用量（北门、莲塘）约 580.1 万 m³，生产废渣挖除量约 65.8 万 m³；其中北门防护工程利用旱谷地渣场量为 480.6 万 m³（自然方），同比例换算生产废渣挖除量约 54.5 万 m³，其中 38.3 万 m³ 生产废渣运至水碾河弃渣场，运距 14.5km；16.2 万 m³ 生产废渣在旱谷地弃渣场内倒运，运距 0.5km。根据《巧家县北门防护工程设计变更报告评审意见》（2021 年 11 月 8—10 日），2018 年 9 月以后白鹤滩砂石骨料加工厂产生的石粉废渣转运量不计入该工程项目中，2018 年 9 月之前的生产废渣总量为 25 万 m³，运至水碾河渣场，运距 14.5km。生产废渣开挖量计算见表 3.7。

表 3.7   旱谷地弃渣场回采生产废渣开挖量计算表

生产废渣开挖量	2018 年 9 月底之前	2018 年 10 月至 2020 年 12 月	合计	备 注
混凝土量/万 m³	234.0	568.0		
可利用旱谷地弃渣量自然方/万 m³	192.6	596.2	788.8	2018 年 9 月底之前为现有渣场内可开采量
可利用旱谷地弃渣量（堆方）/万 m³	260.0	804.9	1064.9	
进入粗碎砂石量/万 m³	276.5	547.4		
进入粗碎砂石量/万 t	746.6	1478.0		
生产废渣产生比例/%	13.5	10.0		

生产废渣开挖量	2018 年 9 月底之前	2018 年 10 月至2020 年 12 月	合计	备　注
生产废渣量/万 t	100.8	147.8		
生产废渣密度/(kg/m³)	2.06	2.06		
生产废渣量/万 m³	48.9	71.7	120.7	
可利用旱谷地弃渣量对应的生产废渣量/万 m³	25.0	71.7	96.7	与可利用量 789 万 m³ 对应的生产废渣；2018 年 9 月底之前为可开采范围的生产废渣量
北门、莲塘等工程利用弃渣量对应的生产废渣量/万 m³	25.0	46.1	71.1	
北门、莲塘等工程利用弃渣量优化后的生产废渣量/万 m³	25.0	40.8	65.8	总量 65.8 万 m³，其中 46.2 万 m³ 生产废渣运至水碾河弃渣场；19.6 万 m³ 生产废渣在旱谷地弃渣场内倒运
北门防护工程利用弃渣量对应的生产废渣量/万 m³	25.0	29.5	54.5	总量 54.5 万 m³，2018 年 9 月之前的生产废渣总量为 25 万 m³，运至水碾河渣场，运距 14.5km

（6）旱谷地渣场回采分上、下两个平台区域，先开挖上平台，后开挖下平台，下平台开挖时在上平台堆放新增的弃渣；下平台开挖时预留临时边坡，边坡坡比 1∶1.5。待北门造地填筑完成后，施工方弃渣至下平台进行回填，上平台视弃渣量填筑。渣场回采期间形成的边坡在后期被弃料回填，为临时边坡，不做支护处理；回采期间考虑度汛需要，在渣场内开挖形成临时排水沟，采用挂网喷混凝土护面。

（7）旱谷地渣场至北门防护填筑区交通采用旱谷地砂石加工系统内道路（为减少对旱谷地砂石系统自身交通的影响，需新建部分道路）、已有的旱谷地专用公路、新建的旱谷地专用公路至 S303 省道的连接线和新建的水碾河至北门的施工道路，旱谷地渣场至北门南段、北段的平均运距分别约 19.5km 和 17km。

（8）旱谷地弃渣场在白鹤滩蓄水后需封闭进行渣场整理，受工程征地进展缓慢影响，北门北区进度滞后较多，堤防无法及时填筑，旱谷地弃渣料需在北门北区场地临时堆放。旱谷地弃渣场回采相关工程量见表 3.8。

表 3.8　　　　　　　　　**旱谷地弃渣场回采相关工程量表**

项　目		单　位	工程量
无用料剥离	生产废渣转运至水碾河渣场	万 m³	38.28
	生产废渣场内倒运	万 m³	16.24
渣场排水	喷混凝土 C25	m³	460
	挂网钢筋 φ6	t	10.2
	排水涵管（内径 1m）	m	50

注　料场外施工道路工程量另计。

2. 水碾河料场

水碾河料场开采分成 4 个区域，占地面积约 120 万 m^2，开采深度按 15～20m 考虑，规划可开挖总量约 1850 万 m^3，无用料包括表层耕植土和下部的有机质层等夹层，无用层量约 270 万 m^3，有用料约 1580 万 m^3。无用层厚度统计见表 3.9，表层无用料剥离厚度按照无用层厚度＋0.2m 计，夹层无用料开采厚度按照无用层厚度＋0.2m×2 计，无用料总开采厚度为 1.40～3.79m。

表 3.9　　　　　　　　　　　　水碾河料场无用层厚度统计表

分区编号	勘探点编号	无用层厚度/m		无用料开采厚度 /m
		表层无用剥离料	夹　层	
A 区	SZK1	1.4	1.1	
	SZK2	1.0	2.6	
	SZK9	2.2	0.0	
	SZK12	0.8	3.1	
	SZK21	1.6	0.0	
	平均	1.4	1.4	3.33
B 区	SZK4	1.2	0.0	
	SZK5	1.1	0.0	
	SZK7	1.3	0.0	
	平均	1.2	0.0	1.40
C 区	SZK27	0.5	0.5	
	SZK26	0.8	0.0	
	平均	0.7	0.3	1.50
D 区	SZK25	1.5	0.0	
	SZK28	1.5	3.4	
	平均	1.5	1.7	3.79

（1）料场分布高程范围为 644～784m，汛期仅淹没料场沿江部位，不影响料场开采。

（2）料场采用 3m^3 反铲开挖，装 20t 自卸汽车运输至填筑区，考虑该料场位于永久库水位以下淹没区，因此开挖边坡以放坡为主，不做支护处理。

（3）水碾河料场至北门填筑区交通采用新建的连接道路，料场至北门南段、北段的平均运距分别约 7km 和 4.5km。水碾河料场含水率较高，采用自流排水、水泵抽水及翻晒等综合降水措施。

1）料场地下水位线较高，在开挖范围周边优先形成明沟排水，在开采范围内设置纵横向排水沟提前降水，纵横向降水沟间距 100～150m，深度 4m（料场分层开采厚度 3m，降水沟低于分层底板 1m），形成分区块开挖格局；降水沟采用反铲开挖，开挖料直接翻至附近场地上，跨沟处埋设涵管过流并回填开挖料形成跨沟道路；降水沟为 5～7 层，计算开挖量约 278 万 m^3，为了控制工程投资，本次变更结合现场实施情况确定降水沟开挖量约 131 万 m^3。

2）料场位于 S303 省道上方靠七里侧区域开挖期间易积水，不能自流排水，采用水泵抽排。

3）料场开采深度内约 2/3 位于地下水位线以下，部分开采料含水率不能有效降低至最优含水率（5％～7％），在料场内采用旋耕机翻晒、推土机薄层集料及挖掘机开采的方式；根据现场实施情况，料场内翻晒量约 50 万 m^3，薄层取料量约 200 万 m^3。

4）水碾河料场中间的烂营盘村为水库淹没区，处于水碾河砂砾料 A 区和 B 区之间，不具备开采价值，若不提前征用需考虑临时水电路保通措施，且料场开采期间存在因烟尘、噪声、开挖高差安全等问题造成的阻工，对工程推进不利。为保证造地工程正常推进，且减小后期库内征地压力，本阶段烂营盘村按照提前征用，并作为弃渣场考虑，主要堆存旱谷地砂石加工形成的废渣。水碾河料场开挖相关工程量见表 3.10。

表 3.10　　　　　　　　　　水碾河料场开挖相关工程量表

项　目		工程量	备　注
无用料开挖	耕植土层和夹层开挖/万 m^3	270	
截排水沟、降水沟	截水沟土方开挖/m^3	28272	
	截水沟 C20 混凝土/m^3	2768	
	水碾河沟跌坎钢筋石笼护面/m^3	2616	钢筋石笼尺寸 1m×1m×2m
	料场内部降水沟开挖/万 m^3	131	开挖后临时堆放在一侧场地上
S303 省道上方料场抽排水	基坑 300m^3/h 水泵抽水/台班	182	
	PVC 排水管，DN315/m	600	
	排水管架空钢结构/t	2	
降低填筑料含水率措施	料场内翻晒/万 m^3	50	
	薄层取料/万 m^3	200	
料场内道路	跨沟圆管涵，ϕ750mm/m	1642	重复利用 6 次
	过沟处回填开挖/万 m^3	15	采用降水沟开挖料填筑
	遇软弱夹层时置换石渣料/km	7	

注　料场外施工道路工程量另计。

3.3.2　溜姑高填方工程

3.3.2.1　料源概况

依托白鹤滩水电站会东县移民工程市政类总承包项目溜姑垫高回填造地工程，该工程施工区域面积约 34hm²，但运输及回填量约 572 万 m^3，受到白鹤滩水电站下闸制约，施工工期仅 12 个月且不能延长，平均运输及回填强度约 48 万 m^3，高峰强度达到 67 万 m^3 以上，本阶段对天然建筑材料勘察以初查为主，在工程区附近初查砂砾料场及石料场各 1 个。天然建筑材料产地分布示意见图 3.13。

1. 砂砾料

（1）砂砾料场位于蒙姑乡下游约 1km 田坝河漫滩处，料层厚度变化小，没有无用层或有害夹层，为Ⅰ类料场。

（2）料场位于金沙江左岸河漫滩处，地形平缓，坡度 2°～3°。岩性为金沙江冲积砂卵

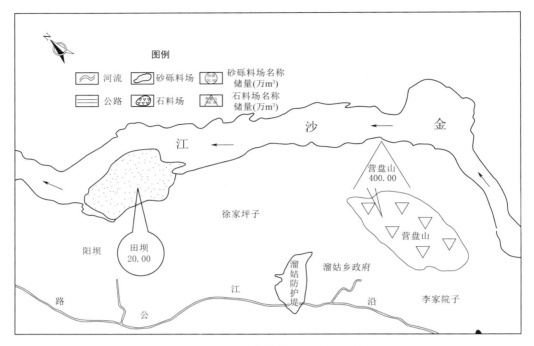

图 3.13　天然建筑材料产地分布示意图

砾石，其中漂石粒径 20～40cm，含量 10%～20%，卵石粒径 6～20cm，含量 40%～50%，其余为砾石及砂，卵、砾石呈圆—次圆状，成分为玄武岩、砂岩、灰岩、白云岩及千枚等，结构松散。质量满足设计及规范要求，可作为垫高造地填筑料。

（3）料场长约 720m，宽约 375m，分布面积约 19 万 m²，水位以上可开采方量约 20万 m²，储量较少，可扩大开采范围及开采深度，增加开采量，以满足设计需求。

2. 石料

（1）料场位于工程区东侧营盘山处，地形有起伏，料层岩性复杂，厚度变化较大，为Ⅱ类料场。

（2）料场为一孤立山丘，西侧为溜姑乡凹槽，东侧为金沙江。山丘顶高程约 965m，地形平缓，西侧地形坡度 20°～25°，东侧地形略陡，坡度 30°～40°，为荒山，植被稀疏，多为杂草，有少量灌木或乔木。

（3）料场内大部分为第四系残坡积（Q^{edl}）粉质黏土及碎石混合土所覆盖，厚度 5～30m 不等；下部基岩为二叠系灰岩、砂岩夹煤线，石炭系灰岩，泥盆系白云岩、砂岩，志留系泥质粉砂岩、粉砂质泥岩、灰岩等，岩性较杂。

（4）受构造影响，岩石风化强烈，根据溜姑集镇新址勘探资料，该处岩石强风化下限埋深 18～34m，弱风化下限大于 40m，岩体为破碎—较破碎。孔深 35m 以上岩体块度较差，以 3～5cm 为主；孔深 35m 以下，岩体块度以 10～15cm 为主，少量 20～30cm。可作为填筑料使用，作为块石料质量较差，需开采深度 35m 以下块度较好的弱风化料。

3.3.2.2 料源选择

（1）根据钻孔资料及开挖断面揭露地层条件，场平开挖料覆盖层以含砾粉质黏土、碎石混合土，下伏基岩以强风化为主，均可作为溜姑垫高造地区填筑料。

（2）场地内 I₂ 区、II₁ 区、III 区岩性以白云岩、灰岩为主，地表岩体多呈强风化状，岩质较软，I₂ 区、II₁ 区受构造作用强烈，开挖断面揭露岩体以碎块状、颗粒状为主，粒径一般 1～8cm；III 区岩体完整性相对较好。该区域强风化白云岩、灰岩多呈碎块、碎粒状，开挖料建议进行碾压试验，确定是否可作为防护堤填筑料。弱风化白云岩、灰岩等岩体岩质较硬，长期浸水条件下软化作用不明显，岩石耐崩解性较好，可作为防护堤填筑料使用。

3.3.2.3 料源开采

1. 砂砾料

料场位于金沙江河漫滩处，地下水埋藏较浅，开采条件较差。料场距离工程区直线距离约 1km，现有简易碎石土路与工程区相接，交通相对较便利，运输条件较好。

2. 石料

营盘山石料场为椭圆形孤立山丘，地形较缓，可结合溜姑集镇新址场平，从上往下开采，开采条件较好，且料场与工程区相邻，运距较近，运输条件较好。

3.3.3 象鼻岭高填方工程

3.3.3.1 料源概况

1. 砂砾料

料场（由 A 区和 B 区组成，见图 3.14）为金沙江与小江间的格勒坪子台地，是金沙江 II 级堆积阶地，呈近南北向展布。台地西侧为金沙江，东侧为小江，台地两侧临金沙江和小江岸坡，地形较陡，坡度 50°～60°，金沙江和小江均呈近北流向，常年流水，流量较大。小江为泥石流沟。

图 3.14　格勒坪子砂砾料场地貌

A区位于格勒坪子台地北端，龙东格公路以北，呈长条形分布，长约800m，宽250～280m，平面面积约0.19km²，分布高程710～765m，高出河床10～65m，地形坡度3°～10°，多为耕地和荒地，种有土地、水果等农作物也经济作物，有少量民房分布。B区位于龙东格公路以东小江侧缓坡台地，呈长条形展布，长约2.0km，宽100～280m，分布面积约0.30km²，台面高程770～780m，高出河床40～70m，地形平缓，坡度3°～5°，均为耕地，种植土豆、水果等农作物，有较多民房分布。

两个料场岩性均为冲洪积（Q^{apl}）混合土卵石，见图3.15～图3.17，表部约50cm为耕植土，局部含砂砾透镜体，其中漂石粒径0.2～1.0m，个别可达2～3m，含量10%～40%，下部含量较高，卵石粒径6～20cm，含量30%～50%，填隙物为砾石及砂，局部砾石含量较高，漂（卵）、砾石呈次棱角状—次圆状，成分杂，岩性有变质砂岩、玄武岩、灰岩、辉绿岩等，结构松散—中密。根据现场地质测绘情况，推测该处厚度大于70m。

2. 石料

料场分布高程为1600～1700m，料场内地形较缓，坡度10°～20°，坡面植被稀疏，多为杂草，坡脚有少量耕地，无民房分布，见图3.18。

图3.15 格勒坪子砂砾料场小江侧岸坡

图3.16 格勒坪子砂砾料场局部分布大漂石

图3.17 格勒坪子砂砾料场混合土卵石

图3.18 菠萝塘石料场地貌

料场内基岩裸露，为二叠系下统栖霞-茅口组（P_1q+m）浅灰、灰色厚—巨厚层状灰岩，隐晶—微晶质结构，含方解石细脉，总厚度达300～400m，地层产状N25°W，NE∠15°。

3.3.3.2 料源选择

1. 堤防填筑料料源选择

本阶段取砂砾料 14 组,上阶段取砂砾料 4 组,共 18 组,进行全分析试验,试验成果见表 3.11,级配曲线见图 3.19。

表 3.11   砂砾料试验成果统计表

土样名称	统计项	天然密度/(g/cm³)	堆积密度/(g/cm³)	紧密密度/(g/cm³)	自然休止角/(°)	含泥量/%	渗透系数/(cm/s)
砂砾料	最大值	2.14	1.85	2.21	39.2	12.37	1.26
	最小值	1.96	1.68	1.99	35.7	3.07	1.15×10^{-2}
	平均值	2.06	1.75	2.12	37.2	6.87	4.24×10^{-1}
	统计组数	18	18	18	18	14	14

土样名称	颗粒级配(粒径以 mm 计)/%									
	>200	200~60	60~20	20~5	5~2	2~0.5	0.5~0.25	0.25~0.075	0.075~0.005	<0.005
最大值	9.90	26.20	45.00	38.60	19.20	23.30	3.80	2.80	2.60	3.30
最小值	1.50	3.20	11.30	23.10	4.50	2.10	0.40	0.50	0.10	0.90
平均值	4.24	12.14	29.99	31.97	8.94	7.36	1.41	1.24	1.11	1.59
统计组数	14	14	14	14	14	14	14	14	14	14

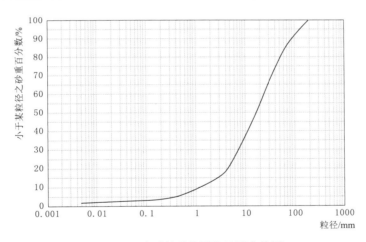

图 3.19　砂砾料平均颗粒级配曲线图

从试验成果可知,砂砾料大小混杂,级配不均匀,紧密密度为 2.12g/cm³,含泥量为 6.87%,自然休止角 37.2°,渗透系数 4.24×10^{-1}cm/s,满足规范填筑料质量技术指标,可作为防护堤填筑料,见表 3.12。

2. 防护堤块石料、混凝土骨料选择

石料料场岩性单一,全部为栖霞-茅口组($P_1 q + m$)灰岩,出露岩石表部以弱风化为主,具溶蚀现象,岩石饱和抗压强度大于 40MPa,且无碱活性,满足设计及规范要求,可作为防护堤块石料、混凝土骨料等。

表 3.12 填筑料质量技术指标评价表

序 号	项 目	填筑料质量技术指标	实验指标	评价
1	紧密密度/(g/cm³)	>2	2.12	满足
2	含泥量/%	<8	6.87	满足
3	击实后内摩擦角/(°)	>30	37.2	满足
4	击实后渗透系数/(cm/s)	$>1 \times 10^{-3}$	4.24×10^{-1}	满足

3.3.3.3 料源开采

1. 砂砾料渣场

料场位于工程区北侧靠近小江侧，为平缓台地，为降低料场开挖对当地居民的干扰，初拟料场范围分为两块，占地面积共约 37.43 万 m²，拟从北往南分段分层开挖，开采条件较好，采用 2m³ 反铲开挖，装 20～25t 自卸汽车运输至填筑区，根据料场地形开挖深度 5～35m 即可满足填筑量需要；料场至填筑区有龙东格公路、村级道路、机耕路连通，运输条件较好，平均运距约 3km。

由于料场区临小江岸坡地形较陡，料场开挖至底高程时，汛期会局部淹没，因此考虑料场底层于枯水期开挖，以避免水下开采。

2. 石料渣场

料场距离防护堤距离约 13km，虽有通村公路相通，但运距较远。料场为平缓山脊，场地开阔，开采条件较好。建议开挖坡比：覆盖层及全风化岩（土）：1∶1.25～1∶1.5；强风化岩体：1∶0.75～1∶1.0；弱风化岩体：1∶0.5～1∶0.75；坡高大于 15m 设马道。

3.4 工程实例

3.4.1 北门高填方工程

北门堤防堆石料填筑 468.1 万 m³，场平土石回填 1110 万 m³，如此大的填方造地工程，难以保证填筑质量及填筑工期，通过采用智慧碾压系统及强夯施工的自动化智能监测设备，节约了成本，提高了效率，节约了工期，得到了参建各方的认可。

3.4.2 溜姑高填方工程

溜姑高填方工程施工区域面积仅 34hm² 左右，但运输及回填量约 572 万 m³，受到白鹤滩水电站下闸制约，施工工期仅 12 个月且不能延长，平均运输及回填强度约 48 万 m³/月，高峰强度达到 67 万 m³/月以上。由于移民工程属性和工期紧张的特点，高峰强度将可能继续提高且持续时间延长，给施工组织带来极大挑战。

通过资源配置优化与智慧工地运输系统，高峰强度超 67 万～75 万 m³/月，且基本实现开挖填料的零中转。通过开挖区和回填区场区划分、中转场设置、填筑区单元划分，科学确定回填施工流程，预测瞬时及工后沉降变形，自编程进行质量评定的快速处理，投入智慧化碾压设备等综合手段，高质量完成该工程项目，得到了业主及政府主管部门的一致认可。

3.4.3 象鼻岭高填方工程

象鼻岭回填量 380 万 m^3，针对象鼻岭居民点工程，属房建用地，其具有填筑量大、控制指标高、填筑面积广、填筑厚度高等特点，特引进智慧化设备，加强现场质量管控，取得了显著的效果。

第4章 消落区高填方地基现场试验

4.1 干湿循环下填筑体（砂石料）强度及变形劣化规律

4.1.1 试验设备

干湿循环作用下粗粒土现场直接剪切试验采用 XZJ-500 型现场剪切测试系统，见图 4.1。该设备用于测定最大粒径为 100mm 粗颗粒土的抗剪强度性能，采用分级加载，可以完整记录剪切过程中的剪力和位移，其主要参数如下：

图 4.1　现场直剪装置

(1) 刚性试验框架：长 3.5m，高 1.5m。

(2) 圆柱试样尺寸（直径×高度）：$\phi 500mm \times 300mm$。

(3) 竖直最大出力：500kN（正应力 0～2.5MPa）；稳压误差：≤1%FS。

(4) 水平最大出力：1000kN（剪应力 0～5.0MPa）；稳压误差：≤1%FS。

(5) 垂直油缸最大行程：150mm；竖向电子位移计量程：150mm，精度 0.01mm。

(6) 水平油缸最大行程：150mm；水平电子位移计量程：150mm，精度 0.01mm。

4.1.2 试验方案

(1) 试验方案设计。计划开展天然状态和干湿循环 1～7 次等 8 种条件下的粗粒土剪切性能试验，每个条件需 4 个试样，共计 32 个试样。天然状态试样在填筑场地原位制作完成，第 1 次干湿循环试样在原位制样后再经饱和，第 2 次干湿循环作用过程在原位制样后、经饱和、干燥、再饱和过程。第 3～7 次干湿循环过程与前 2 次过程类似。在试验过程中，由于试样下部遇到大颗粒块石等原因，补充 4 个试样的试验，实际共完成 36 个试样的大型现场直剪试验。

(2) 正应力设置。每组直剪试验的正应力分别为 100kPa、200kPa、300kPa 和 400kPa，分级加载，每级 20kPa。

(3) 剪应力设置。剪应力施加按照变形控制，分级加载，每级剪位移 1mm；参考土工相关试验规程的建议，水平位移达到试样直径 1/5～1/10 试验方可停止，为了观测峰值后应力-应变曲线的特征，如存在典型的峰值剪应力，峰值后继续加载到典型的应力-应变下降段，如不存在明显的峰值剪应力，本次试验水平位移的最大值设置为 80mm，达到试样直径的 16%。

(4) 试样尺寸。粗粒土现场大型直接剪切试验的试样，为圆柱状，直径和高度分别为

500mm 和 300mm，采用人工制样。

4.1.3　试验方法

干湿循环作用下粗粒土的大型现场直接剪切试验，虽然有相应的试验规程，但由于试验要求不同、试验设备不同、粗粒土组成不同，其试验方法也差别较大，主要包括以下几个方面：试验场地整理、试样制备、试验设备吊装、干湿循环作用模拟、荷载施加方法。

1. 试验场地整理

为了保证试验场地的代表性和典型性，场地选择白鹤滩水电站巧家县移民安置工程北门防护工程已填筑的场地，重新开挖，下部铺设土工布与周围填筑体隔离，然后分层回填，填筑施工工艺要求和已完成填筑体完全相同。

在填筑完成场地选择合适的区域，采用挖掘机开挖长度 30m、深度 1.6m、底部宽度

（a）试验坑开挖

（b）坑底土工布铺设

（c）土工布上部黏土铺设

（d）试验体分层回填碾压

（e）开挖后土体

图 4.2　试验场地整理过程

5m 的长方形试验坑，四周边坡按照 1∶1.5 放坡，见图 4.2 (a)。试验坑开挖完成后，在底部敷设一层厚约 10cm 的黏土，然后在其上铺设土工布，土工布之上再铺设一层厚约 10cm 的黏土层，见图 4.2 (c)。土工布作用为切断试验体与周围填筑体的水力联系，确保试验体达到良好的干湿循环效果。在两块土工布接触部位，做好搭接工作，确保不漏水，见图 4.2 (b)；土工布上、下层铺设黏土层保证填筑料在回填碾压过程中不会破坏土工布的完整性，见图 4.2 (c)。最后采用挖掘机和 32t 振动碾对试验体分层碾压回填，见图 4.2 (d)，试验体压实要求与周边填筑场地一致。

从试坑开挖出土料分析，填筑料大小不均匀，细料较少，存在一部分较大粒径粗颗粒，见图 4.2 (e)。

2. 试样制备

初始制样时采用锹、镐、钢钎、小铲等工具，人工开挖试样。确定试样位置后，将法向传力盖板放置在试验体正上方，作为直剪试样尺寸控制的依据，以此为中心，利用锹、镐、小铲等在四周开挖土体，见图 4.3。由于填筑体填筑较密实，且填筑料中含有大小不一、形状各异的粗颗粒，造成试样制作非常困难。第 1 个试样，4 人工作 2d 方完成，制样效率很低。

图 4.3　人工制样过程

后经过多次尝试，选择加长钻头的电镐松动周围土体，再采用铁锹、小铲等清理松动的土体，加快了制样效率。

制样主要分为 4 步，分别为试样开挖、初修、剪切盒固定和精修。

(1) 试样开挖。试样位置确定后，将法向传力盖板放置在试验体正上方，以此为中心，使用电镐对试样外围土体进行松动，松动范围为试验外围 20～30cm 区域，见图 4.4 (a)。为减小制样过程对试样的扰动，随后使用镐、锹等，人工对外围土体进行松动，并使用小尺寸

铲子对松动的土体进行小心清理，见图 4.4 (b)。试样周围土体开挖深度要求 40cm，试验外围开挖范围约为 25cm，有利于探查试样底部或周围是否存在较大块石。

(2) 试样初修。主要对试样高度和底部整理，清理沿试样高度上的凸起，使得剪切盒能够顺利达到试样底部；整理试样底部平整度，使得剪切盒固定后平整度较好，采用研制的水平尺，量测试样底部东南西北四个位置的高差，保证四个位置高差不超过 0.5mm。初修完成后的试样见图 4.4 (c)。

(3) 剪切盒固定。由于直剪切盒较重，需要 3 人协助，把其抬高后，缓缓套入已完成初修试样中。在这个过程中，注意剪切盒的平整度，如不满足要求，需要对底部进一步修整直至满足平整度要求。此外，剪切盒安放过程中确保水平荷载着力点位置合适，便于与直剪框架水平千斤顶中心对接。安装剪切盒后的试样见图 4.4 (d)。

(4) 试样精修。试样精修主要包括试样与剪切盒之间的孔隙充填和试样表面平整度修整。在试样与剪切盒的空隙内回填细颗粒料，并轻轻击实，保证试样与剪切盒四周紧密接

触。在试样顶面安放法向荷载传力盖板，并用水平尺测量顶面平整度，确保法向荷载垂直试样剪切盒，见图4.4（e）。此外，需要确保剪切盒上的水平荷载加载头与试验框架底部的高差满足竖向千斤顶安放所需的竖向空间，为此，采用自制水平管和带有刻度的立面尺控制二者的高差，见图4.4（f）。

（a）电镐松动外围土体 　　　　　　　　　　（b）人工松动外围土体

（c）试样初修完成 　　　　　　　　　　　　（d）安放剪切盒

（e）测试试样顶面水平度 　　　　　　　　　（f）测试试样与试验装置底部高差

图4.4　试样制备过程

3. 试验设备吊装

试验设备安放过程主要包括直剪设备位置确定、设备吊装，以及千斤顶及传力块安装、压力传感器与采集仪安装等过程。

（1）直剪设备位置确定。直剪试验试样位置确定后，根据试样中心位置及预留的直剪位移量，可以确定直剪试验框架在水平荷载加载方向上的相对位置。根据水平加载千斤顶与直剪试样盒侧面水平荷载传力头的对中需要，可以确定直剪框架在垂直于水平荷载方向的相对位置，进而确定直剪框架的水平位置。直剪框架竖向位置的确定方法已有说明，依据竖向千斤顶安放所需竖向空间确定。直剪设备两边高差必须控制在较小范围，否则剪力不能水平作用，所以在设备吊装前确保安放直剪设备的地面高差不超过 0.5mm。采用研制的水平尺，量测直剪设备两边放置位置的高差。

（2）设备吊装。直剪框架位置确定后，在预定位置边线处撒上白灰，然后通过长臂汽车吊将直剪框架吊起，并缓慢放至预定位置，见图 4.5（a）。其间需要试验人员对安放位置进行微调，并用水平尺测量直剪框架水平度，确保装置水平安放，见图 4.5（b）。然后通过汽车吊吊放竖向配重，见图 4.5（c）。竖向反力通过在试验框架上安放集装袋来实现，每袋约 0.7m³ 土料，重 1.0t 左右。水平反力通过直剪框架与沟槽侧壁提供。

直剪框架吊装完成后，安装竖向和水平方向压力传感器，然后安装竖向千斤顶，最后安装力和位移传感器，并连接数据采集仪，见图 4.5（d），保证剪力能沿水平方向传递。

（a）吊放直剪试验框架

（b）测量框架水平度

（c）吊放配重

（d）安装千斤顶及传感器

图 4.5　试验设备安装过程

4．干湿循环作用模拟

试样干湿循环的模拟步骤如下：

（1）第 1 组试验为天然状态，直接在填筑场地制样，然后开展直接剪切试验。

（2）第 2 组试验为饱和状态，即第 1 次干湿循环作用，首先在填筑场地制样，安装剪切盒，然后注水，保持 20cm 水面 4h 后视为饱和，见图 4.6（d）、（f），开展直剪试验。

（a）小型挖掘机开挖沟槽

（b）开挖完成的三条沟槽

（c）沟槽内注水饱和试验体

（d）单个直剪试样饱和

（e）单个试样干燥过程

（f）单个试样再次浸水饱和

图 4.6　试验干湿循环过程

（3）第 2 次干湿循环：制作试样，然后灌水并保持 4h，视为饱和，作为第 1 次干湿循环作用。试样干燥采用加热棒法加热。该加热办法与室内大型直剪试验试样干燥方法相同。加热棒长 420mm，直径 10mm，采用电钻在试样内部造孔，然后插入加热棒。设置 3 根加热棒，三角分布，加热时间 12h，加热棒设置温度 300°，加热效果良好，见图 4.6（e）。试样干燥后，再饱水 4h 后，作为第 2 次干湿循环。

（4）本次需要开展 7 次干湿循环作用下大型直剪试验，工作量较大，如果一直采用上述试样干燥与饱和方法，试验周期较长；考虑到巧家县北门安置区地处金沙江干热河谷的气候特性，现场直剪试验时间为 11 月至次年 2 月，该地方天气干燥，基本无降雨，在场地内布设 3 道沟槽，沟槽深 50cm、宽 80cm，见图 4.6（a）、（b），饱和时把沟槽灌满水并保持 40cm 水面 2d（48h）视为饱和，见图 4.6（c），自然干燥 7d（7×24h）视为干燥，作为 1 次干湿循环。根据后期制样情况分析，该干燥与饱和效果达到干湿循环作用目的。

（5）第 3 次干湿循环：先在沟槽中灌水饱和 2d，作为第 1 次干湿循环；自然干燥 7d 后，制作试样，注水饱和并保持 4h，作为第 2 次干湿循环；然后利用加热棒干燥 12h 后，再注水饱和并保持 4h，作为第 3 次干湿循环。

（6）第 4 次干湿循环：先在沟槽中灌水饱和 2d，作为第 1 次干湿循环；自然干燥 7d 后，再重复沟槽灌水饱和 4h，作为第 2 次干湿循环；自然干燥 7d 后，制作试样，注水饱和并保持 4h，作为第 3 次干湿循环，然后利用加热棒干燥 12h 后，再注水饱和并保持 4h，作为第 4 次干湿循环。

（7）第 5 次干湿循环：先在沟槽中灌水饱和 2d，作为第 1 次干湿循环；自然干燥 7d 后再重复沟槽灌水饱和 2d，作为第 2 次干湿循环；自然干燥 7d 后，再重复沟槽灌水饱和 2d，作为第 3 次干湿循环；自然干燥 7d 后，制作试样，注水饱和并保持 4h，作为第 4 次干湿循环；然后利用加热棒干燥 12h 后，再注水饱和并保持 4h，作为第 5 次干湿循环。

（8）第 6 次干湿循环：先在沟槽中灌水饱和 2d，作为第 1 次干湿循环；自然干燥 7d 后再重复沟槽灌水饱和 2d，作为第 2 次干湿循环；自然干燥 7d 后，再重复沟槽灌水饱和 2d，作为第 3 次干湿循环；自然干燥 7d 后，再重复沟槽灌水饱和 2d，作为第 4 次干湿循环；自然干燥 7d 后，制作试样，注水饱和并保持 4h，作为第 5 次干湿循环；然后利用加热棒干燥 12h 后，再注水饱和并保持 4h，作为第 6 次干湿循环。

（9）第 7 次干湿循环：先在沟槽中灌水饱和 2d，作为第 1 次干湿循环；自然干燥 7d 后再重复沟槽灌水饱和 2d，作为第 2 次干湿循环；自然干燥 7d 后，再重复沟槽灌水饱和 2d，作为第 3 次干湿循环；自然干燥 7d 后，再重复沟槽灌水饱和，作为第 4 次干湿循环；自然干燥 7d 后，再重复沟槽灌水饱和 2d，作为第 5 次干湿循环；自然干燥 7d 后，制作试样，注水饱和并保持 4h，作为第 6 次干湿循环；然后利用加热棒干燥 12h 后，再注水饱和并保持 4h，作为第 7 次干湿循环。

（10）每一组干湿循环均需要不少于 4 个试样，为此，采用沟槽注水饱和和天然干燥时，根据需要试样个数和干湿循环的次数，设置沟槽注水的长度，一端采用黏土防渗，见图 4.6（c）。

5. 荷载施加方法

粗粒土大型直接剪切试验方法主要包含正应力及剪应力施加方法，正应力、剪应力和竖直方向、水平方向位移的量测等。

现场直剪试验的正应力分别为 100kPa、200kPa、300kPa 和 400kPa，需提供竖直方向重量不少于 2.0t、4.0t、6.0t 和 8.0t，由于设备自重约为 2.0t，必须增强设备的竖向反力。对于 XZJ-500 型现场剪切测试系统，原设计中采用通过框架底座钻孔安装加强筋来实现，但本项目为粗粒土试验，加强筋打入地基非常困难；同时保证该设备水平推力与直剪盒中心必须在一条直线，试验难度也较大，因此需要改造该试验设备。

在试验设备底部各增加一条配重工字钢板，见图 4.7（a）；同时为了满足更大的反力要求，可以在工字钢板上放置集装袋，增加设备配重，见图 4.7（b）。为此，在 4 种正应力下，分别在工字钢上放置 4 个、4 个、8 个、8 个集装袋，每个集装袋约 1.0t，可以满足试验中正应力施加要求。

（a）试验设备改造   （b）集装袋配重

图 4.7　正应力及剪应力施加

（1）正应力施加。正应力通过竖向油压千斤顶施加，其最大出力 50t，通过压力传感器输出到采集仪中，采用人工施加。

（2）剪应力施加。剪应力通过水平向油压千斤顶施加，其最大出力 100t，通过压力传感器输出到采集仪中，采用人工分级施加，每次水平方向增加 1mm。水平方向反力通过试验沟槽边壁提供，试验过程中底座与沟槽边壁用钢板填塞紧密。

竖直方向、水平方向的位移主要采用电子位移计量测，通过采集仪实时显示，人工读数。

4.1.4　试验步骤

干湿循环作用下粗粒土的大型现场直接剪切试验的主要步骤为：现场直剪设备的改造、试验场地的准备、预试验、试验场地沟槽开挖、制样、干湿循环的模拟、直剪试验实施、剪切面破坏特征描述和结果处理等。

（1）现场直剪设备的改造。根据现场粗粒土级配差且含有较大颗粒的特性，对现场直接剪切设备进行改造，在两侧底部增加 2 个工字钢板，并固定在直剪仪的底座上，同时为了方便配重施加，布置斜向支撑工字钢，改造前后见图 4.8。之后检查框架、剪切盒、力传感器、油压千斤顶、位移传感器和采集仪，重点检查水平推力的减摩效果，检查并校核力传感器、电子位移计和采集仪稳定性和精度。检查完仪器后，拆卸现场直接剪切设备，并把其运输至工地现场。

（a）改造前　　　　　　　　　　　　（b）改造后

图 4.8　现场直剪设备改造前后

（2）试验场地的准备。选取白鹤滩水电站移民安置区巧家县北门安置点作为试验场地，该场地填筑面积最大，最大填筑深度约 30m。选择试验场地的填筑料来自水碾河料场，填筑深度约 20m。对所选的试验场地进行开挖，深度约 1.6m，长度超过 30m。场地开挖后下部铺设土工布与周围土体隔离，方便后续土体干湿循环作用模拟。然后重新分层回填碾压，其填筑工艺与原填筑场地要求一致。回填碾压完成后，试验场地静置约 30d 后开始直接剪切试验。之后完成试验场地的用水、用电及简易活动办公板房的准备。

（3）预试验。组装运输至试验场地的现场直剪设备。人工制样，直接在填筑场地采用镐、锹、铲等工具进行制样，由于土样含有较多较大颗粒，制样极其困难，1d 方完成第 1 个试样。然后开挖放置直剪设备的槽，又用时 1d；之后把试验装置吊装到位，吊装增加竖向荷载的集装袋；安装力传感器、电子位移计等，用去 3h，试验加载用去 4h。

第 1 个直剪试验用了约 4d，试验效率极低。为此，需改进试验方法，准备在场地中利用挖掘机开挖沟槽，替代人工开挖，提高制样及干湿循环作用模拟效率。

（4）试验场地沟槽开挖。根据制样要求、现场直剪设备尺寸特征，设计了三条沟槽。采用白灰标出沟槽的开挖边界，见图 4.9（a）；利用小型挖掘机开挖沟槽，见图 4.9（b）；然后人工精修，修整后沟槽见图 4.9（c）；利用沟槽边壁为水平方向剪应力提供反力，同时可以在一端封闭后进行试样干湿循环，见图 4.9（d）。

（5）制样。选择加长钻头的电镐松动试样周围土体，再采用铁锹、小铲等清理松动的土体，加快了制样时间。制样主要分为 4 步，分别为试样开挖、初修、直剪盒固定和精修。

（6）干湿循环的模拟。干湿循环的模拟分别为两类，一类采用沟槽注水并保持 2d，自然干燥 7d 作为 1 次干湿循环作用；另一类试样制作完成后，注水并保持 4h，利用加热棒干燥 12h 作为 1 次干湿循环作用。

（7）直剪试验实施。试样制作完成后，吊装直剪设备及竖向集装袋配重；安装水平方

（a）沟槽开挖位置

（b）小型挖机开挖

（c）开挖完成沟槽

（d）利用沟槽饱和

图 4.9　沟槽的开挖

向力传感器、水平方向电子位移计；安装竖向力传感器、电子位移计。设备安装调试完成后，首先施加正应力至设定要求，然后逐级增加剪应力，按照位移加载，每级 1mm，荷载稳定后记录剪切荷载值。剪切位移达到 80mm，即达到试样直径 16%，停止试验。试验结束后，首先卸载剪切荷载，然后卸载正应力。

（8）剪切面破坏特征描述。试验结束后，观察剪切面的破坏特征。分析剪切面破坏形状、颗粒破坏程度、数量及四周情况，对比分析干湿循环作用、正应力等因素对剪切面特征的影响。

（9）结果处理。绘制在不同围压、不同干湿循环作用下的剪切力-水平位移曲线、竖直位移-水平位移曲线和剪应力-正应力曲线；绘制在相同围压下、不同干湿循环作用下剪切力-剪切位移曲线、竖直位移-水平位移曲线，分析干湿循环作用、围压对粗粒土力学性能的影响。

4.1.5　试样破坏特征

现场干湿循环下粗粒土直剪试验破坏特征可分为 3 类：

（1）第 1 类破坏特征，剪切面较平整，几乎没有土石凸起，见图 4.10（饱和试样，正应力 300kPa）；剪力-位移曲线有明显峰值点和显著的下降段，峰值后曲线表现为典型的软化现象，见图 4.11；这种现象主要出现较低正应力下的天然及饱和状态（主要为正应力 400kPa 以下的天然及饱和状态）。

图 4.10 剪切面特征

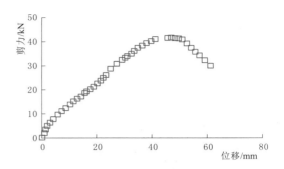

图 4.11 剪力-位移曲线

（2）第 2 类破坏特征，剪切面不平整，有土石凸起，有时凸起面积较大，高度较高，破坏面整体起伏较大，受力段较小，中间最大，尾部次之，见图 4.12；剪力-位移曲线无明显峰值点，无显著的下降段，曲线表现为典型的硬化现象，见图 4.13（干湿循环 7 次试样正应力 200kPa），这种现象比较常见，第 2 次及多次干湿循环及正应力 400kPa 下均出现该类型破坏特征。

图 4.12 剪切面特征

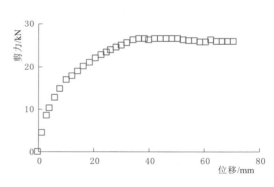

图 4.13 剪力-位移曲线

（3）第 3 类破坏特征，试样周围边壁出现裂缝，一般为 3 道明显裂缝，见图 4.14；剪切面不平整，有土石凸起，且下部有较多、较大块石，块石紧密相连，见图 4.15；剪力-位移曲线无明显峰值点，无显著的下降段，曲线表现为典型的硬化现象，剪切强度和位移明显大于正常情况；这种现象比较少，在制样过程中，如在试样剪切面附近遇到较大块石，通常废除该样，但有时制样过程块石在试样底部无法探测，这是粗粒土现场试验中可能遇到的一种情况。

4.1.6 干湿循环次数对试样变形特征的影响

（1）不同干湿循环次数、相同正应力下的变形特征。在相同正应力下不同干湿循环次数粗粒土的剪应力-应变曲线见图 4.16。

图 4.14　边壁裂缝　　　　　　　　　图 4.15　下部较大块石

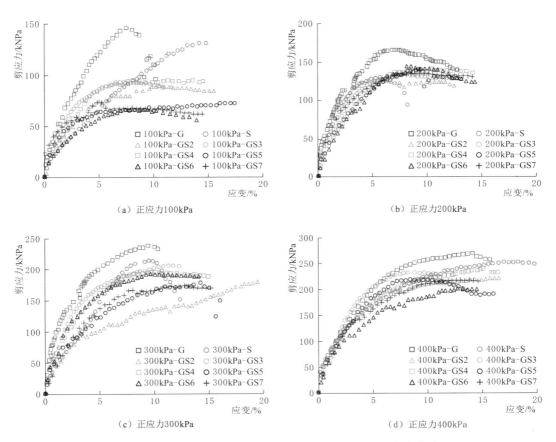

（a）正应力100kPa

（b）正应力200kPa

（c）正应力300kPa

（d）正应力400kPa

图 4.16　相同正应力下不同干湿循环次数的剪应力-应变曲线

　　试验结果表明，在相同正应力、不同的干湿循环条件下，粗粒土的剪应力-应变曲线特征不同。在较低的正应力下，如100kPa、200kPa和300kPa，粗粒土在干燥、饱和状态下，其剪应力-应变曲线表现为典型的峰值后软化现象，但在第2次干湿循环后，其曲线表现为硬化现象。如在正应力 300kPa 下，在天然及饱和状态下，其曲线表现为较长的近似直线上升段、峰值点和典型的下降段；但在第 2 次干湿循环后，也具有较长的近似直线上升段，却没有明显的峰值点，也无明显的下降段，表现为较长的近似水平段。在较高的正应力下，如 400kPa，粗粒土无论在干燥、饱和或经历干湿循环的次数下等均表现为硬化，其剪应力-应变曲线具有较长近似上升段，但无明显峰值点，只有较长的近似水平段。

试验结果也表明，在相同正应力、不同干湿循环次数下，对粗粒土剪应力-应变总体分布影响也不同，总体而言，第 1 次干湿循环影响最大，第 2 次次之，第 3 次影响较小，第 5～7 次几乎趋于稳定。如在 100kPa 正应力下，在天然、饱和条件下，试样剪应力-应变曲线最为饱满，近似直线上升段最长，峰值点最高；在第 2～4 次干湿循环条件下，剪应力-应变曲线几乎趋于一致，在第 5～7 次干湿循环条件下，曲线较相似。在正应力 300kPa 下，剪应力-应变曲线分布特征与 100kPa 下类似。在 200kPa 和 400kPa 正应力下，在天然条件下，试样剪应力-应变曲线最为饱满，近似直线上升段最长，峰值点最高，在饱和及经历多次干湿循环后，其剪应力-应变曲线几乎相似。

试验结果也表明，在相同正应力，不同的干湿循环条件下，粗粒土剪应力-应变中的峰值应变基本相同，即不受试样干湿循环次数的影响。试验中 4 个正应力下，经历天然、饱和、第 2～7 次干湿循环之后的直接剪切试验，其峰值对应应变基本相同，在 100kPa、200kPa、300kPa 和 400kPa 下，对应的峰值应变分别约为 6.3%、6.5%、8.2%、9.4%。

（2）在相同干湿循环次数，不同正应力下的变形特征。在相同干湿循环次数下不同正应力粗粒土的剪应力-应变曲线见图 4.17。

试验结果表明，在相同干湿循环条件下，随着正应力的增加，粗粒土的剪应力-应变曲线特征表现不同。在天然和饱和状态下，随着正应力由 100kPa 增加至 200kPa 和 300kPa，其剪应力-应变曲线的近似直线上升段增加，峰值应力和峰值应变增加，下降段明显，峰值后表现为软化；在正应力为 400kPa 时，其曲线的近似上升段增加，峰值应力和峰值应变增加，没有明显的下降段，表现为硬化。

在第 2 次干湿循环之后，随着正应力由 100kPa 增加至 200kPa、300kPa 和 400kPa，其剪应力-应变曲线的近似直线上升段增加，峰值应力和峰值应变增加，没有明显的下降段，均表现为硬化；且随着干湿循环次数的增加，剪应力-应变曲线的近似直线上升段减少，峰值应力和峰值应变减小。在干湿循环 7 次条件下，随着正应力从 100kPa 增加至 200kPa、300kPa 和 400kPa，剪应力-应变曲线的近似直线上升段减少，峰值应力和峰值应变减小，后续塑性段近似平行且延伸较长距离。

4.1.7 干湿循环次数对试样强度的影响

（1）在不同干湿循环次数、相同正应力下的强度特征。在相同正应力，不同干湿循环条件下粗粒土的抗剪强度见图 4.18。试验结果表明在相同正应力、不同干湿循环条件下粗粒土的抗剪强度分布特征不同，在 100kPa 正应力下，干湿循环次数对其抗剪强度影响分为 3 个阶段，在天然、饱和状态下强度较高，第 2～4 次干湿循环状态，强度次之，第 5～7 次，强度基本稳定。在 200kPa、300kPa 和 400kPa 正应力下，天然条件，剪切强度较高，饱和时次之，第 2～7 次干湿循环下，强度基本趋于稳定。

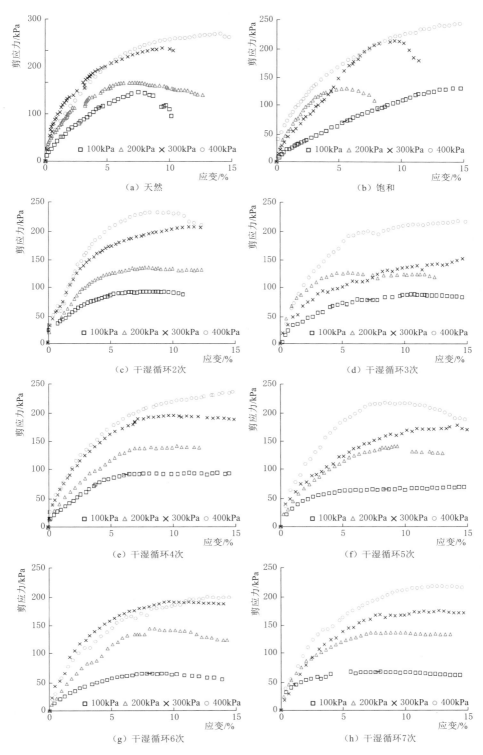

图 4.17　相同干湿循环次数下不同正应力的剪应力-应变曲线

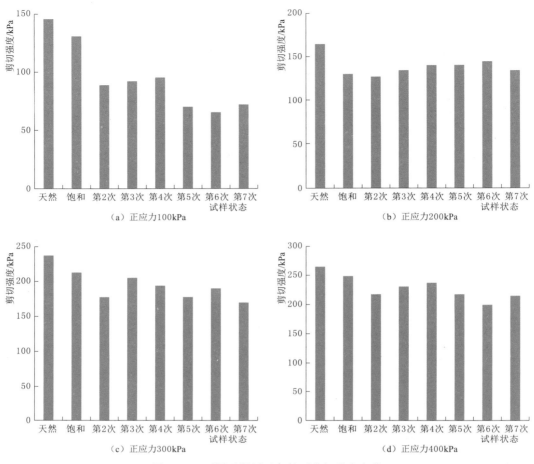

图 4.18 不同干湿循环条件下剪切强度变化

（2）在相同干湿循环次数、不同正应力下的强度及抗剪强度指标。不同干湿循环条件下粗粒土的抗剪强度及抗剪强度指标见表 4.1。

表 4.1 不同干湿循环条件下的剪切强度及抗剪强度指标

试样状态/	正应力/kPa				黏聚力/kPa	内摩擦角/(°)
干湿循环次数	100	200	300	400		
天然	146	165	238	268	94.35	23.70
饱和	131	130	213	251	69.00	23.70
第 2 次	89	127	179	219	42.35	23.70
第 3 次	92	134	205	231	43.45	25.90
第 4 次	95	141	195	239	45.90	25.90
第 5 次	70	140	178	217	31.20	24.90
第 6 次	65	144	191	200	45.90	25.70
第 7 次	72	135	171	216	31.60	25.00

结果表明，在相同干湿循环次数下，粗粒土抗剪强度随着正应力增加而增大。在相同干湿循环条件下，粗粒土正应力和剪切强度符合莫尔-库仑破坏准则，其拟合曲线见图 4.19。8 组方程的拟合方差分别为 0.95、0.89、1.00、0.97、1.00、0.98、0.90、0.93，方程拟合效果总体较好。干湿循环次数对粗粒土的抗剪强度指标黏聚力影响显著，第 1 次饱和状态影响最为显著，第 2～4 次影响显著降低，第 5～6 次影响基本保持稳定。干湿循环次数对粗粒土的抗剪强度指标内摩擦角影响较低。

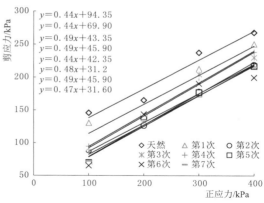

图 4.19　剪切强度与正应力关系

4.1.8　室内与现场直剪性能对比

（1）试验设备及方法对比。室内直接剪切试验和现场直剪试验设备及方法对比见表 4.2。根据对比结果，现场试验土样为实际原状样，破坏面未人工设定，其试验反映了土体填筑的真实状态，破坏面也由试验结果确定，不受人为影响，但也存在现场制样困难，现场试验条件相对困难，试验不能采用计算机伺服加载和实时采集数据等不利条件。

表 4.2　　　　　　　　　　　　　　室内直剪与现场直剪对比

对比项目	室　内　直　剪	现　场　直　剪
试样尺寸	圆柱，直径 50cm，高度 40cm	圆柱，直径 50cm，高度 30cm
剪切盒	上下各一个，间距 3cm	只有上部 1 个
试样制作	剪切盒固定后，人工夯实	人工开挖后，安装剪切盒
饱和及干燥方法	充水饱和 2h，干燥采用加热棒 12h	灌水饱和 48h，干燥采用加热棒 12h
加载模式	计算机伺服加载，自动采集	千斤顶加载，人工读数
破坏面	固定在两个剪切盒之间	破坏面不固定

（2）破坏结果对比。室内直剪试验破坏面沿着两个直剪盒之间发展，而现场直剪试验破坏面一般并没有沿着剪切盒与土体接触部位破坏，通常呈现为倒置的圆锥状，只有在较为干燥的天然条件下，剪切面出现在剪切盒与土体接触面。

室内干湿循环下粗粒土直剪试验破坏特征可分为 2 类：典型软化和硬化。软化主要出现在天然状态，其余出现硬化。而现场直剪试验破坏特征可分为 3 类：软化、硬化破坏和侧壁出现明显裂缝。软化主要出现较低正应力下的天然及饱和状态，剪切面较平整，几乎没有土石凸起；硬化破坏主要出现在饱和及干湿循环状态，剪切面非平面，类似于倒立圆锥状；侧壁出现明显裂缝破坏主要出现在剪切面不平整，有土石凸起，且下部有较多、较大块石，块石紧密相连的情况。

（3）变形结果对比。室内与现场直剪试验结果表明，室内试验和现场试验剪应力-应变特征总体类似，天然状态下表现为典型的软化特征，饱和及干湿循环状态下表现为硬化特征，其曲线饱满程度随着正应力的增大而增加，峰值应变表现得更为显著。他们之间最

大的区别表现为室内峰值应变明显小于现场试验下的峰值应变，室内峰值应变为 $4\%\sim$
6%，而现场直剪的峰值应变为 $6\%\sim9\%$。

（4）强度结果对比。室内与现场直剪试验结果表明，室内试验和现场试验剪切强度均
随正应力增加而增大；但相同的正应力下室内峰值强度明显高于现场试验下的强度；同时
室内试验下莫尔-库仑准则利用直线简化，其黏聚力为负值，不符合实际情况，利用幂函
数表达更为准确，而现场试验采用线性的莫尔-库仑准则拟合效果良好。

4.2　消落带高填方场地稳定性演化特征的现场试验

4.2.1　试验设计

为研究白鹤滩水电站巧家县移民安置区北门填筑场地在水位周期性涨落条件下的长期
变形特征，揭示在库水位长期波动下的填筑体变形机理，在北门填筑区开展了大尺寸原位
试验。通过控制模型体内水位的周期性升降变化，研究模型体内部不同位置竖向变形、土
压力和孔隙水压力等的响应规律。

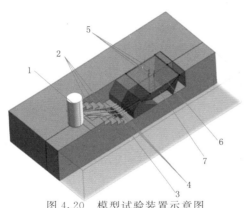

图 4.20　模型试验装置示意图
1—储水器；2—输水管；3—集水槽；4—排水管；
5—监测设备；6—模型体；7—土工膜

大型原位试验主要包括大尺寸模型体、
水位升降控制系统和数据采集系统，图 4.20
为模型试验装置示意图。大型原位试验模型
体长、宽、高分别为 3m、3m、2.5m，采用
与巧家县北门移民安置区填筑场地相同的施
工控制参数填筑完成，并在模型体四周及底
面铺设隔水材料，切断与周围填筑场地的水
力联系。水位升降控制系统主要通过大型储
水器、流量表、球阀、进出水管等实现模型
体内部水位升降控制。数据采集系统包括埋
设在试验体内部的量测元件及数据采集仪。

首先在已填筑部位开挖模型体试坑，然
后在试坑底部及四周铺设土工布，最后再经
分层碾压形成模型体。模型体进水及排水设置，在试坑底部分别布设 3 个进水管、3 个排
水管，横向间距为 50cm，分别实现模型体内水位上升和下降，进水管和排水管分别与输
水管和集水槽连接，实现向模型体内供水和向外排水功能。进水管和排水管长度均为
6m，其中深入模型体内 1m，均采用内径 5cm 的钢管，钢管穿土工膜处采用法兰进行防
渗加固。模型体内部的排水管和进水管设置为花管，端部设置滤网保护，排水管按照向模
型体外倾斜 10°布置，便于模型体内水的排出；进水管水平布置。

模型体制作完成后，在模型体外侧排水管、进水管端部附近，开挖一集水井，收集模
型试验过程中排出的水。集水井长×宽×高为 2.0m×1.5m×1.0m。

试验过程中主要测试模型体内部孔隙水压力、土压力、不同深度处竖向位移等。模型
体隔离封闭完成后，通过钻孔方式安放测量传感器。孔隙水压力、土压力和竖向位移计等
每种传感器竖向测点间距为 0.5m，各布置 5 个，共计 15 个传感器。数据采集系统包括竖

向变形传感器、孔隙水压力传感器、土压力传感器、数据采集模块等，实时记录水位升降过程中模型体应力与变形响应特征。

4.2.2　试验方法

水位升降条件下填筑体大型原位试验的主要试验方法包括模型体的制作、模型体内监测元件的布置和水位升降循环的控制等。

由于水位升降条件下填筑体大型原位试验中模型体需要与周围土体隔断水力联系，设计通过铺设土工布及黏土等实现该目标；但为了保证原位试验模型体与原填筑场地具有相同压实度，模型体四周土工布不能设置为直立状，必须有一定坡度。此外为了模拟填筑体内水位升降过程，使水从其底部开始上升而后下降，需把进水管与排水管埋设至模型体的底部。

4.2.2.1　模型体的制作

水位升降下填筑体大型原位试验模型体制作主要包括模型体开挖、四周防渗、进水管及出水管的安装、模型体的回填和集水井开挖等。

水位升降下填筑体大型原位试验的场地选择在巧家县北门移民安置区，紧邻金沙江防护堤。该场地已完成填筑，为后续建设发展预留地，场地平坦，临近一施工临时居住地，方便现场试验时用水、用电。

（1）模型体的开挖设计。由于大型原位试验的模型体长、宽、高分别为 3m、3m、2.5m，开挖后四周采用土工膜防渗，模型体再分层碾压回填，为了保证碾压工艺要求与实际填筑要求相同，模型体必须设计一定坡度，方能保证碾压设备正常工作，必须进行模型体开挖设计。在碾压设备行进方向，两个方向开挖坡度分别为 1∶3 和 1∶0.6，另外两个方向为 1∶0.6，开挖深度为 2.7m，见图 4.21（a）。经过边坡稳定性分析，其安全性能满足要求，参考附近工程的开挖经验，其安全性可行。

此外，模型体开挖设计时重点论证了进水管及出水管布置及防渗处理。为了模拟水库水位上升及下降过程，在模型体底部设置 3 个进水管和 3 个出水管，长度均为 6m，其中深入模型体内 1m，其横向间距 50cm；进水管、排水管均采用内径 5cm 的钢管，钢管穿土工膜处采用法兰连接，避免在穿过土工膜处渗漏。排水管和进水管设置为花管，端部设置滤网保护，排水管按照 10°坡度布置，有利于水的排出；进水管及出水管水平布置见图 4.21（b）。

（2）模型体的回填设计。模型体开挖后，铺设防渗土工膜，埋设进水管及出水管。后从槽底部开始分层回填场地填筑土料，并用振动碾压路机碾压密实，达到场地填筑要求的密实度，分层填筑虚铺厚度约 80cm，碾压完成后厚约 60cm。经 5 层回填碾压，模型体填筑完成。回填设计见图 4.21（c）。

（3）集水井设计。

1）土工布反包设计：在压路机进出场地一侧，以模型体顶部边界为界，向下开挖坡比为 1∶1 的边坡，揭露其下的土工膜，将土工膜折叠后覆盖于开挖的边坡之上，并在反包的土工膜上覆盖厚 180cm 的填筑料，确保模型体边坡的稳定性。其边坡坡率设计为 1∶1，土工布反包设计及相应侧边坡设计见图 4.21（d）。

2）集水井开挖设计：在排水管、进水管一侧端部，开挖一集水井，收集模型试验过程中排出的水体。为了保证集水井开挖后的稳定性，且便于人员观察水量排出特征，其一侧坡道需设置较平缓，其余侧边坡满足稳定要求即可。可到达集水井底部一侧坡度设计为

1：1.5，两侧边坡设计为 1：0.6，见图 4.21（e）～（g）。

进水管和出水管揭露以后，在其下部开挖集水井，其设计尺寸为长度 2.0m、宽度 1.5m，深度 1.0m，采用人工开挖。

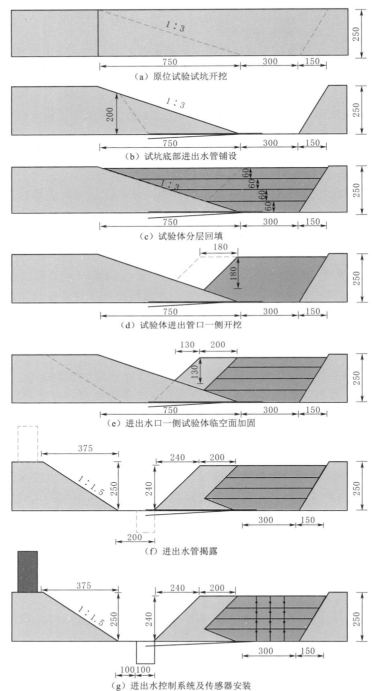

图 4.21　模型体制作过程示意图（图中红线代表下一步要操作的内容）（单位：cm）

4.2.2.2　监测系统的设计

试验主要设置了孔隙水压力、土压力、不同深度处竖向位移等观测变量，量测元件布置情况见图4.22。

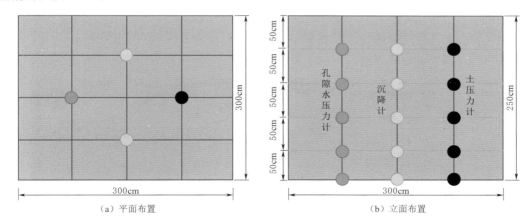

（a）平面布置　　　　　　　　　　　　　　　　（b）立面布置

图4.22　量测元件布置图

模型体隔离封闭完成后，通过钻孔方式安放量测传感器。各类传感器测点竖向间距为0.5m，各布置5个，共计15个传感器。孔隙水压力传感器最大量程为50kPa，精度0.1kPa，传感器直径为30mm；土压力传感器最大量程为100kPa，精度0.1kPa，直径为100mm；分层沉降采用位移计，分别埋设在2个钻孔内，位移计最大量程为50mm，精度0.01mm。量测元件安装完成之后将引线引至地面，并与数据采集仪相连接，持续采集24h，获取监测数据本底值。数据采集仪采用东华DH3823静态数据采集仪，采集频率1Hz。

4.2.2.3　水位升降控制

在进水口一侧地面安放一$5m^3$储水罐，在储水罐出水口安装球形阀门和流量表，通过软管将流量表与模型体进水管口相连。试验过程中，首先采用管口盖将模型体出水管口进行封闭，打开储水罐球形阀门调控模型体进水过程，通过流量表记录进入模型体水量，模型体饱水一定时间后，关闭球形阀门，打开出水管管口封堵，至出水管不再出水为止，自此完成一次水位升降过程。根据试验方案，重复上述步骤，完成多次水位循环升降。

4.2.3　试验主要步骤

水位升降下填筑体大型原位试验的主要试验步骤包括模型体的制作、模型体内监测元件的安装、集水井的开挖和水位升降循环系统的安装等。

（1）模型体的制作。模型体的位置选择：在巧家县北门移民安置区高填方场地选择一处试验用地，利用白灰标明模型体及开挖边界，见图4.23（a）；利用挖掘机开挖模型体，开挖后结果见图4.23（b）；开挖完成后开展模型体外部进水管和出水管预埋铺设，进水管与出水管交错布置，见图4.23（c）；之后利用10cm黏土完成埋设，见图4.23（d）。

模型体外部进水管与出水管埋设完成后，开展模型体下部防渗处理。下部铺设10cm

厚黏土作为铺垫，其上铺设土工布，见图 4.23（e），土工布之上另外铺设 10cm 厚黏土层。

深入至模型体内部的进水管和排水管制成花管，并用纱布缠绕，方便水进出，同时不堵塞小孔，见图 4.23（f）；进水管和出水管在模型体内部位置见图 4.23（g）；在进水管和出水管穿过土工布处，采用法兰相接，防治接缝处渗漏，见图 4.23（h）。

进水管与出水管布置完成后，进行模型体分层回填碾压，见图 4.23（i）～（j）。

（a）模型体等位置

（b）模型体开挖

（c）进出水管预埋铺设

（d）进出水管预埋

（e）土工布铺设

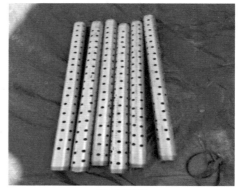

（f）花管制作

图 4.23（一）　模型体的开挖及回填

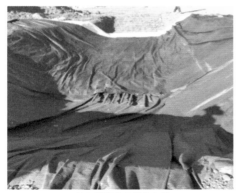

（g）模型体内进出水管

（h）钢管穿土工布法兰加固

（i）模型体回填

（j）模型体碾压

图 4.23（二）　模型体的开挖及回填

（2）模型体内监测元件的安装。模型体回填碾压完成后，静置 1 个月，开展监测元件的安装。首先，确定监测元件的安装位置，利用钻机造孔，见图 4.24（a）。为了模拟水位升降过程，保证第一次水位上升过程中土体为天然状态，钻孔时要求干钻，在钻进过程中，有时遇到较大块石，钻进困难，钻孔完成后直径 15cm、深度 200cm，见图 4.24（b）。首先安装土压力计，利用导向杆把土压力计固定在设计位置，然后放入砂土轻轻捣实，见图 4.24（c）～（d）；利用同样原理安装孔隙水压力，见图 4.24（e）～（f）。利用导向杆把位移传感器固定在设计高程，然后放入砂土轻轻捣实，在顶部做一固定小平台，作为稳定点，见图 4.24（g）～（h）。监测元件安装完成后，连接到采集仪，进行校正。

（3）集水井的开挖。监测元件安装完成后，开始开挖集水井。以进出水管端部为界，利用挖掘机开挖揭露进出水管的端部位置，见图 4.25（a）。开挖至进水管和出水管端部附件时，由挖掘机开挖改为人工开挖，慢慢揭露进水管和出水管，见图 4.25（b）、（c）。在进水管和出水管下部开挖集水井，集水井开挖完成后，为防止模型体流出水体与周围土体水力联系，下部铺设塑料薄膜，见图 4.25（d）。

（a）钻机造孔

（b）传感器钻孔完成

（c）安放土压力传感器

（d）回填传感器钻孔

（e）孔隙水压力传感器

（f）安放孔隙水压力传感器

（g）固定孔隙水压力传感器

（h）安放位移传感器

图 4.24　传感器安装过程

（a）试验坑开挖

（b）揭露进出水管管口

（c）集水井开挖

（d）集水井防渗

图 4.25　集水井的开挖

（4）水位升降循环系统的安装等。在模型体附近放置 $5m^3$ 的储水罐，作为模拟水位上升的水源，见图 4.26（a）。在出口处安装流量表，量测进入模型内的水量，储水罐通过软管与进水管相连，见图 4.26（b）。原位试验中出水较多时，采用小型抽水泵把水重新泵入储水罐中。

（a）供水源

（b）输水管

图 4.26　集水井的开挖

4.2.4　水位升降条件下填筑场地变形机理

本次模型试验主要探讨填筑土层在反复水位升降条件下的沉降特征。试验开始前模型体处于非饱和状态,注水后其逐渐从非饱和状态向饱和状态过渡,持水阶段模型体处于饱和状态,降水阶段模型体从饱和状态向非饱和状态过渡,水位周期性反复升降过程就是使填筑体从非饱和状态转化为饱和状态,再到非饱和状态的过程。为了研究水位反复升降对填筑体变形特性的影响,试验过程中测试了孔隙水压力、土压力、沉降变形量等参数。

4.2.5　初始水位升降阶段响应规律

4.2.5.1　孔隙水压力

初次水位循环升降过程中填筑体内不同位置孔隙水压力的响应特征见图 4.27。试验开始之前,模型体内不存在地下水位,可认为初始阶段孔隙水压力传感器测得的孔隙水压力为零。试验结果表明,模型体内不同位置孔隙水压力变化规律类似:在水位上升阶段,孔隙水压力随着注水量增加而快速增加,停止注水前达到峰值;在持水阶段,孔隙水压力缓慢降低;在水位下降阶段,初始阶段孔隙水压力随模型体内水位快速降低,而后缓慢降低并趋于稳定。总体而言,孔隙水压力与注水量正相关,且反应迅速,几乎没有滞后性。

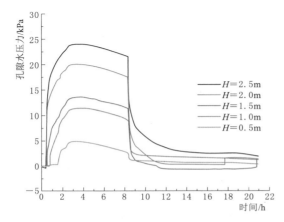

图 4.27　初始水位升降阶段孔隙水压力变化曲线

对于模型体不同深度处,在水位上升阶段,孔隙水压力计位置越深,其值增长速率越大,且增长幅度也越大;在水位下降阶段,不同深度处孔隙水压力具有相同的下降速率,且在短时间内下降到稳定值。如注水 3h 后,5 个测点孔隙水压力基本达到各自的峰值点,对应值约为埋深与水容重的乘积,2.5m、2.0m、1.5m、1.0m 和 0.5m 对应位置的孔隙水压力峰值约为 24.5kPa、19.8kPa、14.2kPa、11.6kPa 和 4.8kPa,且埋深越大,孔隙水压力上升速率越大;此后,虽然持续注水,但孔隙水压力不再增加,而稍微下降;排水阶段,孔隙水压力值急剧下降,并在短时间内达到稳定值,埋深 2.5m、2.0m、1.5m、1.0m 和 0.5m 处对应的孔隙水压力稳定值分别为 2.5kPa、0.5kPa、0.1kPa、0.3kPa、0.8kPa。

4.2.5.2　土压力

初始水位升降阶段模型体不同深度处土压力响应规律曲线见图 4.28。试验过程中主要研究水位升降对土压力变化的影响,土压力传感器在安装完成后进行了调零操作,因此,试验过程中所测量到的土压力均为土压力变化量。由图 4.28 可知,不同深度土压力随着水位升降变化具有相似的响应规律:在水位上升阶段,土压力随注水量的增加而增大;在降水阶段,不同深度土层土压力几乎同时出现陡降现象,最终趋于稳定值。

对于模型体不同埋深处,在水位上升阶段,土压力计位置越深,土压力增长速率越大,增长幅度也越大;在水位下降阶段,不同深度处孔隙水压力在短时间内下降到稳定值，下降速率相同，且埋设深度越深，稳定值越大。如注水 5h 后，4 个测点土力基本达到各自的峰值点，2.5m、2.0m、1.5m、1.0m 对应位置的土压力峰值约为 13.5kPa、15.7kPa、8.8kPa、4.5kPa；此后，持续注水，其值缓慢增加，停止注水后，土压力值急剧下降，并在短时间内趋于稳定值，且埋深越大，其稳定值越高。埋深 2.5m、2.0m、1.5m、1.0m 和 0.5m 处对应的土压力稳定值分别为 2.5kPa、3.7kPa、2.0kPa、2.5kPa 和 −7.0kPa。

4.2.5.3 竖向变形

在初始水位循环升降条件下，模型体不同深度处竖向变形见图 4.29，图中正值表示土体膨胀，负值表示土体压缩。

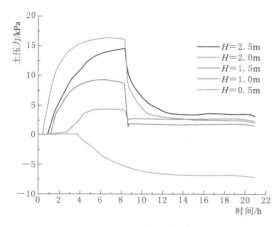

图 4.28 初始水位升降阶段土压力响应规律曲线   图 4.29 初始水位升降阶段沉降变化曲线

试验结果表明，不同深度处各层填筑体竖向变形表现出相似的规律。在水位上升阶段，各层位填筑体均表现出压缩变形特征，沉降速率基本一致，其压缩量随注水量增加而增大。持水阶段开始后压缩量略有减小。在持水阶段，最底层（埋深 2.5m）继续表现出压缩特征，中部层位（埋深 2.0m、1.5m）土层沉降基本维持恒定，上部层位（埋深 1.0m）土层出现回弹现象。水位下降阶段，各层位土层均表现出略微回弹现象。

此外，通过对比不同深度处模型体孔隙水压力实测值与孔隙水压力理论值差值，发现深度越深，其差值越大。如第 5 次水位循环阶段，在模型体埋深 $H=2.5m$ 处，孔隙水压力实测峰值与静孔隙水压力理论峰值的差值约为 6.5kPa，$H=2.0m$ 处差值为 5kPa，$H=1.5m$ 处差值为 2.5kPa，$H=1.0m$ 处差值为 1.1kPa。由此分析，在向模型体内注水时，模型体底部注水管出口处流速较大，存在一定的动水压力，导致模型体底部孔隙水压力实测值明显大于此处静孔隙水压力理论值，距离模型体表面越近，水流流速降低，动水压力减小，孔隙水压力实测值与静孔隙水压力理论值差值变小。

4.2.5.4 多参数关联分析

初始水位升降阶段模型体不同深度处孔隙水压力、土压力、沉降多参数关联曲线见图 4.30。试验结果表明，在模型体不同深度处，土压力、竖向沉降和孔隙水压力变化密切相关。

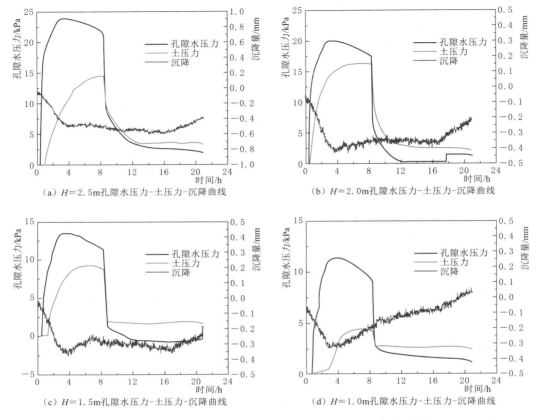

图 4.30 初始水位升降阶段孔隙水压力-土压力-沉降关联曲线

在水位上升阶段,土压力随着孔隙水压力的增加而增大,但其时间不同步,土压力开始增长时刻明显迟于孔隙水压力,且土压力延迟增加的时长随土体深度增加而减小,如埋深 $H=2.5\mathrm{m}$ 处延迟时间约 0.5h,$H=1.5\mathrm{m}$ 处延迟时间约 1.0h,$H=1.0\mathrm{m}$ 处延迟时间约 2.5h。此外,土压力达到峰值的时间也明显迟于孔隙水压力,且峰值延迟增加时长随土体深度增加而减小。在水位下降阶段,土压力开始下降时刻与孔隙水压力下降时刻则完全一致,这可能是由于安装传感器的钻孔内回填料为透水性较强的细砂,孔隙水可以随着水位下降快速疏干,土压力随孔隙水压力同步下降。水位下降过程中,孔隙水并不能完全疏干而达到注水之前的含水状态,部分孔隙水残留在土体孔隙中,导致土体重度增加,因此土压力稳定值高于孔隙水压力稳定值。

对于模型体沉降而言,沉降随模型体内水位上升而开始增加,深度 $H=2.0\mathrm{m}$ 以上模型体竖向沉降增加时刻略超前于相应深度孔隙水压力增加时刻,且传感器埋设深度越浅,超前时间越长。这是由于模型体内孔隙水压力上升过程需要一定时间,下层土体饱水发生沉降后会带动上部土体同步发生沉降,而此时水位还未上升到上部土体,其仍处于未饱水状态,因此,孔隙水压力并未出现增长。

沉降最大值一般滞后于最大孔隙水压力,且在持水阶段,较深部沉降随着孔隙水压力慢慢降低而保持稳定,而浅部沉降则开始回弹。在快速降水阶段,沉降基本保持稳定,在排水稳定阶段后期，沉降才慢慢回弹。

4.2.6 水位循环升降阶段的响应规律

4.2.6.1 孔隙水压力

在周期性水位升降作用下（第2次至第8次水位循环升降），模型体内部的渗流场将发生周期性变化。在水位上升阶段，渗流方向向上，模型体底部的孔隙水压力最大，形成水力梯度；在水位下降阶段，渗流方向向下。注水阶段孔隙水压力上升并达到最大值，持水阶段孔隙水压力逐渐下降，降水阶段孔隙水压力快速下降并趋于恒定值，此时孔隙水压力值最小，各次循环内孔隙水压力最大值与最小值的差值即为该循环内孔隙水压力的变化幅值。随着水位循环升降次数的增加，各次循环结束后孔隙水压力稳定值也将随之发生变化，各次水位循环升降完成后孔隙水压力值的变化过程反映了孔隙水压力的损失情况。

模型体不同深度孔隙水压力随水位循环升降变化结果见图4.31。试验结果表明，各层孔隙水压力随水位循环升降变化的规律基本相同，孔隙水压力与水位循环升降过程和传感器埋深具有较好的一致性关系。

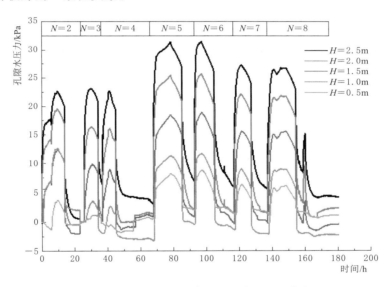

图4.31　水位循环升降阶段孔隙水压力曲线

第2次、第3次、第4次水位循环升降完成后，相同深度处孔隙水压力峰值明显小于第5~8次水位循环完成后的孔隙水压力峰值，第2~4次水位循环升降完成后，模型体最深处孔隙水压力峰值约为22.5kPa，而第5~8次水位循环完成后，模型体最深处孔隙水压力峰值分别为31.5kPa、31.5kPa、27.5kPa、27.5kPa。出现这样的现象是由于后续4次水位升降循环过程中，向模型体内注水时间延长，导致模型体内孔隙水压力峰值明显大于相应深度处孔隙水压力理论值。

此外，通过对比不同深度处模型体孔隙水压力实测值与孔隙水压力理论值差值，发现深度越深，其差值越大。如第5次水位循环阶段，在模型体埋深 $H=2.5m$ 处，孔隙水压力实测峰值与静孔隙水压力理论峰值的差值约为6.5kPa，$H=2.0m$ 处差值为5kPa，$H=1.5m$ 处差值为2.5kPa，$H=1.0m$ 处差值为1.1kPa。由此分析，在向模型体内注水时，模型体底部注水管出口处流速较大，存在一定的动水压力，导致模型体底部孔隙水压力实测值明显大于此处静孔隙水压力理论值，距离模型体表面越近，水流流速降低，动水压力减小，孔隙水压力实测值与静孔隙水压力理论值差值变小。

（1）孔隙水压力最大值特征。水位循环升降阶段孔隙水压力最大值曲线见图 4.32。试验数据表明，整体而言，不同深度处孔隙水压力最大值随水位循环升降次数增加而逐渐降低。由于向模型体内注水能力的差异，导致第 4 次和第 5 次孔隙水压力差异较大，而第 2 至第 4 次水位升降阶段和第 5～8 次水位升降阶段，孔隙水压力具有相同的变化趋势，且孔隙水压力最大值随循环次数的降幅也基本一致。此外，不同深度处最大孔隙水压力随循环次数的降幅也基本一致。如埋深 1.5m 的孔隙水压力，在第 2～4 次干湿循环条件下，其孔隙水压力的最大值分别约为 13.0kPa、10.3kPa 和 9.8kPa；在第 5～8 次干湿循环条件下，其孔隙水压力的最大值分别约为 18.0kPa、18.1kPa、15.7kPa 和 15.0kPa。试验结果表明，干湿循环次数降低了土体内最大孔隙水压力值，表明干湿循环次数增强了土体内部结构，降低了土体的最大孔隙水压力。

（2）孔隙水压力稳定值特征。水位循环升降阶段下孔隙水压力稳定值曲线见图 4.33。试验数据表明，整体而言，模型体不同深度处孔隙水压力稳定值均随循环次数变化较小，并呈现轻微波动特征（仅仅埋深 2.5m 处孔隙水压力稳定值呈现波动增长）；各深度处孔隙水压力稳定值变化波动范围为 -2.5～2.5kPa。试验结果表明，水位循环升降次数对孔隙水压力稳定值影响较小。根据试验结果，分析干湿循环后填筑体结构持水性较差，其孔隙中水大部分排泄，孔隙水压力稳定性较好。

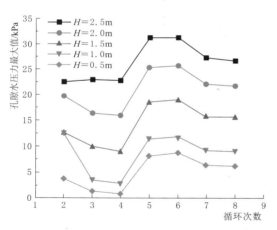

图 4.32　水位循环升降阶段下孔隙水压力
最大值曲线

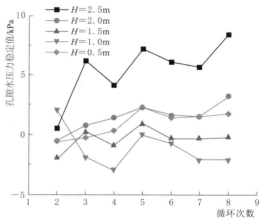

图 4.33　水位循环升降阶段下孔隙水压力
稳定值曲线

（3）孔隙水压力损失值特征。为进一步探索水位升降结束后孔隙水压力稳定值随着水位循环升降次数的增加而逐渐降低的现象，将相邻两次水位升降后孔隙水压力稳定值的差值定义为孔隙水压力的损失值。不同水位升降次数下孔隙水压力的损失情况见图 4.34。

由试验数据分析，水位升降后孔隙水压力的稳定值并不随升降次数呈现单调变化，而是呈现有规律波动，一般而言，先增大而后减小，且增大值小而减少值大，随着干湿循环次数的增加，其波动的幅度均在减少。如 2.5m 深度的孔隙水压力，第 2 次干湿循环后稳定的孔隙水压力相比第 1 次增加了 1.5kPa，第 3 次相对第 2 次减小了约 5.5kPa，第 4 次相对第 3 次增加了约 2.1kPa，第 5 次干湿循环后（充水量多于前 4 次），孔隙水压力减少了约 3.0kPa，第 5 次相对第 4 次增加了约 1.5kPa，后续干湿循环后规律相同。埋深 2.0m、1.5m、1.0m 和 0.5m 也表现了类似现象（仅仅在埋深 1.0m 的孔隙水压力在第 3 次干湿循环下异常）。试验结果表明，随着干湿循环次数增加，干湿循环后稳定的孔隙水压力值呈现波动性变化，其值先增加后减小，且波动的幅度逐次减小。

（4）孔隙水压力变幅特征。分析试验结果发现，每次循环内孔隙水压力峰值与稳定值之间的变化幅值同样随循环次数的增加而变化，孔隙水压力变化幅值随水位循环升降次数的变化结果见图 4.35。

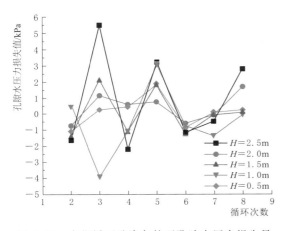

图 4.34　水位循环升降条件下孔隙水压力损失量

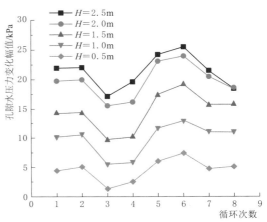

图 4.35　不同循环次数下孔隙水压力变化幅值

考虑到试验过程中第 5～8 次循环阶段注水时间延长的影响，孔隙水压力变化幅值明显大于第 2～4 次循环，分两个阶段分析孔隙水压力峰值与稳定值之间的变化幅值。由图 4.35 可知，在第一阶段（第 1～4 次循环）和第二阶段（第 5～8 次循环），孔隙水压力变化幅值均为前 2 次基本稳定，第 3 次后开始下降。以模型埋深 $H=2.5m$ 处孔隙水压力变化幅值为例，第 1～4 次孔隙水压力变化幅值分别为 22.5kPa、22.5kPa、16.5kPa、17.5kPa，第 5～8 次孔隙水压力变化幅值分别为 24kPa、25kPa、21kPa、17.5kPa。埋深 2.0m、1.5m、1.0m 和 0.5m 层位的孔隙水压力变化幅值也存在同样规律。

试验结果表明，孔隙水压力变化幅值随水位循环升降次数的增加，第 1～2 次基本稳定，第 3 次以后呈现递减特征。模型体内孔隙水压力随着水位升降的变化存在逐渐损失的过程，水位升降作用改善了土体的内部结构。

4.2.6.2　土压力

（1）土压力特征。水位循环升降过程中不同深度土压力周期性变化结果见图 4.36（第 2～8 次水位升降循环）。在整个水位循环升降过程中，不同深度土压力变化规律与孔隙水压力变化规律基本一致，土压力峰值随水位循环升降次数的增加而逐渐减小，由此说明土压力的周期性增减变化主要受孔隙水的影响。整体上，土压力量值与水位循环升降过程和传感器埋深具有较好的一致性关系，但在传感器埋深最深处土压力量值并非最大。

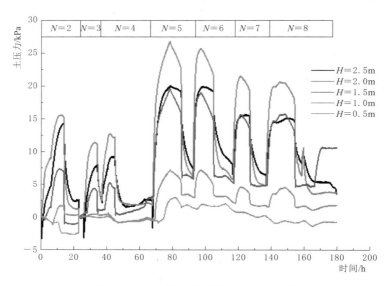

图 4.36 水位循环升降阶段土压力曲线

同样受到模型体注水时间延长的影响，第 2～4 次循环阶段土压力峰值明显低于第 5～8 次土压力峰值。模型体埋深 $H=1.0\text{m}$ 以下深度范围内，土压力随水位循环过程变化显著。对于模型体埋深为 $H=2.5\text{m}$ 处，第 2～4 次水位升降阶段土压力峰值分别为 14.5kPa、7.5kPa、8.5kPa，而第 5～8 次水位升降阶段峰值分别为 19kPa、19kPa、15kPa、15kPa。

（2）土压力最大值特征。水位循环升降阶段土压力最大值变化曲线见图 4.37。试验数据表现为：整体而言，不同层位土压力最大值随水位循环升降次数增加而降低；土压力变动幅度与埋深正相关，即埋深越大，土压力变动幅度也越大。其变化可分为两个阶段，即第 2～4 次循环阶段和第 5～8 次循环阶段。如第一个阶段内，埋深 2.0m 处土压力在第 2～4 次水位升降条件下，其最大值分别为 16.3kPa、12.0kPa 和 12.9kPa；在第 5～8 次水位升降条件下，其最大值分别为 27.0kPa、25.5kPa、22.1kPa 和 20.2kPa。在第 2～4 次水位升降条件下，土压力的最大值出现在埋深 2.0m 处。第二阶段土压力最大值为 27.0kPa。此外，埋深 1.0m 以内的模型体土压力最大值波动幅度明显小于埋深大于 1.0m 的区域。每层土的土压力最大值随水位升降次数的增加而降低，表明了水位升降循环改变了土体内部结构，使得在相同的条件土体土压力有所降低。

（3）土压力稳定值特征。各次水位升降循环阶段土压力稳定值曲线见图 4.38。试验数据表现为：模型体内水位下降稳定后，不同深度处土压力值逐渐趋于一稳定值，随着水位循环升降次数增加，不同埋深处土压力稳定值整体呈现降低趋势。对比第 4～5 次水位循环升降过程，注水时间显著延长后，土压力稳定值出现显著增长。前 4 次水位循环升降结束后，土压力稳定值增长范围为 1～3kPa，而第 5 次水位循环升降结束后，土压力稳定增长范围为 2～6kPa。以埋深 2.0m 的土压力为例，在第 1～4 次水位升降循环之后，土压力在第 2 次后为 2.5kPa、2.3kPa 和 1.8kPa，在经过注水时间显著延长后第 5～8 次水

位升降循环后，其值分别为 7.0kPa、7.5kPa、6.0kPa 和 7.5kPa。

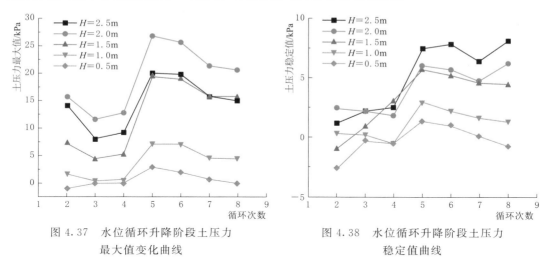

图 4.37　水位循环升降阶段土压力　　　　图 4.38　水位循环升降阶段土压力
　　　最大值变化曲线　　　　　　　　　　　　　稳定值曲线

试验结果表明，土压力稳定值随着水位升降循环次数增加而降低，这是由于模型体经过水位升降循环后，水位升降循环改善了土体内部结构，其对土体开展了压缩挤密作用。这与试验过程中监测到的各层稳定沉降值变化规律基本一致。同时第一阶段（水位升降的第 1～4 次）与第二阶段（水位升降的第 5～8 次）对比表明，水位升降幅度越大，其对土体结构影响越显著，对土体内部结构影响越明显。

（4）土压力损失值特征。为进一步探索水位升降结束后土压力稳定值随着水位循环升降次数的增加而逐渐降低的现象，将相邻两次水位升降后土压力稳定值的差值定义为土水压力的损失值。不同水位升降次数下土压力的损失情况见图 4.39。

由试验数据分析，土压力的损失值随升降次数呈现规律波动，整体上，土压力损失值先增大后减小，经多次水位升降循环后，土压力损失值趋于稳定。如埋深 2.5m 处，第 2 次干湿循环后稳定的土压力相比第 1 次减少了 2.5kPa，第 3 次相对第 2 次增加了约 1.0kPa，第 4 次相对第 3 次减小了约 0.2kPa，第 5 次干湿循环后，充水量多于前 4 次，第 5 次土压力稳定值相对第 4 次增加了约 5kPa，第 6～8 次干湿循环条件下，土压力增加值基本恒定在 0.5kPa 左右。埋深 2.0m、1.5m、1.0m 和 0.5m 处也出现了类似现象。

（5）土压力变幅特征。水位升降阶段模型体不同深度处土压力变化幅值见图 4.40。试验数据表明，土压力变化幅值均随水位升降次数的增加而降低，在水位循环升降过程中，由于向模型体内注水能力的差异，因此，分两个阶段阐述土压力随水位升降变化过程，第 1～4 次水位循环升降阶段土压力变化幅值明显小于第 5～8 次。土压力变化幅值均与埋深呈正比，埋深越大，土压力变化幅值也越大。以埋深 2.0m 处土压力为例，第 1～4 次水位循环升降阶段土压力变化幅值分别约为 14.0kPa、14.3kPa、11.6kPa 和 11.0kPa；第 5～8 次水位循环升降阶段土压力变化幅值分别约为 20.8kPa、20.0kPa、17.0kPa 和 14.2kPa。

试验结果表明，土压力变幅随着水位升降次数增加而减小，说明水位升降次数增强了土体内部结构，使得土压力变幅降低；同时水位升降幅度越大，对土体内部结构影响越显著，土压力变幅越大。

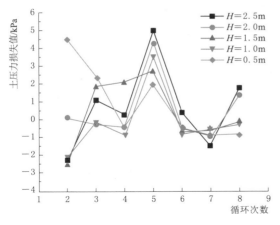

图 4.39 水位循环升降阶段土压力损失值

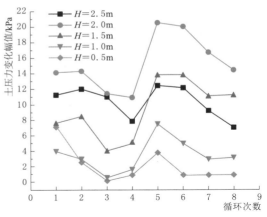

图 4.40 水位循环升降阶段土压力变化幅值

4.2.6.3 竖向变形

水位循环升降阶段不同深度处各土层相对于累计沉降曲线图 4.41。第 2 次水位升降循环条件下各层位竖向变形特征与第 1 次水位循环升降条件下一致，而与第 3～8 次明显不同。在第 2 次水位升降循环条件下，各层位竖向变形首先随着水位增加而表现为沉降，随着水位下降各层位表现出回弹变形特征。第 3～8 次水位循环升降条件下，竖向变形均表现为随水位上升回弹，随水位下降压缩挤密。此外，随着水位升降循环次数的增加，不同深度处填筑体竖向回弹峰值逐渐降低，压缩挤密峰值逐渐增加。这可能是由于水的作用改变了填筑体的原有结构，导致颗粒致密，进而表现出沉降特征。经历两次水位循环升降之后，土体颗粒结构达到新的平衡状态，后期水位的周期性上升导致土体内部有效应力减小，填筑体表现出回弹现象；水位下降后，填筑体内部有效应力增加，填筑体表现出沉降变形特征。

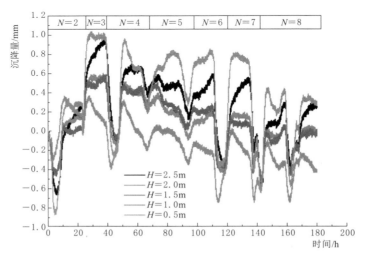

图 4.41 水位循环升降阶段累计沉降曲线

4.2.7 多参数相关性分析

填筑土体沉降是其内部应力状态和土体结构不断调整的过程，而土体沉降变形是后者的宏观表现。为深入分析填筑土体沉降变形机理，绘制了多参数关联分析曲线，见图 4.42～图 4.45，获得了不同层位土体沉降变形随孔隙水压力和土压力变化过程。

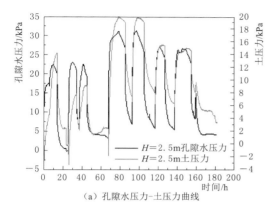

（a）孔隙水压力-土压力曲线

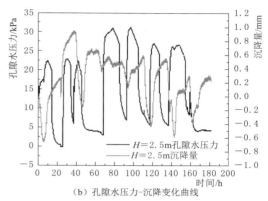

（b）孔隙水压力-沉降变化曲线

图 4.42　填筑体 2.5m 层位孔隙水压力-土压力-沉降关联曲线

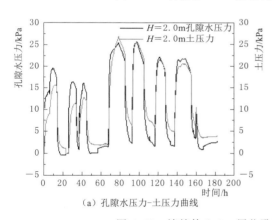

（a）孔隙水压力-土压力曲线

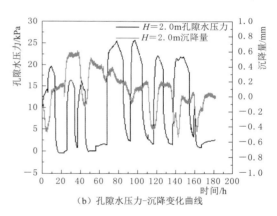

（b）孔隙水压力-沉降变化曲线

图 4.43　填筑体 2.0m 层位孔隙水压力-土压力-沉降关联曲线

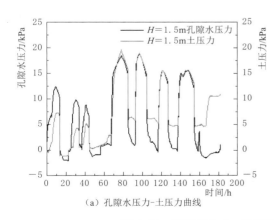

（a）孔隙水压力-土压力曲线

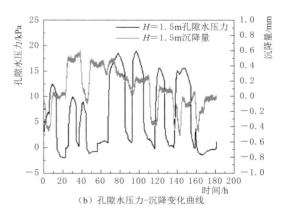

（b）孔隙水压力-沉降变化曲线

图 4.44　填筑体 1.5m 层位孔隙水压力-土压力-沉降关联曲线

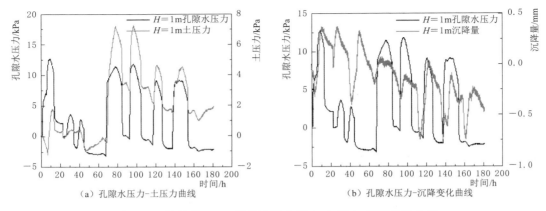

图 4.45　填筑体 1.0m 层位孔隙水压力-土压力-沉降关联曲线

试验数据说明：整体而言，在水位周期性变动条件下，土体不同层位土压力变化规律与孔隙水压力具有高度一致性，呈现"同升同降"的特征（由于试验过程中土压力传感器主要监测水位升降引起的土压力变化过程，因此土压力数值为相对值）。

在埋深 1.5m 以下的土层中，在第 2～4 次循环阶段，孔隙水压力峰值明显高于土压力峰值，土压力稳定值略高于孔隙水压力；而在第 5～8 次循环阶段，土压力峰值与孔隙水压力峰值基本相同，而土压力稳定值显著大于孔隙水压力。如在模型体埋深 $H=2.0$m 处，第 2～4 次循环阶段孔隙水压力与土压力峰值之差分别为 5kPa、5kPa、4kPa，稳定值之差分别为 0.2kPa、1.5kPa、2.5kPa；第 5～8 次循环升降阶段孔隙水压力与土压力峰值之差分别为 1.0kPa、0.0kPa、0.5kPa、1.0kPa，稳定值之差分别为 4.5kPa、6.0kPa、4.0kPa、4.0kPa。在埋深 1.0m 处，土压力峰值明显高于孔隙水压力峰值。

第5章　消落区高填方填筑料室内力学特性试验及本构模型

5.1　干湿循环下填筑体结构特征及物理力学性能

粗粒土组成成分复杂，且颗粒大小、形状及各粒径分布特征变化较大，致使其物理力学性能变化较大。但在同一填筑场地中，从宏观角度考虑，其组成成分基本相同，其物理力学性能指标近似相同，只有在局部小范围中，其物理力学性能受较大颗粒影响较显著。在宏观条件下，水库高填方场地粗粒土的性能受水位影响较大。随着库水位周期性的涨落，粗粒土含水量变化较大，其物理力学性能指标随之发生较大改变。

库区粗粒土填筑场地的水位每年可能经历多次水位的涨落，粗粒土的物理力学性能随水位升降变化，直接影响了场地及上部建筑物的性能。利用直剪试验研究干湿循环下粗粒土的物理力学性能，是分析其力学性能变化的重要手段，是总结其变化规律的重要途径。通过直剪试验可以揭示粗粒土多次干湿循环下物理力学性能变化机理，为预测其在水库长期运行下强度-变形趋势提供理论基础。

由于粗粒土中含有较大颗粒，粗粒土的直剪试验采用直径为500mm、高度为400mm的圆柱样。试验尺寸较大，剪切试样加上剪切盒比较重，烘箱烘干法几乎无法实现；自然晾晒和太阳暴晒等，耗时太长，试验困难。采用常规的试验手段难以实现试样干燥饱和干湿循环。为了开展粗粒土在干湿循环条件下的直剪试验，需要开发一套相应的试验装置，实现室内直剪试验的干湿循环。

5.1.1　试验设备

粗粒土室内干湿循环下的直接剪切试验采用 ZJ50-2G 大型直接剪切试验机（也称直剪仪），见图5.1。该设备用于测定最大粒径为 100mm 粗颗粒土的抗剪强度性能，可以利用计算机伺服完成剪力-剪位移曲线，其主要参数为：

圆柱试样尺寸（直径×高度）：$\phi500\text{mm}\times400\text{mm}$。

竖直最大出力：700kN（正应力 0～3.5MPa）～1200kN，稳压误差：≤1%FS。

水平最大出力：700kN（剪应力 0～3.5MPa）～1200kN；稳压误差：≤1%FS。

最大垂直油缸行程：150mm；竖向电子位移计量程：200mm，精度 0.01mm。

图 5.1　室内大型直剪仪

最大水平油缸行程：150mm；水平电子位移计量程：200mm，精度 0.01mm。

5.1.2 试验方案

试验方案设置：完成了 40 个大型干湿循环下直接剪切试样的试验，分为 10 组；试样状态分别为天然、第 1～9 次干湿循环。天然状态试样按照填筑体天然含水率制样，第 1 次干湿循环试样按照天然含水率制样后再经饱和，第 2 次干湿循环过程为试样按照天然含水量制作，经饱和、干燥、再饱和过程，依次类推，具体的试验方案见表 5.1。

表 5.1　　　　　　　　干湿循环下粗粒土直剪试验方案

组　　数	不同正应力下的干湿循环次数			
	100kPa	200kPa	300kPa	400kPa
第 1 组	天然	天然	天然	天然
第 2 组	1 次	1 次	1 次	1 次
第 3 组	2 次	2 次	2 次	2 次
第 4 组	3 次	3 次	3 次	3 次
第 5 组	4 次	4 次	4 次	4 次
第 6 组	5 次	5 次	5 次	5 次
第 7 组	6 次	6 次	6 次	6 次
第 8 组	7 次	7 次	7 次	7 次
第 9 组	8 次	8 次	8 次	8 次
第 10 组	9 次	9 次	9 次	9 次

正应力设置：每组直剪试验的正应力分别为 100kPa、200kPa、300kPa 和 400kPa，加载速率 50N/s。

剪应力设置：剪应力施加按照变形控制，加载速率为 1mm/min；参考土工相关试验规程的建议，水平位移达到试样直径 1/5～1/10 试验方可停止，为了观测峰值后应力-应变曲线的特征，试验水平位移的最小值设置按照 80mm 控制。

5.1.3 试验方法

干湿循环作用下粗粒土的大型直接剪切试验方法主要包括：制样、饱和、试样干燥、干湿循环模拟、加载方法、测试方法及试样解剖。

（1）制样。粗粒土大型直剪试验的制样采用分层夯实，夯实后每层 100mm，密度控制为 2300kg/m³，依据剪切盒的体积及土料的重量来达到上述要求。称量采用 100kg 的台秤，精度 0.01kg，见图 5.2（a）。土料放入剪切盒后，第 1 次采用小锤初步夯实平整，见图 5.2（b）；第 2 次，采用重锤夯实，夯实过程中夯锤直接作用在厚木板和透水板上，见图 5.2（c）。直剪试验时第 1 次制样时，重锤直接与土料接触，结果发现颗粒破碎严重，为了保证夯实过程颗粒的完整性，夯实时重锤不直接夯击土样，采用透水钢板和厚木板传力，夯实后颗粒破坏较小。夯实后效果见图 5.2（d）。

（2）饱和。试样采用注水饱和。通过直接剪切试验仪上的注水孔，引入自来水，注水

（a）台秤图   （b）小锤夯实

（c）重锤夯实   （d）夯实后效果

图 5.2   制样

时适当控制注水的速度，尽量排出土中的气体。为了使土体充分饱和，保持水面超过土样 20mm，静置 4～6h，见图 5.3（a），饱和效果见图 5.3（b）。

（a）试样饱和   （b）饱和效果

图 5.3   饱和

（3）试样干燥。本次粗粒土大型直剪试验试样的干燥，与普通小型试样不同，如采用直接放入普通烘箱，剪切盒加上土样重量较大，体积也较大，几乎不能完成。初始采用自制电磁环，从外部环绕剪切盒加热，加热 24h 后，土样中部湿度很高，加热效果较差。

之后采用内置加热棒加热土样。加热棒长度 420mm，直径 10mm，采用电钻造孔，然后插入加热棒。初始采用 1 根加热棒，加热 24h，在加热棒周围土体干燥效果良好，但距离加热棒稍远后干燥效果较差。后设置 3 根加热棒，三角分布，加热时间 10～12h，加热棒设置温度 300°（土体插入温度计，设置为 120°，超过该温度，加热棒自动停止加热，当温度低于该值时，自动开始加热），加热棒及温度计布置见图 5.4（a），加热效果良好，见图 5.4（b）。

（a）加热棒及温度计布置　　　　　　　　　　　　（b）加热效果

图 5.4　试样干燥

（4）干湿循环模拟。天然状态下填方体的力学性能：通过配制与填方体天然状态下相同含水量、相同密度的试样，模拟填方体压实后的天然状态，并对该试样开展大型直接剪切试验。该组试验需要至少 4 个试样，其正应力分别设置为 100kPa、200kPa、300kPa 和 400kPa。

第 1 次干湿循环下填方体的力学性能：首先配制与填方体天然状态下相同含水量、相同密度的试样，然后充水饱和，作为第 1 次干湿循环，对饱和后试样开展大型直接剪切试验。该组试验需要至少 4 个试样，其正应力分别设置为 100kPa、200kPa、300kPa 和 400kPa。

第 2 次干湿循环下填方体的力学性能：首先配制与填方体天然状态下相同含水量、相同密度的试样，然后充水饱和，作为第 1 次干湿循环；利用加热棒加热 10～12h；之后取出干燥棒等设备，再进行饱和，作为第 2 次干湿循环。第 2 次干湿循环直接剪切试验需要至少 4 个试样，其正应力分别设置为 100kPa、200kPa、300kPa 和 400kPa。

第 3～9 次干湿循环下填方体的力学性能：首先配制与填方体天然状态下相同含水量、相同密度的试样，然后充水饱和，作为第 1 次干湿循环；利用加热棒加热 10～12h；之后取出干燥棒等设备，再进行饱和，作为第 2 次干湿循环；然后再利用加热棒加热 10～12h；取出干燥棒等设备，再进行饱和，作为第 3 次干湿循环。第 3 次干湿循环直接剪切试验需要至少 4 个试样，其正应力分别设置为 100kPa、200kPa、300kPa 和 400kPa。

第 4~9 次干湿循环直接剪切试验试样干湿循环要求与第 2 次、第 3 次相同，每次增加一次干燥和饱和过程。试样干湿循环之后，开展相应次数的干湿循环直接剪切试验，试验需要至少 4 个试样，其正应力分别设置为 100kPa、200kPa、300kPa 和 400kPa。

（5）加载方法。竖向与水平方向加载通过 ZJ50-2G 大型直剪仪伺服完成，见图 5.5。竖直方向加载按照力控制，加载速率为 50N/s；水平方向加载按照变形控制，加载速率为 1mm/min。试验加载结束按照水平剪切位移最小值 80mm 控制，该控制值达到剪切盒直径的 16%，满足现行规范规定要求。

国家标准《土工试验方法标准》（GB/T 50123—2019）规定：当水平荷载读数达到稳定，或有显著后退，表示试样已剪损。若剪应力读数继续增加，应控制剪切变形达到试样直径的 20%~10%，方可停止试验。

图 5.5 直剪仪器伺服控制系统

行业标准《水电水利工程粗粒土试验规程》（DL/T 5356—2006）规定：当剪切荷载出现峰值，继续进行剪切试验直至剪切位移达到试样的边长或直径的 10% 结束试验。当剪切荷载无峰值，可将剪切位移达到试样边长或直径的 10% 时的剪切荷载作为破坏值。

团体标准《粗粒土试验规程》（T/CHES 29—2019）规定：当水平荷载读数达到稳定，或有显著后退，表示试样已剪损。若剪应力读数继续增加，应控制剪切变形达到试样直径的 20%~10%，方可停止试验。

（6）测试方法。粗粒土大型直接剪切试验主要测量水平及竖直荷载，水平及竖直位移，均通过计算机软件自动实时采集，可实时绘制荷载-位移曲线。

水平和竖直荷载分别由专门油压千斤顶施加，竖直最大出力：700（正应力 0~3.5MPa）~1200kN，稳压误差：≤1%FS，最大行程 150mm；水平最大出力：700（剪应力 0~3.5MPa）~1200kN；稳压误差：≤1%FS，最大行程 150mm。大型直接剪切试验设备参数见表 5.2。

表 5.2　　　　　　　　　　　大型直接剪切试验设备参数表

序号	参 数
1	技术指标符合行业标准 SL 237—059—1999 的规定。系统采用液压传动方式，气体压减阀稳压，利用大容量液压蓄能器，已保持长时间的压力稳定
2	试样尺寸：ϕ504.6×400mm；面积 2000cm² （最大试样粒径 60mm）
3	最大垂直载荷：700（垂直应力 0~3.5MPa）~1200kN
4	最大水平推力：700（垂直应力 0~3.5MPa）~1200kN
5	最大垂直行程：150mm
6	垂直、水平稳压误差：≤1%FS

续表

序号	参　　　　　　数
7	垂直、水平油缸活塞面积：1134.15cm² （直径：ϕ380mm）
8	垂直、水平载荷采用载荷传感器测量
9	垂直沉降及水平位移采用大行程百分表测量

图 5.6　直剪面的破坏效果

水平和竖直方向位移通过电子位移计测量，两个水平方向均匀放置 4 个电子位移计，水平方向放置 1 个。竖直方向电子位移计量程 200mm，精度 0.01mm；水平方向电子位移计量程 200mm，精度 0.01mm。

（7）试样解剖。试验结束后解剖试样，由于为粗粒土试样，剪切盒较大，黏粒含量较少，把上部剪切盒吊起后，试样坍塌，无法直接观察剪切面上破坏特征，采用分层解剖试样，试样剪切破坏面的破坏特征不是很典型，直剪面中颗粒被剪切破坏的新鲜面有少部分可见，见图 5.6。

5.1.4　试验步骤

以第 2 次干湿循环下正应力 100kPa 的试样直接剪切试验为例，说明主要的试验步骤，主要为试验设备的检查与校核、制样、干湿循环的模拟、加载及测试、破坏结果描述、试验结果处理等 6 步。

（1）试验设备的检查与校核。试验前，需要对 ZJ50 - 2G 大型直剪仪进行检查与校核。检查内容主要为滚珠排的减摩效果（长时间使用或长时间不使用均会造成减摩效果降低），上下剪切盒的完整性，排水孔的通透性。校核直剪仪水平荷载和竖直荷载，检查其稳定性和灵敏性，并进行荷载率定。校核电子位移计的稳定性和灵敏性，并进行率定。

完成 ZJ50 - 2G 大型直剪仪的检查与校核后。把剪切盒移动到设备框架外部，进行制样前的准备。把直剪仪的上下直剪盒竖直对齐，直剪盒中间用防水胶带密封（为试样饱和所用），见图 5.7；下部放置透水板，其上放置滤布（防止细料渗漏时被带走），为制样做好准备。

（2）制样。粗粒土的准备，剔除粒径大于 100mm 的颗粒，测试其含水量，保证试样含水量在 5% 左右，按照密度 2300kg/m³ 控制试样的密度，分 4 次称量料的重量。采用人工分层夯实制样，夯实方法按照上述要求进行。每层夯实结束后，轻轻打毛土样表层，使得两层土接触更为密实。分层夯实后，上部放置透水板，夯实后试样见图 5.8。

（3）干湿循环的模拟。从下部剪切盒的底部进水

图 5.7　剪切盒的准备

（a）第1层击实后　　　　　　　　　　（b）最后1层击实后

图 5.8　夯实后试样

孔慢慢注入自来水，进行试样的饱和工作。试样饱和过程中可观察到有少量气泡溢出，注意控制注入水的速度，尽量让气泡从土体中排出。水位以水面超出土样 2cm 左右为准，保持 4～6h，视为土样完全饱和。

试样饱和后，利用手风钻在试样中部位置造孔，分别插入加热棒，另外置入土样温度计，控制加热过程中土体的温度。加热 10～12h 后，关闭加热棒电源，待加热棒温度降至常温后，继续向土样注入自来水，水位以水面超出土样 20mm 左右为准，保持 4～6h。土体饱和后，拔出加热棒。

试样饱和后，上部放置透水板。

（4）加载及测试。试样制作完成后，把剪切盒推入剪切位置，使剪切盒与水平方向油压千斤顶轻轻接触，然后于中间位置放入竖向传力柱。在剪切盒竖直方向均匀放置 4 个电子位移计，水平方向放置一个电子位移计，见图 5.9。

图 5.9　加载及测试

试验加载前，剪断连接上下剪切盒上的隔水胶带。

先施加竖直方向荷载，同时记录竖直及水平荷载变化，记录竖直及水平方向位移的变化；竖直方向加载速率为 50N/s，荷载施加至 19.63kN，保持荷载恒定（此时需要注意，由于初始剪切盒与水平方向油压千斤顶有接触，在施加竖向荷载的时候，水平方向产生一个小的作用力）。

竖直荷载稳定后，开始施加水平方向荷载，加载速率为 1mm/min。在加载过程中，观察荷载-位移曲线，注意是否出现明显的峰值应力，在该次试验条件下，无明显峰值应力，此时观察荷载不再明显变化后，剪切盒有较大错动，水平剪切位移持续增加。

试验完成后，移去电子位移计；然后卸载水平方向的剪切力，再卸载竖向荷载。

（5）破坏结果描述。在该次试验条件下，剪力-位移曲线无明显峰值荷载，随着水平剪切位移的增加，剪切荷载基本稳定，剪切盒有时表现出倾斜现象，且随着水平剪切位移增加，倾斜现象更为显著。出现该现象的主要原因是由于试样前端剪损，相应位置竖向承载面积减小，因而出现下沉。

（6）试验结果处理。分别以剪切力和垂直变形为纵坐标，水平位移为横坐标，绘制某级垂直压力下的剪切力和水平位移关系曲线、垂直变形与水平位移关系曲线。

取剪切力与水平位移关系曲线上峰值或稳定值作为抗剪强度。当无明显峰值时，取水平位移达到试样直径 1/15～1/10 处的剪应力作为抗剪强度。以抗剪强度作为纵坐标，垂直压力为横坐标，绘制抗剪强度与垂直压力的关系曲线。直线的倾角为粗颗粒土的内摩擦角，直线在纵坐标轴上的截距为粗颗粒土的黏聚力。

5.1.5　破坏特征

室内干湿循环下粗粒土直剪试验破坏特征可分为两类。

第 1 类破坏特征，剪力-位移曲线表现为有明显峰值点，显著的下降段，峰值后曲线表现为典型的软化现象，见图 5.10 中蓝色曲线，这种现象主要出现在天然状态。

第 2 类破坏特征，剪力-位移曲线表现为没有明显峰值点，没有明显下降段，曲线变为近似平行水平轴的直线，峰值后曲线表现为典型的硬化现象，见图 5.10 中红色曲线，这种现象出现在干湿循环状态。

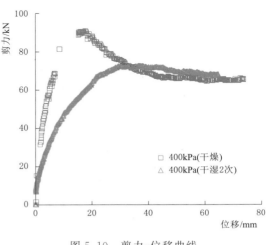

图 5.10　剪力-位移曲线

5.1.6　变形特征

5.1.6.1　不同干湿循环次数的变形特征

在相同正应力下，不同干湿循环条件下粗粒土的剪应力-应变曲线见图 5.11，图中 100kPa 表示正应力为 100kPa，G 表示天然状态，S 表示饱和状态，即第 1 次干湿循环，GS2 表示干湿循环 2 次，试验结果表明：

（1）在相同正应力，不同的干湿循环条件下，粗粒土的剪应力-应变曲线特征不同。在天然状态下，其剪应力-应变曲线表现为较长的近似直线上升段、峰值点和典型的下降段；但在饱和及第 2 次干湿循环后，也具有较长的近似直线上升段，却没有明显的峰值点，也无明显的下降段，表现为较长的近似水平段。

（2）在相同正应力、不同干湿循环条件下对粗粒土剪应力-应变总体分布影响也不同，总体而言，第 1 次干湿循环影响最大，第 2 次次之，第 3 次更次，第 4～9 次几乎趋于稳定。如在 200kPa 正应力下，在天然条件下，试样剪应力-应变曲线最为饱满，近似直线上升段最长，峰值点最高；在饱和及第 2～3 次干湿循环条件下，剪应力-应变曲线几乎趋于一致，在第 4～9 次干湿循环条件下，曲线较相似。在正应力 100kPa、300kPa 和 400kPa 下，剪应力-应变曲线分布特征与 200kPa 下类似。

在室内直剪试验中，第一次出现峰值剪应力对应的应变称为峰值应变。试验结果表明，在相同的正应力下峰值应变基本稳定，不受试样干湿循环次数的影响。试验中 4 个正应力下，经历干燥、饱和、第 2～9 次干湿循环之后的峰值对应应变基本相同，在 100kPa、200kPa、300kPa 和 400kPa 下，对应的峰值应变分别约为 3%、5%、6% 和 6%。

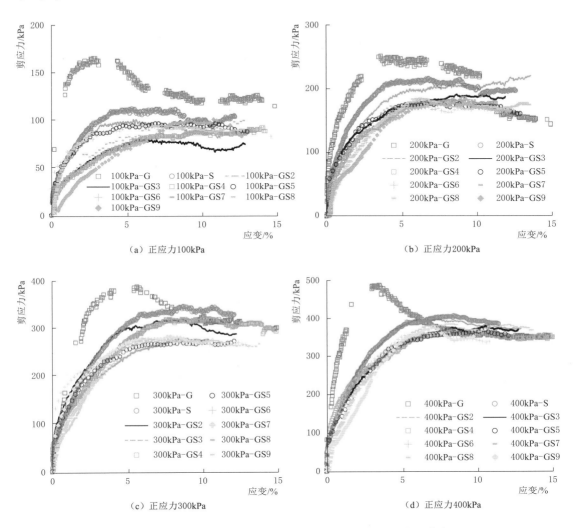

图 5.11　相同正应力下不同干湿循环次数的剪应力-应变曲线

5.1.6.2　不同正应力下的变形特征

在相同干湿循环次数下，不同正应力条件下粗粒土的剪应力-应变曲线见图 5.12，图中 100kPa、200kPa、300kPa 和 400kPa 表示正应力的值。

试验结果表明，在相同干湿循环条件下，随着正应力的增加，粗粒土的剪应力-应变曲线特征总体形态相同。在天然状态下，随着正应力由 100kPa 增加至 200kPa、300kPa 和 400kPa，其剪应力-应变曲线的近似直线上升段增加，峰值应力和峰值应变增加，下降段明显，峰值后表现为较为典型的软化。

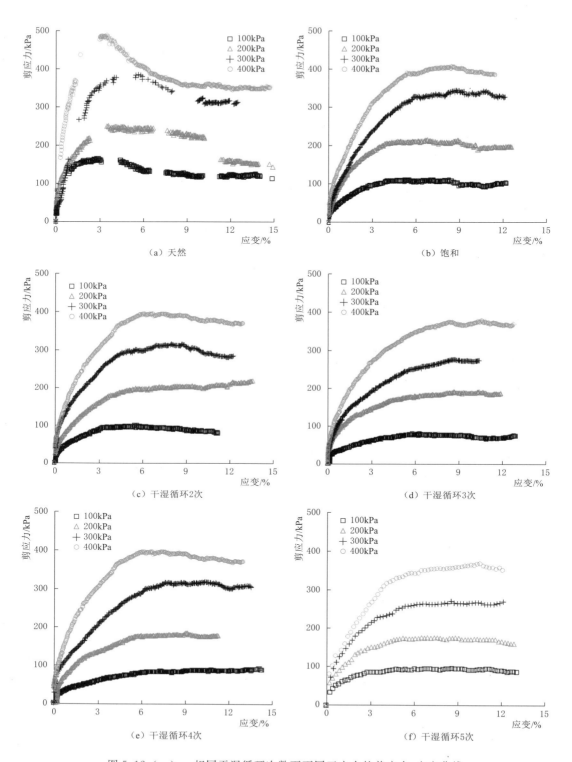

图 5.12（一） 相同干湿循环次数下不同正应力的剪应力-应变曲线

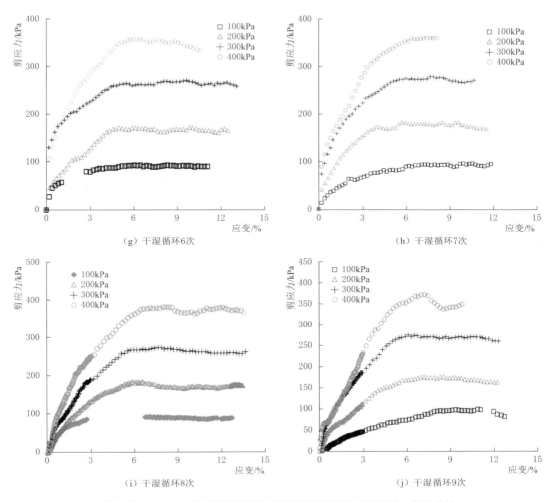

图 5.12（二）　相同干湿循环次数下不同正应力的剪应力-应变曲线

在饱和及干湿循环之后，随着正应力由 100kPa 增加至 200kPa、300kPa 和 400kPa，其应力-应变曲线的近似直线上升段增加，峰值应力和峰值应变增加，没有明显的下降段，均表现为近似硬化或理想的硬化；且随着干湿循环次数的增加，剪应力-应变曲线的近似直线上升段减少，峰值应力和峰值应变减小。在干湿循环 3 次条件下，随着正应力从 100kPa 增加至 200kPa、300kPa 和 400kPa，剪应力-应变曲线的近似直线上升段减少，峰值应力和峰值应变减小，后续塑性段近似平行且延伸较长距离。

5.1.6.3　竖直变形特征

在相同干湿循环次数下，不同正应力条件下粗粒土的剪切位移-垂直位移曲线及剪力-位移曲线见图 5.13，图中 100kPa、200kPa、300kPa 和 400kPa 表示正应力的值。

在直接剪切试验过程中，竖直位移也随水平位移增加而变化。一般而言，竖直位移先增加（压缩），直至最大值后开始回弹，并且其值随水平位移增加而一直增大，且随着正应力的增加其最大压缩值也增大。由于在剪切过程中，试样几乎均在刚性剪切盒中，竖直

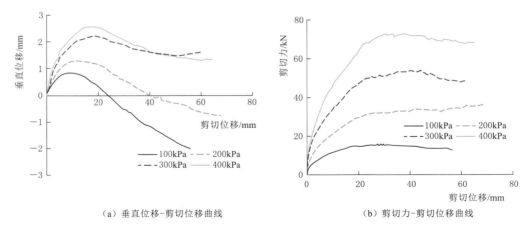

（a）垂直位移-剪切位移曲线　　　　　　　（b）剪切力-剪切位移曲线

图 5.13　垂直位移变化

变形变化可以视为体积变化，即在直接剪切试验过程中，试样体积也随水平位移增加而变化，一般而言，体积先压缩，达到最大值后开始膨胀，其值随水平位移增加而一直膨胀，且膨胀点的位置在峰值应力之前。

　　膨胀点可以作为试样即将达到剪切峰值应力的关键参考点，膨胀点对应的水平位移与正应力密切相关，膨胀点对应的水平位移随正应力的增加而增大，且膨胀点对应竖直位移越大其峰值应力也越大。

5.1.7　强度特征

5.1.7.1　剪切强度

　　在不同正应力、不同干湿循环条件下，粗粒土的剪切强度变化见图 5.14，图中 100kPa、200kPa、300kPa 和 400kPa 表示正应力的值。

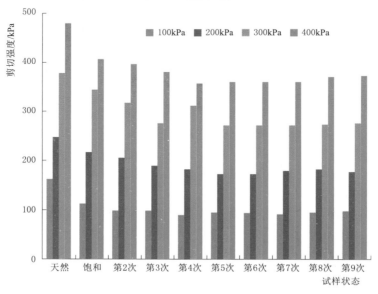

图 5.14　不同干湿循环条件下剪切强度变化

试验结果表明，在相同正应力、不同干湿循环条件下粗粒土的剪切强度分布特征不同，干湿循环次数对其抗剪强度影响分为 3 个阶段，在天然和饱和状态下强度较高，第 2～3 次干湿循环状态，强度次之，第 4～9 次，强度基本稳定。

5.1.7.2 抗剪强度指标

在相同干湿循环条件下，粗粒土正应力和剪切强度符合莫尔-库仑破坏准则，其拟合曲线见图 5.15。拟合结果表明，10 组方程的拟合方差分别为 0.99、0.98、1.00、1.00、0.97、1.00、0.99、0.99、0.99 和 0.99，方程拟合效果良好。

不同干湿循环条件下粗粒土的剪切强度及抗剪强度指标见表 5.3。结果表明，在相同干湿循环次数下，粗粒土剪切强度随着正应力增加而增大。干湿循环次数对粗粒土的抗剪强度指标黏聚力影响显著，且最主要影响为第 1 次干湿循环，第 2～4 次影响次之，第 5～9 次影响显著降低，基本保持稳定。天然状态下其黏聚力为 46.0kPa，干湿循环 1 次降至 16.5kPa，经过干湿循环 2 次后降至 5kPa 以下，再干湿循环后基本稳定在 2.0kPa 左右。干湿循环次数对粗粒土的抗剪强度指标内摩

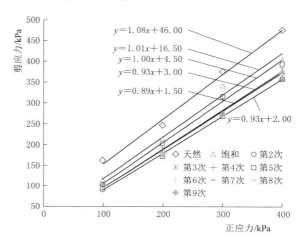

图 5.15　剪应力与正应力关系

擦角影响较小，在天然状态其内摩擦角为 47.3°，饱和后稍微降低至 45.4°，干湿循环后其值稍稍降低，干湿循环 2 次、3 次、4 次、5 次、6 次、7 次、8 次、9 次后其值为 45.0°、43.0°、43.0°、41.8°、41.8°、42.8°、42.4°和 42.7°。

表 5.3　　　　　　　　不同干湿循环条件下的剪切强度及抗剪强度指标

试样状态 /干湿循环	不同正应力下的剪切强度/kPa				黏聚力/kPa	内摩擦角/(°)
	100	200	300	400		
天然	161	247	377	477	46.0	47.3
第 1 次	112	215	343	406	16.5	45.4
第 2 次	100	205	316	396	4.5	45.0
第 3 次	98	190	276	380	3.0	43.0
第 4 次	89	181	312	355	2.0	43.0
第 5 次	95	173	270	360	1.3	41.8
第 6 次	94	171	268	358	0.5	41.8
第 7 次	93	178	273	360	2.0	42.8
第 8 次	95	182	273	370	1.0	42.4
第 9 次	97	176	275	372	0.8	42.7

5.2　干湿循环下填筑体力学特性及参数选取方法

　　大型直接剪切试验可以测定粗粒土特定截面的剪切性能，反映其变形及强度特征，但由于其破坏面是人为设定的，只能反映特定截面的力学特性，不能分析整个土样受力后响应特征，有较大的局限性。为了更加全面研究粗粒土试样在受力状态下变形及强度特性，开展其三轴压缩试验，分析其在三轴应力状态下力学性能是有必要的，尤其是研究填筑场地在库水位周期性上升和下降条件的力学性能，这对分析库区消落带内填筑场地变形和稳定是很重要的。

　　干湿循环作用下粗粒土的三轴压缩性能基于常规大型三轴试验，试验采用直径为 300mm、高度为 600mm 的圆柱样。试样及外围压力室、底座等，重量比较大，体积也较大，采用常规的试验手段实现试样干燥、饱和干湿循环很困难，如烘箱烘干法，试样大且重，几乎无法实现；自然晾晒和太阳暴晒等，耗时太长，试验困难。为了开展粗粒土在干湿循环条件下的大三轴试验，需要开发相应的试验装置，实现其干湿循环下的三轴试验，分析其相应条件下的应力-应变-强度特征，研究干湿循环下粗粒土的三轴压缩性能。

5.2.1　试验设备

　　粗粒土室内干湿循环下三轴压缩试验采用 SZLB-4 型应力式粗粒土三轴试验机，见图 5.16。

图 5.16　土体三轴试验机

　　该设备用于测定最大粒径为 60mm 粗颗粒土的三轴压缩性能，可以利用计算机伺服完成应力-应变曲线，测定粗粒土的抗剪强度、变形和残余强度，其主要参数为：

　　（1）圆柱试样尺寸（直径、高度）：$\phi300mm\times600mm$。

　　（2）竖直最大出力：1500kN；荷载分辨率：0.1kN。

　　（3）围压：0～3MPa，最大孔隙水压力 3MPa，最大反压 1.0MPa，压力分辨率 0.001MPa；稳压误差：0.5%FS。

　　（4）最大轴向行程：300mm；竖向电子位移计量程：300mm，位移分辨率 0.001mm，位移精度 0.5%FS。

5.2.2　试验方案

　　（1）试验方案设置：完成了 32 个干湿循环下大型常规三轴压缩试验，分为 8 组；试样状态分别为天然、第 1～7 次干湿循环。天然状态试样按照填筑体天然含水率制样，第 1 次干湿循环试样按照天然含水率制样后再经饱和，第 2 次干湿循环过程为试样按照天然含水量制作，经饱和、干燥、再饱和过程；其后干湿循环依次类推，具体的试验方案见表 5.4。

表 5.4   干湿循环下粗粒土三轴试验方案

组　数	不同围压下的干湿循环次数			
	100kPa	200kPa	300kPa	400kPa
第1组	天然	天然	天然	天然
第2组	1次	1次	1次	1次
第3组	2次	2次	2次	2次
第4组	3次	3次	3次	3次
第5组	4次	4次	4次	4次
第6组	5次	5次	5次	5次
第7组	6次	6次	6次	6次
第8组	7次	7次	7次	7次

（2）围压设置：三轴试验的围压设计为 100kPa、200kPa、300kPa 和 400kPa，加载速率为 50N/s。

（3）轴向最大荷载设置：轴向应力施加按照变形控制，加载速率为 1mm/min（规范建议以每分钟轴向应变为 0.1%～1% 的加载速率）；本次试验轴向最大加载按照轴向应变 20% 控制。参考土工相关试验规程的建议，有峰值时，试验应进行至轴向应变达到峰值出现后的 3%～5%；如无峰值时，则轴向应变达到 15%～20%。

5.2.3　试验方法

干湿循环作用下粗粒土的大型三轴固结排水剪切（CD）试验方法主要包括：试样制备、试样饱和、试样干燥、干湿循环模拟、加载方法、测试方法、结果处理及试样解剖。

（1）试样制备。粗粒土大型三轴固结排水剪切（CD）试验的制样采用分层夯实，每层 10cm，密度控制为 2.3g/cm³，根据成型筒的体积称土料的重量。称量采用 120kg 的台秤，精度 0.05kg 见图 5.17（a）。将称重土料放入套橡皮膜的成型筒中，先采用小锤初步夯实平整，然后放入垫板和木块采用重锤夯实，夯实过程中夯锤作用在厚木板和垫板上，击实至控制高度后用刮刀进行表面不平整处理防止产生预留凸凹不均，然后采用相同方法完成第二层到第六层夯实，击实效果见图 5.17（b），表面处理见图 5.17（c）。

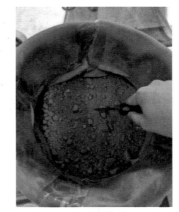

（a）磅秤　　　　　　　　（b）夯实　　　　　　　　（c）表面处理

图 5.17　制样

（2）试样饱和。试样采用注水饱和，通过三轴压力室底盘注水孔，连接自来水，注水时适当控制注水的速度，尽量排出土中的气体。为了使土体充分饱和，第一次饱和时要求水面超过土样 10cm，见图 5.18（a）；后续饱和时要求水面超过土样 5cm，见图 5.18（b）。第一次饱和时长大于 3h，后续饱和时长大于 2h。饱和完成后试样表面仍有少量存水，见图 5.18（c）；达到饱和时长后打开上、下排水放空，见图 5.18（d）。

　（a）注水　　　　　　　（b）饱水　　　　　　　（c）放水后　　　　　　　（d）饱和结果

图 5.18　试样饱和

（3）试样干燥。本次粗粒土大型三轴固结排水剪切（CD）试验试样的干燥，与普通小型试样不同，无法直接放入烘干箱，因此采用内置加热棒加热土样。加热棒长度 65cm，直径 1cm，采用电镐在试样中心区域造孔，然后插入附带温控系统的加热棒对试样进行干燥。加热棒深入土体 50cm，加热 12h，温控探头插入土体距加热棒 12cm 处，为防止加热棒周围土体因温度过高，控制温度为 90℃，探头附近土壤温度超过该值时，加热棒自动停止加热，当温度低于该值时，自动开始加热，加热棒及温控探头布置见图 5.19（a），加热效果良好见图 5.19（b）。

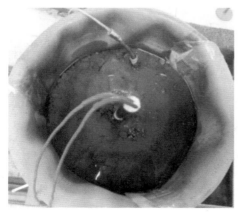 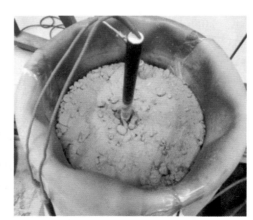

　　　　　（a）加热设备　　　　　　　　　　　　　　　（b）干燥效果

图 5.19　试样干燥

（4）干湿循环模拟。天然状态下填方体的力学性能：通过配制与填方体天然状态下相同含水量、相同密度的试样，模拟填方体压实后的天然状态，并对该试样开展大型三轴剪切试验。该组试验需要至少 4 个试样，其围压分别设置为 100kPa、200kPa、300kPa

和 400kPa。

第 1 次干湿循环下填方体的力学性能：首先配制与填方体天然状态下相同含水量、相同密度的试样，然后充水饱和，作为第 1 次干湿循环，对饱和后试样开展大型三轴剪切试验。该组试验需要至少 4 个试样，其围压分别设置为 100kPa、200kPa、300kPa 和 400kPa。

第 2 次干湿循环下填方体的力学性能：首先配制与填方体天然状态下相同含水量、相同密度的试样，然后充水饱和，作为第 1 次干湿循环；利用加热棒加热 10～12h；之后取出干燥棒等设备，再进行饱和，作为第 2 次干湿循环。第 2 次干湿循环三轴剪切试验需要至少 4 个试样，其围压分别设置为 100kPa、200kPa、300kPa 和 400kPa。

第 n 次干湿循环作用下填方体的力学性能模拟：首先制作天然状态下的试样，然后充水饱和，视为第 1 次干湿循环；对第 1 次干湿循环后试样利用加热棒加热 12h，再进行饱和，之后取出干燥棒等设备，视为完成第 2 次干湿循环。以此类推完成 n 次干湿循环，然后开展大型三轴固结排水剪切试验。

本次试验共 8 组，分别为天然状态，1～7 次干湿循环下的大型三轴固结排水剪切试样。每组试验 4 个试样，其围压分别设置为 100kPa、200kPa、300kPa 和 400kPa。

（5）加载方法。粗粒土的固结排水剪切（CD）试验通过 SZLB-4 型粗粒土三轴蠕变试验系统进行围压与轴向荷载加载，均通过试验系统实时伺服控制，设备加载控制系统见图 5.20。该试验系统可设定控制围压和轴向荷载的加载方式，本次试验轴向荷载的加载方式采用应变式控制，加载速率为 1mm/min，试验结束按照轴向应变 20% 控制，满足规范要求。

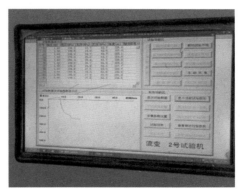

图 5.20　设备加载控制系统

国家标准《土工试验方法标准》（GB/T 50123—2019）规定：轴向荷载有峰值时，试验应进行至轴向应变达到峰值出现后 3%～5%。如无峰值时，则轴向应变达到 15%～20%。

行业标准《水电水利工程粗粒土试验规程》（DL/T 5356—2006）规定：当测力计出现峰值时，应剪切至轴向应变再增加 3%～5% 为止；当测力计无峰值时，应剪切至轴向应变达到 15%～20% 为止。

（6）测试方法。粗粒土三轴固结排水剪切试验主要测量轴向荷载、围压、孔隙水压力、轴向变形和体积变形，均通过计算机软件自动实时采集，可实时绘制荷载-轴向应变及体应变-轴向应变曲线，见图 5.20。

（7）结果处理。根据需要分别绘制应力差（$\sigma_1 - \sigma_3$）与轴向应变 ε_1 的关系曲线，示例见图 5.21；或者绘制有效主应力比（σ_1/σ_3）与轴向应变 ε_1 的关系曲线，示例见图 5.22；或者以体应变为纵坐标，轴向应变为横坐标，分别绘制某围压下体应变和轴向应变关系曲线。

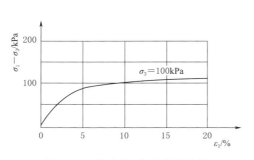

图 5.21　偏应力-应变曲线示例

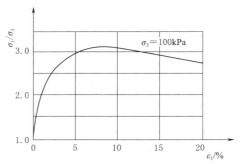

图 5.22　应力比-应变曲线示例

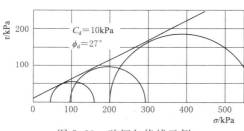

图 5.23　破坏包络线示例

破坏点的取值：以（$\sigma_1 - \sigma_3$）或（σ_1/σ_3）的峰值点作为破坏点，如（$\sigma_1 - \sigma_3$）或（σ_1/σ_3）均无峰值，应以应力路径的密集点或按一定轴向应变（一般可取 $\varepsilon_1 = 15\%$，经过论证也可根据工程情况选取破坏应变）相应的（$\sigma_1 - \sigma_3$）或（σ_1/σ_3）作为破坏强度值。

绘制不同围压下的莫尔应力圆，作各圆的公切线，得到相应的黏聚力和内摩擦角，示例见图 5.23。

（8）试样解剖。试验结束，解剖试样，部分试样可观察到有大颗粒受剪破碎，试样形态及破坏面特征见图 5.24。

图 5.24　试样形态及破坏面特征

5.2.4 试验步骤

以第 2 次干湿循环下的试样大型三轴固结排水剪切试验为例，说明试验的主要步骤，主要可以分为试验设备的检查与校核、制样、干湿循环的模拟、加载及测试、试验结果处理、破坏分析等 6 步。

（1）试验设备的检查与校核。试验前，需要对 SZLB-4 大型三轴试验仪进行检查与校核。检查内容主要为每次制样前应检查仪器性能是否正常，主要包括上、下排水是否顺畅，围压储能是否完成。校核 SZLB-4 大型三轴试验仪轴向荷载，检查其稳定性和灵敏性，并进行荷载率定。校核电子位移计的稳定性和灵敏性，并进行率定。

（2）制样。

1）土样筛分：将风干后的土样筛分，然后按照比重混合均匀配置好风干状态下的粗粒土料，质量应大于 87kg。

2）测含水率：取适量风干状态下的粗粒土料送入烘干室，在 105℃条件下烘干 24h 取出测其含水率。

3）配置 5% 初始含水率的粗粒土料：依据测得的含水率经计算后分多次加入适量的水并混合均匀使粗粒土料含水率达到 5%。

4）安装橡皮膜并用钢圈固定，然后用刚性壁束缚，检查橡皮膜是否破损，确保橡皮膜完好后固定橡皮膜，并保证其密封性。

5）分层制样：放入土工滤布，每层取 14.5kg 配置好的粗粒土料，分 6 次加入土样，采用人工击实至每层高 10cm，保证其密度为 2.3g/cm³ 左右，并在下一层加入土料前对其表面做粗糙处理防止产生预留结构面。

（3）干湿循环的模拟。从下部底盘慢慢注入自来水，进行试样的饱和工作。试样饱和过程中可观察到有少量气泡溢出，注意控制注入水的速度，尽量使气泡从土体中完全排出。第一次饱和时水位以水面超出土样 10cm 左右为准，饱和时间大于 3h，视为土样完全饱和。后面 1 次干湿循环饱和时水位以水面超出土样 5cm 左右为准，饱和时间大于 2h，视为土样完全饱和。

试样饱和后，在其中部位置，利用电镐在其中心位置造孔，插入加热棒，另外置入土样温度计，控制温度，见图 5.25。加热 12h 后，土样视为干燥。然后关闭加热棒，待加热棒温度降至常温后方可进行试样饱和工作，干湿循环完成后，拔出加热棒并填充土料补全钻孔。然后在试样上部放置土工滤布，刚性垫块和传力柱。

（4）加载及测试。将制备好的试样推进压力室并打开进水阀和出水阀，对压力室充水，待出水阀有水柱流出后关闭各阀门。

1）打开"围压输出""升压"开关，调节"水罐供水"使围压维持在 60～80kPa，然后关闭"水罐供水"并打开"压力室悬停""压力室快升降"开关，将"手动轴向加载"开关打到"上升"位置，当轴向荷载为正数时关闭上面三个开关。

2）调节体变管内水的高度大致在试样中部，然后打开电脑操作系统，选择试验方式和试验参数保存后点击"进入试验"，点击"试验准备""固结试验开始"。

3）增大"围压输出"和"升压"开关阀门，然后在电脑操作系统输入围压、加载方式（应变控制）及加载速率（1mm/min）后点击确定，当围压均匀上升或达到设定值时

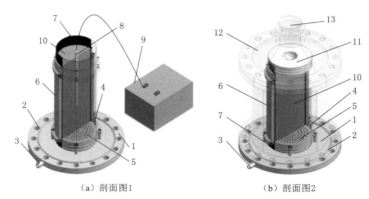

（a）剖面图1　　　　　　　　　　（b）剖面图2

图 5.25　试样的加热装置详图

1—底座；2—止水胶垫；3—出水口；4—进水口；5—透水板压力室；6—对开式制样器；7—水晶膜；
8—加热棒；9—自动跳闸装置；10—粗粒土试样；11—传力盖板；12—压力室；13—传力柱

打开上、下排水，当固结曲线趋于平缓时关闭上、下排水，固结完成。

4）在电脑操作系统上点击"剪切试验开始"，打开仪器上的"压力室悬停"，然后在电脑操作系统上输入围压、加载方式（应变控制）及加载速率（1mm/min）后点击确定，当轴向应变达到20%时（120mm）剪切完成点击"试验结束"。

5）关闭上、下排水，打开围压"降压"，关闭围压"升压"，然后打开"压力室悬停""压力室快升降"并调节"手动轴向加载"开关至"下降"位置，打开压力室上的进水阀和出水阀，当压力室水排出去完毕且小车降到能推动时关闭各种开关。

6）进行围压储能，打开围压"降压"和"水罐供水"开关12h，当关闭"水罐供水"开关后围压不变则储能完成。

7）对剪切后的试样测量变形量并拆除，解剖观察。然后对试样进行风干晾晒，重复使用。

8）固结时当围压达到控制值后打开上、下排水，当试样体积变化平稳时视为固结完成。然后关闭上、下排水，进行剪切试验参数设置，加载方式仍为应变式控制，加载速率为1mm/min。剪切试验一开始立即打开上下排水直至试验结束，加载结束按照试样高度的20%（轴向位移120mm）控制，满足规范要求。

（5）试验结果处理。分别以偏应力和体应变为纵坐标，轴向应变为横坐标，分别绘制某围压下偏应力和轴向应变关系曲线、体应变和轴向应变关系曲线。

绘制不同围压下的莫尔应力圆，作各圆的公切线，得到相应的黏聚力和内摩擦角。

（6）破坏分析。轴向应变达到3%之前，偏应力近似线性增加，3%~10%偏应力仍有较大增加，但增长幅度逐渐减小，轴向应变10%以后偏应力基本稳定。体应变表现为先剪缩后剪胀，且转折点对应的轴向应变与偏应力接近稳定时对应的轴向应变一致。随着围压的增加，偏应力近似线弹性段，曲线上升段，及稳定段最大值均增加，各阶段对应的轴向应变也相应变大，但趋势不变。随着干湿循环次数的增加，偏应力线弹性段，曲线增长段及稳定段最大值均减小，各阶段对应的轴向应变也相应减小；但随着干湿循环次数的增加，体应变规律不明显。

5.2.5　破坏特征

试样破坏后出现典型的"鼓肚"现象，即中间部位侧向明显膨胀，而两端侧向变形较小，见图 5.26（a），解剖试样，可观察到有大颗粒受剪破碎，见图 5.26（b）。

（a）"鼓肚"　　　　　　　　　　（b）部分大颗粒破碎

图 5.26　破坏特征

5.2.6　变形特征

5.2.6.1　不同干湿循环次数的变形特征

（1）曲线总体分布特征。在相同围压下，不同干湿循环条件下粗粒土的偏应力-轴向应变曲线见图 5.27，图中 100kPa 表示围压为 100kPa，G 表示天然状态，S 表示饱和状态，即第 1 次干湿循环，GS2 表示干湿循环 2 次。

试验结果表明，在相同围压、不同的干湿循环条件下，粗粒土的偏应力-应变曲线总体特征相同。三轴应力下粗粒土典型偏应力-应变曲线主要分布近似直线上升段（OA），曲线上升段（AC）和近似水平段（CD），见图 5.28。近似直线上升 OA 段，偏应力随着轴向应变增加而近似线性增加，试样体积一直被压缩，呈现近似弹性性能。曲线上升段 AC，可进一步分为 AB 段和 BC 段，在 AB 段，偏应力随着轴向应变增加而非线性增加，试样体积一直被压缩，试样内部开始出现细小裂纹，但属于稳定破裂；在 B 点，试样体积压缩至最小，之后由压缩转化为膨胀，B 点称为体积扩容点，在 B 点之后，试样由稳定破裂转化为非稳定破裂，可作为试样破坏的起始点。在 B 点之后，继续加载，试样承受的应力仍可增加，但已经迫近峰值应力，在此阶段，变形急剧增加，而应力增加缓慢。到达峰值点 C 后，应变继续增加而应力基本保持稳定，应力-应变曲线呈现近似水平，表现为较理想的硬化。

试验结果表明，在相同围压条件下、不同干湿循环次数对粗粒土偏应力-应变曲线总体分布特征影响不同，总体而言，第 1 次干湿循环影响最大，第 2 次次之，第 3 次更次，第 4～7 次影响很小。如在 100kPa 围压下，在天然、饱和条件下，试样偏应力-应变曲线最为饱满，近似直线上升段最长，峰值点最高；在围压 200kPa、300kPa 和 400kPa 下，偏应力-应变曲线分布特征与围压 100kPa 下的类似。

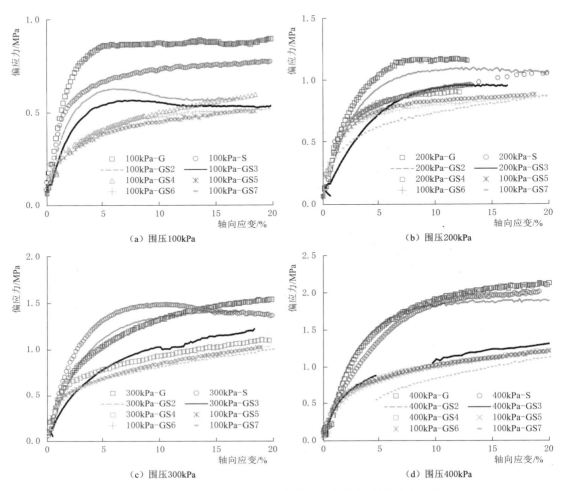

图 5.27 相同围压下干湿循环条件下的偏应力-轴向应变曲线

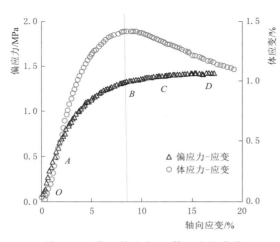

图 5.28 典型偏应力-（体）应变曲线

（2）峰值应变。试验结果也表明，在相同围压、不同的干湿循环条件下，粗粒土偏应力-应变曲线的峰值应变基本相同（由于在常规三轴应力下，其偏应力-应变曲线的峰值点不明显，把首次出现最大应力的点定义为峰值点，对应的应变为峰值应变），即不受试样干湿循环次数的影响。在100kPa、200kPa、300kPa 和400kPa 等 4 种围压下，经历天然、第 1～7 次干湿循环之后的常规三轴作用下，其峰值应变基本相同，其值分别约为 5%、7%、9%、11%。

（3）初始切线模量和峰值点割线模

量。根据在相同围压、不同干湿循环条件下粗粒土的偏应力-应变曲线结果分析，曲线初始段表现为近似直线上升段，该段的斜率可作为其初始切线模量；峰值点与原点的斜率作为峰值点割线模量。在相同围压、不同干湿循环条件下粗粒土的初始切线模量、峰值点割线模量结果见表5.5，试验结果表明：

表5.5　　　　　　　　　　　　初始切线模量和峰值点割线模量统计结果

试样状态	不同围压下初始切线模量/MPa				不同围压下峰值点割线模量/MPa			
	0.1	0.2	0.3	0.4	0.1	0.2	0.3	0.4
天然	29	35	45	50	18	16	13	15
干湿循环1次	25	35	44	45	14	12	14	15
干湿循环2次	23	29	33	44	12	12	12	13
干湿循环3次	18	15	25	36	12	12	11	9
干湿循环4次	14	27	29	31	9	11	9	8
干湿循环5次	14	27	29	31	9	11	9	8
干湿循环6次	14	27	29	31	8	10	8	8
干湿循环7次	14	27	29	31	7	9	8	8

1）在相同围压下，随着干湿循环次数的增加，粗粒土的初始切线模量逐渐降低，但降低幅度均较小，如围压为100kPa，随着试样由天然、1～7次干湿循环变化，其初始切线模量分别由29MPa逐渐减少为25MPa、23MPa、18MPa、14MPa、14MPa、14MPa和14MPa，但每次降低值较小，每级递减0～4MPa，第1次干湿循环后，其值减小最为明显，以后降低的较少；表明随着干湿循环次数的增加，斜率有所减小但变化并不显著；在围压为200kPa、300kPa和400kPa，其规律与围压为100kPa的类似，但其值均高于100kPa下相应的值。

2）在相同的干湿循环条件下，随着围压的增加，粗粒土的初始切线模量逐渐增加，如在天然状态下，随着围压从100kPa增加至200kPa、300kPa和400kPa，其初始切线模量由29MPa增加至35MPa、45MPa和50MPa；在1～7次，也表现为随着围压的增加，其初始切线模量也增大特征。说明粗粒土的初始弹性性能随围压增大而增强。

3）在相同围压下，随着干湿循环次数的增加，粗粒土的峰值点割线模量逐渐降低，但降低幅度均较小，如围压为100kPa，随着试样由天然、干湿循环1～7次变化，其初始切线模量分别由18MPa逐渐递减为14MPa、12MPa、12MPa、9MPa、9MPa、8MPa和7MPa，第1次干湿循环后，其值减小最为明显，以后降低的较少，每级递减2～4MPa，表明随着干湿循环次数的增加，割线斜率有所减小但变化并不显著，第1次与第2次干湿循环后降低最为明显，其后干湿循环影响较小；在围压为200kPa、300kPa和400kPa，其规律与围压为100kPa的类似，但其值均高于100kPa下相应的值。

4）在相同的干湿循环条件下，随着围压的增加，粗粒土的峰值割线模量基本变化不大，如在饱和状态下，随着围压从100kPa增加至200kPa、300kPa和400kPa，其初始切线模量由14MPa变化为12MPa、14MPa和15MPa；在天然、干湿循环1～7次，峰值割线模量受围压影响也较小。说明粗粒土的峰值点割线模量受围压的影响较小。

5.2.6.2　不同围压下的变形特征

（1）总体分布特征。在相同的干湿循环次数、不同围压下粗粒土的偏应力-轴向应变曲线见图 5.29，图中 100kPa、200kPa、300kPa 和 400kPa 表示围压的值。

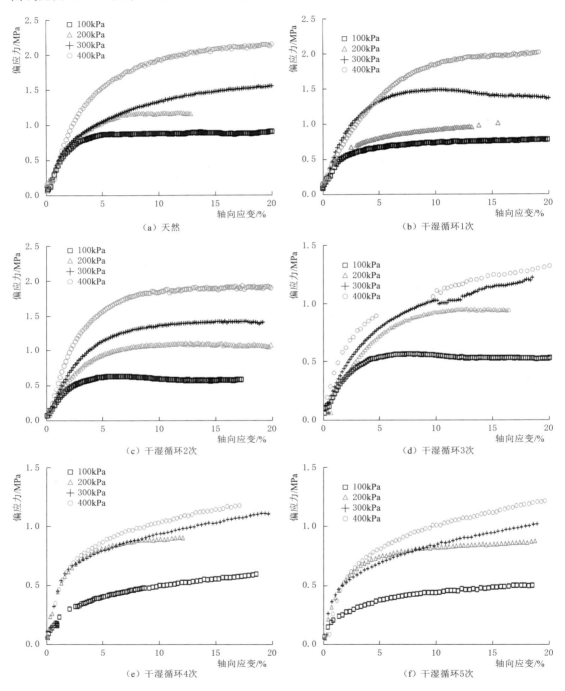

（a）天然

（b）干湿循环1次

（c）干湿循环2次

（d）干湿循环3次

（e）干湿循环4次

（f）干湿循环5次

图 5.29（一）　不同干湿循环下偏应力-轴向应变曲线

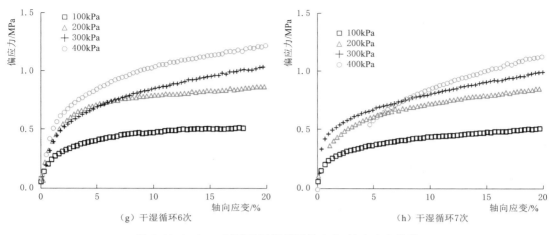

图 5.29（二）　不同干湿循环下偏应力-轴向应变曲线

试验结果表明，在相同干湿循环条件下，随着围压的增加，粗粒土的偏应力-应变曲线总体特征相同。典型的偏应力-应变曲线主要分布近似直线上升段，曲线上升段和近似水平段，没有明显的峰值点，没有明显的下降段，表现为近似理想的硬化。随着围压由 100kPa 增加至 200kPa、300kPa 和 400kPa，其偏应力-应变曲线的近似直线上升段增加，峰值应力和峰值应变增加，峰值后曲线均呈现为近似理想的硬化。

（2）峰值应变。试验结果也表明，在相同的干湿循环条件下，粗粒土偏应力-轴向应变中的峰值应变随着围压的增加而增大，基本不受试样干湿循环次数的影响。试验中 4 个围压下，经历天然、第 1～7 次干湿循环之后的常规三轴试验，其峰值对应应变基本相同，在 100kPa、200kPa、300kPa 和 400kPa 围压下，对应的峰值应变分别约为 5%、7%、9% 和 11%。

（3）体积变形特征。在相同干湿循环次数、不同围压条件下典型粗粒土的体应变-轴向应变曲线见图 5.30。

试验结果表明，在不同围压下，试样的体应变-轴向应变曲线总体分布特征类似。总体而言，体应变随着轴向应变的增加而增大，增至最大值后开始回弹，即试样体积随着轴向压缩的增加，初始为压缩，达到压缩最大值（体积最小，称为体积膨胀点，也称膨胀起始点，膨胀点）后开始膨胀，且膨胀点的位置在峰值应力之前。

膨胀点可以作为试样即将迫近峰值应力的关键参考点，膨胀点出现后，试样进入了非稳定破裂阶段。膨胀点的大小和出现的时机与围压及干湿循环的次数密切相关。在相同围压下，膨胀点对应的轴向应变和体积应变随着干湿循环次数的增加而减小；在相同的干湿循环次数下，试样膨胀点对应的轴向应变和体积应变随着围压的增加而增大。在围压 200kPa 下，经历第 1 次（饱和）、第 2 次和第 3 次干湿循环后，粗粒土的膨胀点体应变由约 2.23% 降至 0.52% 和 0.57%，在围压 300kPa 下，经历第 1 次（饱和）、第 2 次和第 3 次干湿循环后，粗粒土的膨胀点体应变由约 4.73% 降至 2.36% 和 1.38%。在第 3 次干湿循环下，随着围压从 100kPa，增加至 200kPa、300kPa 和 400kPa，粗粒土的膨胀点体应变分别为 0.37%、0.58%、1.39% 和 1.17%。结果表明，干湿循环次数降低了粗粒土的膨胀点体

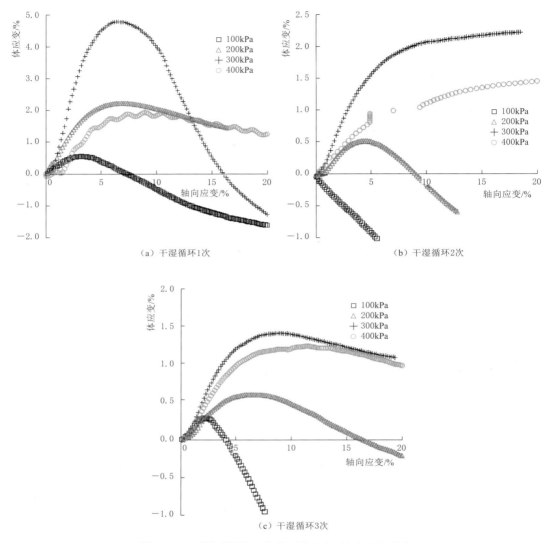

图 5.30　不同干湿循环条件下体应变-轴向应变曲线

应变值，降低了其抗裂性能；围压增强了其膨胀点体应变值，增强了其抗裂性能。

5.2.7　强度特征

5.2.7.1　剪切强度

在不同围压、不同干湿循环条件下粗粒土的剪切强度变化见图 5.31。干湿循环条件与围压显著影响粗粒土的三轴压缩强度，详述如下：

（1）在不同干湿循环次数、相同围压下的剪切强度特征。试验结果表明，在相同围压、不同干湿循环条件下粗粒土的剪切强度分布特征不同，干湿循环次数对其剪切强度影响分为 3 个阶段，在天然状态下强度较高，第 1 次、第 2 次干湿循环状态，强度次之，第 3 次、第 4～7 次，强度基本稳定，影响较小。如在围压为 100kPa 条件下，粗粒土在天然、干湿循环 1～7 次状态，其三轴偏应力峰值强度分别为 0.86MPa、0.67MPa、

0.62MPa、0.56MPa、0.52MPa、0.51MPa、0.50MPa 和 0.50MPa，分别为天然状态下的 78%、72%、65%、60%、59%、58% 和 58%。说明干湿循环次数的增加降低了粗粒土的强度，且第 1 次、第 2 次干湿循环影响程度最高，对土体内部结构影响最大，以后干湿循环次数对土体内部结构影响降低。

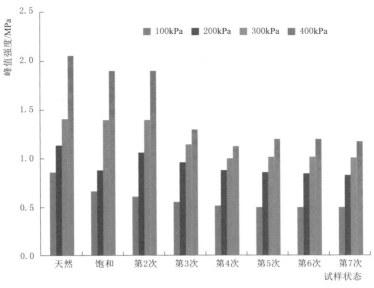

图 5.31 不同干湿循环条件下剪切强度变化

（2）在相同干湿循环次数、不同围压下的剪切强度及抗剪强度指标。试验结果表明，在相同干湿循环条件下，粗粒土的剪切强度随着围压的增加而增大。如在干湿循环第 2 次条件下，随着围压从 100kPa 增加至 200kPa、300kPa 和 400kPa，粗粒土三轴偏应力峰值强度分别为 0.62MPa、1.06MPa、1.36MPa 和 1.90MPa；其余在天然状态、饱和等条件下，也有相同的规律，说明围压增强了粗粒土的强度，在试样干湿循环状态下，侧向约束增加改良了土体的内部结构，增强了土体抗剪切破坏的能力。

5.2.7.2 抗剪强度指标

在相同干湿循环条件下，粗粒土的第一主应力和第三主应力符合莫尔-库仑破坏准则。不同干湿循环条件下粗粒土的剪切强度及抗剪强度指标见表 5.6。

表 5.6   不同干湿循环条件下粗粒土的剪切强度及抗剪强度指标

试样状态	不同围压下剪切强度/kPa				黏聚力/kPa	内摩擦角/(°)
	100	200	300	400		
天然	860	1140	1410	2070	79.2	43.4
饱和	670	890	1400	1900	36.2	42.6
第 2 次	620	1060	1360	1900	34.1	42.4
第 3 次	560	960	1150	1300	35.6	42.1
第 4 次	520	880	1010	1130	33.0	41.5

续表

试样状态	不同围压下剪切强度/kPa				黏聚力/kPa	内摩擦角/(°)
	100	200	300	400		
第 5 次	510	860	1020	1200	31.2	40.3
第 6 次	500	840	1010	1200	31.0	40.1
第 7 次	500	830	1010	1180	30.8	40.0

结果表明，在相同干湿循环次数，粗粒土剪切强度随着围压增加而增大。干湿循环次数对粗粒土的抗剪强度指标黏聚力影响显著，且最主要影响为第 1 次干湿循环，第 2~7 次干湿循环，影响显著降低；干湿循环次数对粗粒土的抗剪强度指标内摩擦角影响较低。粗粒土在天然状态黏聚力为 79.2kPa，经过第 1~7 次干湿循环后，其值分别为 36.2kPa、34.1kPa、35.6kPa、33.0kPa、31.2kPa、31.0kPa 和 30.8kPa，分别为天然状态下的 46%、43%、45%、42%、39%、39% 和 39%；而内摩擦角由天然状态的 43.4°，经过第 1~7 次干湿循环后，其值分别为 42.6°、42.4°、42.1°、41.5°、40.3°、40.1° 和 40.0°，分别为天然状态下的 98%、98%、97%、96%、93%、92% 和 92%。

5.3 砂石料填筑体破坏准则

5.3.1 粗粒土的剪切机理及破坏准则研究现状

5.3.1.1 粗粒土的剪切机理

粗粒土的剪阻力主要受颗粒间的摩擦、剪胀、颗粒重新排列和颗粒破碎这四种因素的影响。在整个剪切过程中，与外部荷重平衡的是作用于接触面的正应力和摩擦阻力。这说明粗粒土的抗剪强度的基本机理在于颗粒间的摩擦现象，所以颗粒间的摩擦作用在支配抗剪强度的诸因素中处于主要的地位。

伴随着剪切变形一般还会出现明显的体积变化，即发生剪胀现象。经过体积膨胀（或压缩），粗粒土的咬合状态会向更为稳定的方向发展，确保其结构能承受更大的外力。随着剪切变形的发展，颗粒之间将发生滑动和滚动，即颗粒发生了重新排列，不断向着新的结构状态转化，直至出现峰值强度。重新排列的结果必然是强化其承载结构，所以在轴向应变增大的同时，主应力差也在不断上升。由于颗粒重新排列，不仅要消耗一部分能量于可观察到的体积变化，而且同时会产生从外部无法直接看到的结构变化。一般把体积变化视为剪胀效应，而把无体变的结构变化视为颗粒重新排列的效果。如果不考虑颗粒破碎的影响，抗剪强度可看成颗粒间的摩擦分量和重新排列以及剪胀效应的强度分量的叠加。粗粒土处于密实状态时，大小颗粒相互填充密实，颗粒挤得很紧，在剪切过程中，颗粒在剪切面要发生滑动和滚动，甚至翻越邻近颗粒，必然要产生剪胀变形，克服剪胀效应的能量增大。粗粒土越密实，剪胀效应的贡献越大，而达到临界孔隙比时剪胀效应则消失。相反，接近最小孔隙比时重新排列的贡献可忽略不计，当孔隙比增大时它也增大。颗粒间摩擦分量则与孔隙比无关，被视为常量。

粗粒土在压实和剪切过程中，即使外加的能量和周围压力并不十分大，也很容易发生颗粒破碎。很多研究表明，颗粒破碎同颗粒的大小、形状、强度、级配、密度、受力情况等因素有关。在研究粗粒土的力学性质时，颗粒破碎是不可回避的问题。一旦产生颗粒破碎，粗粒土原先所具备的承载结构将被破坏，从而导致颗粒间接触点荷重的重新分配。由于接触点应力集中现象被缓解，使得接触点荷重分布平均化，形成了更为稳定的结构，但同时颗粒间的内部联结变弱，颗粒移动变得相对容易，反而阻碍了剪胀效应的发挥，所以会引起内摩擦角降低。

剪胀和重新排列本质上都是颗粒间的相对移动，都关系到颗粒间相互约束的强度，可合称为"咬合效果"。抗剪强度的大小可以看作是由颗粒间的摩擦力大小、咬合强弱和颗粒破碎的难易程度这三者的复合作用所决定的。

5.3.1.2　粗粒土的强度破坏准则

岩土材料的强度破坏问题是岩土力学的核心课题。为了判别岩土体所处应力状态下的稳定性，常常利用其破坏准则。目前，广泛应用的强度准则有莫尔-库仑准则、Drucker-Prager 弹塑性模型的屈服准则，以及 Matsuoka-Nakai 强度准则。这些准则均给出了岩土材料强度破坏时主应力单元内某空间滑动面上应力条件服从的规律，它们涉及的剪切空间滑动面具有不同的特征。

（1）莫尔-库仑准则描述的岩土材料剪切滑动面与大、小主应力平面正交，且与大主应力作用面之间的夹角为 $45°+\varphi/2$。如果假定该面上的抗剪应力与法向正应力比值为常数，则可得到无黏性土的莫尔-库仑强度准则；如果在主应力中叠加上由黏聚力确定的抗拉强度，则可得到黏性土的莫尔-库仑强度准则。这种剪切滑动面在密实砂土和硬黏土圆柱状试样的轴对称三轴压缩剪切破坏试验中得到了验证。

（2）应力空间内莫尔-库仑准则强度面的内切圆锥准则就是常用的 Drucker-Prager 屈服准则。它实际上描述了剪切破坏时，岩土材料主应力单元八面体面上的应力条件服从的规律。即，岩土材料破坏时该面上抗剪应力和法向正应力比值为常数，从而建立了土材料破坏时主应力状态表述的数学模型。尽管已有的真三轴试验中未能实际测得土单元的剪切破坏面与八面体面一致，但将其作为一个空间滑动面来研究土的强度规律，还是在实际岩土工程中得到了应用。

（3）Matsuoka-Nakai 应用莫尔-库仑准则关于剪切破坏面的几何关系，进一步考虑了中主应力对强度规律的影响，提出了一种随土剪切破坏时主应力状态变化的变法向空间滑动面（Spatially Mobilized Plane）。当正交六面体主应力单元的一个角点位于三维几何空间坐标轴的原点，且与单元体的主应力轴一致时，则该空间滑动面与三维几何空间坐标轴依次相交，在该空间滑动面上，Matsuoka 和 Nakai 研究了无黏性土破坏时应力条件服从的规律，并假定该面上剪应力与法向应力之比为常数，建立了 Matsuoka-Nakai 强度准则。Matsuoka-Nakai 强度准则的空间滑动面在中主应力平面内，即可得到滑动面与大主应力作用面之间的夹角为 $45°+\varphi/2$，与莫尔-库仑准则描述的空间滑动面一致。随着所面临工程条件的复杂化，越来越多新的强度准则被提出和应用。

罗汀等[74] 基于 SMP 准则和佐武的平面应变条件，推导了摩擦材料的平面应变强度公式。通过引入黏聚力，推导出适应于具有黏聚力材料的平面应变强度公式。

刘恩龙等[75-76] 为了克服多数强度准则是建立在重塑土或扰动土的基础上，不能很好地反映结构性土的强度变化规律的问题，在大量的结构性土强度试验资料的基础上，分析了结构性土的强度变化规律和机理，基于考虑结构性岩土材料破损机理的二元介质模型概念，通过引入随应力状态变化的剪切抗力贡献率参数，建立了结构性土的强度准则，并对准则中参数的变化对强度规律的影响进行了分析。

吕玺琳等[77] 采用椭圆形角隅函数对莫尔-库仑准则进行三维化，建立了适合于无黏性土的三维强度准则，该准则能合理反映峰值内摩擦角随中主应力比的变化特性，并以垂直与平行于土体沉积面方向的强度之比引入层状各向异性系数，根据主应力轴与土体沉积面方向关系修正角隅函数，提出了一个适用于层状各向异性无黏性土的三维强度准则。

姚仰平等[78] 基于横观各向同性土的强度随 SMP 面（空间滑动面）和沉积面的夹角减小而变小这一假设，建立横观各向同性土的峰值强度表达式，提出了一个关于横观各向同性土的峰值强度和应力张量函数的各向异性变换应力张量。在各向异性变换应力空间，横观各向同性土体被认为是各向同性材料。将变换应力与 SMP 准则结合，建立了横观各向同性土的三维破坏准则。

刘洋[79-80] 采用散粒材料的宏细观力学分析方法，在颗粒水平研究砂土的诱发各向异性强度特性，提出了砂土各向同性与应力诱发各向异性强度的区别与联系，分析了三种强度准则在考虑诱发各向异性方面的差异，基于三轴压缩与三轴伸长破坏各向异性发展的不同，建立了考虑中主应力影响的简单破坏应力比-组构关系，从微细观角度建立了砂土应力诱发各向异性强度准则。

路德春等[81] 基于微观结构张量法，通过引入滑动面的概念，以大主应力垂直作用于水平沉积面时应力空间与物理空间重合为基准，利用三维滑动面与沉积面之间的相对位置关系，并综合方向角方向上的强度变化规律，提出了三维横观各向同性强度参数。将其与 Matusoka – Nakai 强度准则相结合，得到了横观各向同性土的三维强度准则。

田雨等[82] 用修正应力法考虑各向异性对土的抗剪强度的影响，引入组构张量调整不同方向应力分量的相对大小，使得各向异性土在修正应力空间中等效成各向同性土。用修正应力张量代替真实应力张量，将莫尔-库仑强度准则发展至横观各向同性，公式的形式不发生改变，强度参数仍为与加载方向无关的常量。

邵生俊等[83-84] 运用莫尔-库仑准则描述土剪切破坏面和 Matusoka – Nakai 剪切空间滑动面的确定方法，分别建立了轴对称压缩和挤伸两组定法向剪切空间滑动面。依据空间滑动面上抗剪应力与法向正应力呈正比的线性关系，针对轴对称压缩、挤伸剪切空间滑动面，分别建立了各向同性、各向异性条件下土的强度准则，分析了不同强度准则应力空间描述的强度破坏面，并用来分析黄土的强度特性。之后，应用已有强度准则关于土单元剪切破坏时空间滑动面的概念，提出了一种新的空间滑动面，其与三维几何空间坐标轴的交点，建立了土的强度准则，并与 Lade – Duncan 准则进行了对比，从而揭示了 Lade – Duncan 强度准则的物理本质基础[85]。

施维成等[86-87] 将粗粒土等 σ_3 面上的破坏准则、莫尔-库仑破坏准则、粗粒土的应力不变量破坏准则、Lade – Duncan 破坏准则、Matsuoka – Nakai 破坏准则这 5 种破坏准则绘制出在 π 平面上的破坏线，验证其对粗粒土的适用性。结果显示，粗粒土等 σ_3 面上的破坏准则由于考虑了中主应力的影响，比莫尔-库仑破坏准则更符合试验结果，且可以较方便地考虑粗粒土的强度非线性；粗粒土的应力不变量破坏准则介于 Lade - Duncan 破坏准则和 Matsuoka - Nakai 破坏准则之间，与试验结果较接近。

张玉等[88-89] 应用莫尔-库仑、Lade - Duncan、广义 Mises、Matsuoka - Nakai、AC - SMP 强度准则，以及平面应变条件和相关联流动法则，建立了平面应变条件下土的强度准则，并将其应用于黄土工程问题中。

郑颖人等[90] 建立适应双向受力下岩土类摩擦材料的空间莫尔应力圆理论，将基于传统空间莫尔应力圆理论的等强度能量强度准则发展为变强度能量强度准则，这一准则能很好地反映岩土类摩擦材料在双向受力条件下的强度特性。

曹威等[91] 分析了强度发挥的物理机制，定义了一个新的无量纲各向异性参量，用于度量应力张量与组构张量的相对方位，并利用该各向异性参量将 SMP 准则推广，得到一个新的适用于横观各向同性砂土的强度准则。

高凌霞等[92] 以莫尔-库仑准则为基础，与理想排列方式不同饱和阶段的强度特征匹配良好。考虑土颗粒并不是大小一致的球形，且颗粒的级配具有多样性和复杂性等特点后，建立了以基质吸力为参数的连续可导的强度公式，并进一步给出了与非饱和性相关的吸力摩擦角及其发展规律。

郑国锋等[93] 考虑体变对非饱和土土-水状态的影响，将状态曲面函数引入传统的 Vanapalli 强度公式得到与孔隙比相关的抗剪强度准则，新准则使用饱和土的强度参数和两条不同孔隙比对应的土-水特征曲线。

陈昊等[94] 基于材料三剪强度准则和非饱和土力学特性，提出了非饱和土的单应力变量和双应力变量三剪强度准则，通过改变准则中的主应力影响系数 b，所提准则就可以对其他强度准则进行非线性近似表达。适用于各种复杂应力状态下的非饱和土体，也能反映非饱和土单轴抗拉抗压强度不等的特征。

张振平等[95] 根据中高含石量混合体与破裂岩体在力学特征和组构成分上的相似性，参考广义 Hoek - Brown 非线性强度准则，建立可以表述土石混合体力学特征的非线性强度准则。以块石含量、土石接触面强度及组分力学特性为混合体强度的主要影响因素，利用含石量和混合体单轴抗压强度，并借助特征参数 A、扰动参数、地质参数 G 等参数指标对上述影响因素进行描述。

综上所述，尽管已经提出诸多新的强度准则，但这些强度准则基本上是基于某些性状的特殊土，如无黏性土或重塑土，或特定的测试设备（如直接剪切试验，无侧限）建立，都有一定的局限性。由于莫尔-库仑破坏准则方程简单，物理意义明确，精度较高，方便易用，在描述土体的强度准则中仍是广泛使用，因此在对干湿循环条件下粗粒土的分析时，首先还是采用莫尔-库仑强度准则进行分析。

5.3.2　莫尔-库仑破坏准则

莫尔-库仑理论认为，在土体应力单元中如果某个面上的剪应力达到面的抗剪强度，则该点破坏，其方程表达式为

$$\tau_f = c + \sigma_f \tan\varphi \tag{5.1}$$

式中　τ_f——某个面破坏时的剪应力；

c——土体的黏聚力；

σ_f——某个面破坏时的正应力;

φ——土体的内摩擦角。

当抗剪强度参数一定时，一点破坏与否将取决于该点的最大主应力和最小主应力的关系。在土体中一点任一截面的应力可以用莫尔应力圆表达，即最大主应力与最小主应力符合以下公式：

$$\sigma_1 = \sigma_3 \tan^2\left(45° + \frac{\varphi}{2}\right) + 2c\tan\left(45° + \frac{\varphi}{2}\right) \tag{5.2}$$

当莫尔应力圆与破坏线相切时，土体刚好达到极限状态，其破坏方程式为

$$\sigma_{1f} = \sigma_{3f} \tan^2\left(45° + \frac{\varphi}{2}\right) + 2c\tan\left(45° + \frac{\varphi}{2}\right) \tag{5.3}$$

土体的抗剪强度指标、黏聚力 c 和内摩擦角 φ，可以通过三轴试验获得。本次试验采用土体的固结排水三轴压缩试验，5 组试验结果拟合见图 5.32，得到的参数见表 5.7。

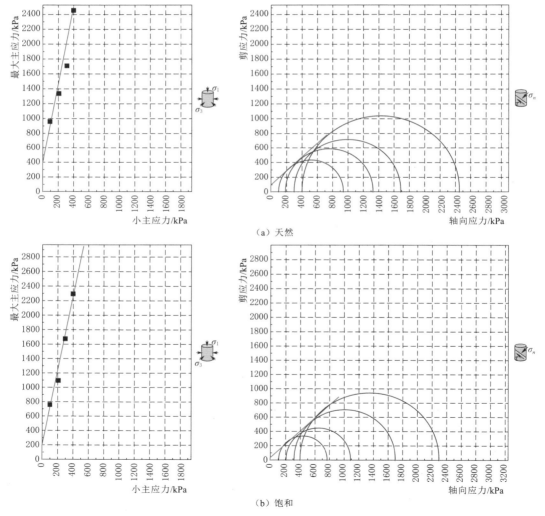

图 5.32（一）　不同干湿循环下土体的莫尔-库仑结果

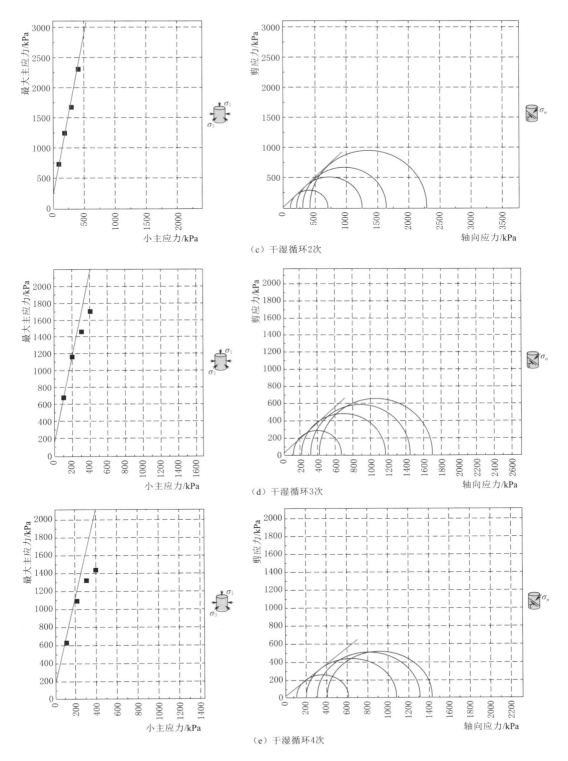

（c）干湿循环2次

（d）干湿循环3次

（e）干湿循环4次

图 5.32（二）　不同干湿循环下土体的莫尔-库仑结果

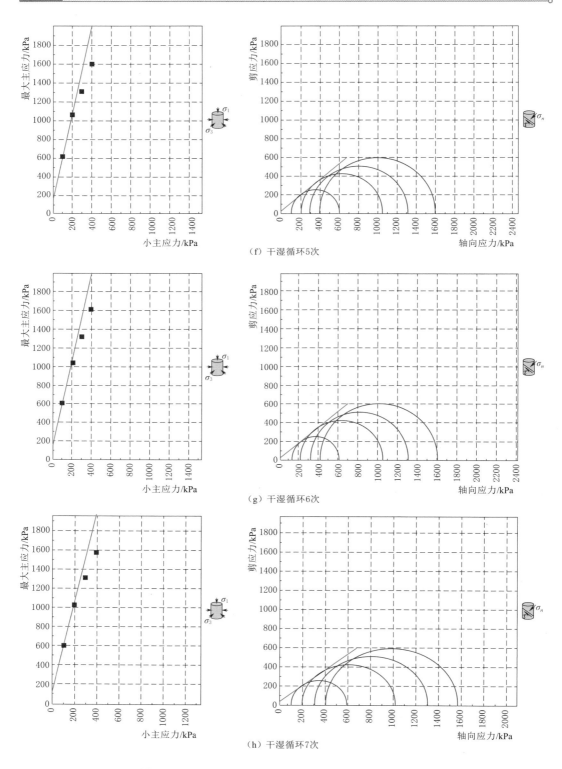

图 5.32（三）　不同干湿循环下土体的莫尔-库仑结果

表 5.7　　　　　　　　　　不同干湿条件下土的抗剪强度指标

试样状态	黏聚力/kPa	内摩擦角/(°)	试样状态	黏聚力/kPa	内摩擦角/(°)
天然	79.2	43.4	第 4 次	33.0	41.5
饱和	36.2	42.6	第 5 次	31.2	40.3
第 2 次	34.1	42.4	第 6 次	31.0	40.1
第 3 次	35.6	42.1	第 7 次	30.8	40.0

　　结果表明，干湿循环次数对粗粒土黏聚力影响较大，但在第 2 次之后，影响趋于缓和，试样在天然状态下黏聚力为 79.2kPa，而在干湿循环后其值在 33～36kPa 之间。干湿循环次数对内摩擦角影响较小，其值在 41°～44°变化。

5.3.3　按照其他理论的破坏准则

　　在一些情况下，按照莫尔-库仑破坏准则破坏下的莫尔圆包络线并不是线性的，仅仅采用线性包络线会产生较大的误差，为此，可采用非线性的包络线。

　　拟合曲线见图 5.33，拟合效果良好，拟合结果符合以下方程：

$$\sigma_1 = a(\sigma_3 + b)^d \tag{5.4}$$

式中　　σ_1——最大主应力，MPa；

　　　　σ_3——最小主应力，MPa；

a、b、d——拟合参数。

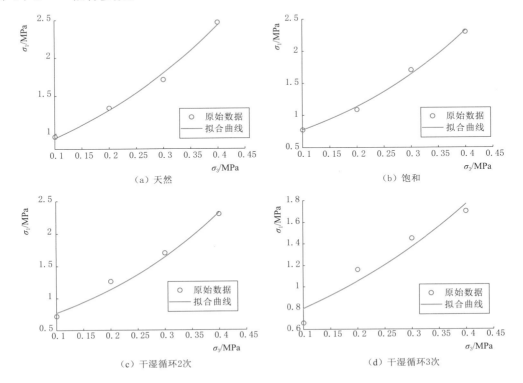

（a）天然　　　　　　　　　　（b）饱和

（c）干湿循环2次　　　　　　　　（d）干湿循环3次

图 5.33（一）　不同干湿循环下土体的强度拟合结果

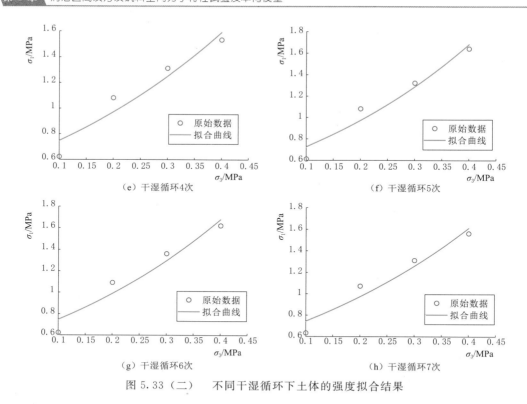

图 5.33（二）　不同干湿循环下土体的强度拟合结果

5 组的拟合参数见表 5.8，拟合方差分别为 0.99、0.99、0.98、0.93 和 0.92，拟合效果良好。拟合结果表明，a 值基本不受干湿循环次数的影响，b 值随干湿循环增加而减小，d 值随干湿循环次数增加而增大。

表 5.8　　　　　　　　　　　　　　拟　合　结　果

试样状态	a	b	d	拟合方差	试样状态	a	b	d	拟合方差
天然	0.01	6.72	1.87	0.99	第 4 次	0.01	5.72	2.02	0.92
饱和	0.01	7.25	1.72	0.99	第 5 次	0.01	6.08	1.92	0.95
第 2 次	0.01	7.04	1.77	0.98	第 6 次	0.01	5.97	1.95	0.93
第 3 次	0.01	5.94	1.99	0.93	第 7 次	0.01	5.81	2.00	0.94

5.4　砂石料填筑体本构（损伤）模型

5.4.1　粗粒土本构模型研究现状

土的本构模型是土力学理论研究的基本问题，是现代土力学的基础。近年来，随着计算机技术和土工试验的发展，在岩土工程实践的推动下，土的本构关系研究工作日益广泛和深入。

经典土力学在变形计算中本构模型采用线性弹性模型，即广义胡克定律，在稳定分析中采用弹塑性模型，所用的模型都进行了简化以方便计算。而实际工程中的土的应力应变关系十分复杂，具有非线性、弹塑性、黏塑性、剪胀性、各向异性等性状，同时应力路径、强度发挥度以及土的组成、结构、状态和温度等均对其有影响。事实上，很难有一种模型能够考虑所有这些影响因素，也没有任何一种模型能够适用于所有土类和加卸载情况。土的本构理论研究目前主要有两个方向：一个是为了解决具体的工程问题而建立的实用模型或是经验模型；另一种是为揭示土体某一应力应变特性的内在规律的精细理论模型。由于取土和运输过程中对土样的扰动、试验边界条件和实际工程中的差异以及取样的代表性等造成的误差使得通过试验难以测定精细模型的所需测定的参数，比较实用的方法是结合具体工程选用既能考虑影响应力应变关系的主要因素，又能在参数的确定和计算方法的处理上均不太复杂的简化模型或者说是半理论半经验实用模型。

专门针对粗粒土的本构模型比较少，大部分应用于粗粒土的本构模型是在黏性土或是砂性土的基础上改进得到，常用的模型有弹性模型、弹塑性模型、黏弹塑性模型、内时塑性模型以及损伤本构模型等。

5.4.1.1　弹性模型

对于弹性材料，应力和应变存在一一对应的关系，当加载的外力全部卸除时材料将恢复到原有的形状和体积。弹性模型又分为线弹性模型与非线性弹性模型。弹性模型中最简单的是线性弹性模型，但模型过于简化，适用范围小。若将土体看作是弹性材料，土的本构关系更接近与非线性弹性材料。为了考虑土体变形性状的非线性、各向异性以及非均质性，人们采用拟合试验曲线法，例如用双曲线函数、样条函数等拟合试验曲线，应用变模量的概念对线性模型进行修正。非线性弹性模型可以分为三类：Cauchy 弹性模型、超弹性模型（hyper-elasticmodel）和次弹性模型（hypo-elasticmodel）。Cauchy 弹性模型认为材料的应力或应变只取决于当前的应变或应力，这是对弹性材料的最低要求。但严格地讲，弹性材料也必须满足热力学的能量方程，具有这种附加要求的弹性材料称为超弹性。超弹性模型通过材料的应变函数或余能函数建立本构方程，包含热力学定律作为限制条件，它超出了传统土体塑性力学的范围。次弹性模型是指弹性材料的应力状态不仅与应变状态有关，还与达到该状态的应力路径有关。

Duncan 和 Chang 等[96] 在 1970 年根据 Kondner 的建议采用双曲线表示三轴试验得到的轴向偏应力与轴向应变的曲线，按照初始切线模量的应力给出了切线模量的方程，提出了 E-v 模型，后来改为邓肯-张（E-B）模型。邓肯-张模型作为一种非线性弹性模型，应用比较广泛，主要原因在于，模型参数少，物理意义明确且容易推求，能够反映土的非线性特性等。但是邓肯-张模型在应用时也存在不足，例如不能反映土的剪胀性、加卸载的判断不明确、不能反映实际应力路径等。为此，不少学者提出了修正的邓肯-张模型，如将剪胀引起的体积应变按初应变处理，将剪切应力-应变曲线改为有驼峰的应变软化型曲线，建立考虑剪胀性和应变软化的非线性弹性模型[97-98]，使得模型的应用更为广泛。

侯伟亚等[99] 利用 4 种典型堆石料的三轴试验结果，分析了采用直线拟合法、两点法、曲线拟合法等方法整理模型参数时，模型模拟结果与试验结果之间的误差。研究发现，采用曲线拟合法或者邓肯等建议的两点法均可使模型预测结果与试验结果之间的误差较小，但曲线拟合法对复杂问题有更强的适应性。

安然等[100] 基于原位孔内剪切试验，以砾粒含量表征残积土的风化程度，建立基于考虑砾粒含量影响的广义邓肯-张模型，预测了土体的力学行为，拓展了邓肯-张本构模型的适用范围。

张琰等[101] 研究了压实黏土在三轴压缩、拉伸以及从压缩到反向拉伸状态下的应力应变特性，对邓肯-张模型的应用范围进行了扩展，使得模型可描述压实黏土从压缩到反向拉伸过程的变形特性，可用于进行土体张拉裂缝扩展问题的模拟计算。

王家辉等[102] 对取自某渣场边坡坡顶和坡底的 2 种松散碎石土试样，开展了 4 组大型三轴固结排水剪切试验，研究了松散碎石土剪切破坏过程中的应力与应变、体应变与轴向应变、实测泊松比随应力水平变化的关系以及邓肯-张 E-v 和 E-B 模型的适用性。

线弹性模型和非线性弹性模型，其共有的基本特点是应力与应变可逆或者说是增量意义上可逆。这类模型用于单调加载时可以得到较为精确的结果，但用于解决复杂加载问题时，计算精度则往往难以满足工程要求[103]。

5.4.1.2　弹塑性模型

弹塑性模型的特点是在应力作用下，除了弹性应变外，还存在不可恢复的塑性应变。应变增量分为弹性和塑性两部分，弹性应变增量用广义虎克定律计算，塑性应变增量根据塑性增量理论计算。实际上，弹塑性理论可以分为两种：塑性增量理论和塑性全量理论。塑性增量理论又称塑性流动理论，主要包括 3 个方面：关于屈服面的理论、关于流动法则的理论和关于硬化软化的理论。应用塑性增量理论计算塑性应变，首先要确定材料的屈服条件，对加载硬化材料，需要确定初始屈服条件和后继屈服条件或称加载条件。其次，需要研究材料塑性屈服服从的流动法则。若材料服从不相关联流动法则，还需要确定材料的塑性势函数。然后，确定材料的硬化或软化规律。最后运用流动法则确定塑性应变增量的方向，根据硬化规律计算塑性应变增量的大小。塑性全量理论又称塑性形变理论，塑性形变理论是按全量来分析问题的，在应力状态和相应的应变状态之间建立一一对应的关系。实质上是把弹塑性变形过程看成是非线性弹性变形过程。严格地说，在弹塑性变形阶段，应变状态与应力状态并不存在一一对应关系，因此，塑性形变理论的应用是有条件的。目前大部分的弹塑性模型都是采用塑性增量理论建立的。

典型的岩土弹塑性本构模型包括 Lade-Duncan 模型、剑桥模型和修正剑桥模型、帽盖模型、多重屈服面模型、边界面模型等。Lade-Duncan 模型的屈服函数由试验资料拟合得到，把土视作加载硬化材料，服从不相关联流动法则，并采用塑性功硬化规律，在应力空间中屈服面形状是开口三角锥面。其优点是较好地考虑了剪切屈服和应力角的影响。但不足的是需要 9 个计算参数，而没有充分考虑体积变形，难以考虑静水压力作用下的屈服特性，即使采用非相关联流动法则也会产生过大的剪胀现象，且不能考虑体缩。剑桥模型将"帽子"屈服准则、正交流动法则和加载硬化规律系统地应用于模型中，并且提出了临界状态线、状态边界面、弹性墙等一系列物理概念，构成了第一个比较完整的土体塑性模型。Burland 对剑桥模型作了修正，认为剑桥模型的屈服面应为椭圆。之后 Roscoe 和 Burland 又进一步修正了剑桥模型，给出了著名的修正剑桥模型。剑桥模型只有 3 个参数，且易于测定，因此是当前应用最广的模型之一。剑桥模型的主要缺点是受到传统塑性理论的限制，且没有充分考虑剪切变形，于是人们提出了许多推广和修正方法。帽盖模型是以某一固定理想塑性面来表征，该面规定土体的抗剪强度，并包含描述塑性体积特性的强化帽盖，帽盖可以考虑受压塑性体积应变或压缩，同时当对锥形极限面加载时，又限制塑性剪胀的大小。如果允许帽盖的位置沿静水压力轴扩展或收缩，并假定塑性应变增量的方向在与锥形极限面相交处垂直于帽盖，则可对塑性剪胀进行控制。变模量帽盖模型不仅能描述塑性屈服前的非线性、剪胀性等特性，还能描述屈服后的各种破坏性状与塑性硬化性状。由于材料的硬化是连续的，所以理论上就需要有多个屈服面，由此提出多重屈服面模型，这种模型虽未跳出经典塑性理论的框架，但可以估算土体的各向异性、依赖于应力轨迹的弹塑性应力应变关系；可以估算卸载和重新加载的影响，模拟单调加载和循环加载条件下土体的性质，目前绝大多数的多重屈服面模型主要都是针对循环与反复加卸载时土体的特性而提出的，但计算参数多，导致很难应用于工程实践。边界面模型对多重屈服面模型中嵌套的屈服面加以简化，只考虑一个边界面和一到两个屈服面，继承了多重屈服面在理论上的先进之处，应用上则将多重屈服面模型跟踪硬化模量场的方法用塑性模量的插值公式来代替，使模型得到很大的简化，从而增强其实用性。

孙增春等[104]　在边界面塑性理论和临界状态理论框架下，通过引入状态参数和动态临界状态线建立了粗粒土状态相关边界面塑性模型，模型不仅能够模拟粗粒土的应变硬化和体积收缩行为，还能描述应变软化和体积膨胀特性。

胡小荣等[105]　通过改进修正剑桥模型椭圆形屈服方程得到的初始边界面方程，在前次边界面方程的基础上采用中心点映射法获得后继边界面方程，基于三剪统一强度准则，通过等量代换法、坐标平移法对破坏应力比、相变应力比进行了修正，使修正后的椭圆形边界面适用于不同密实度和含泥量的饱和砂土，应用边界面理论，研究了饱和砂土的三剪弹塑性边界面本构模型及有限元算式。

刘祎等[106]　提出了不同温度下土的先期固结压力的表达式，来综合反映温度和吸力对土的先期固结压力的影，并将此表达式与黏土-砂土统一状态参数模型屈服面相结合，考虑了温度和吸力对正常固结线及临界状态线的影响，提出了一个统一描述饱和-非饱和土温度效应的热-弹塑性本构模型。

刘红等[107]　从不同温度作用下的压缩曲线和回弹曲线出发，利用等效的力学固结代替热固结，将常规温控三轴试验过程中复杂的热力学特性转化为纯力学特性，然后结合传统的临界状态理论，运用非关联流动法则，提出考虑温度影响，适用于正常固结饱和黏土的非关联弹塑性本构模型。模型包含 6 个独立参数，各参数的物理意义明确，且可由常规的温控三轴实验确定。

袁庆盟等[108]　在黏土和砂土的统一硬化模型（CSUH 模型）框架下，引入压硬性参量描述对水合物对能源土填充和胶结双重作用下的等向压缩特性，引入黏聚强度修正屈服函数并构建了黏聚强度的演变规律，利用状态参数调整剪胀方程，反映能源土剪胀、软化等特性对密实度的依赖性，建立能够描述能源土强度、刚度、剪胀与软化等特性的弹塑性本构模型。

梁文鹏等[109]　在基质相和夹杂相各自力学性质的基础上，基于细观力学理论中的 Eshelby 等效夹杂理论和 Mori - Tanaka 均匀化方法，推导了含水合物土的等效弹塑性刚度矩阵，建立了在不同围压、不同水合物含量及赋存模式等条件下，可考虑含水合物土的赋存模式、强度、应变软化、剪胀等特性的弹塑性本构模型。

5.4.1.3　损伤本构模型

损伤本构模型本质上也属于弹塑性模型的一种。20 世纪 70 年代末，Lemaitre 结合以往研究，考虑材料损伤过程，建立了"连续损伤力学"的新概念。Desai 于 80 年代提出了损伤状态概念（Disturbed State Concept，DSC），认为材料的变形过程由无损伤和完全损伤两种状态组成，两种状态可采用不同的本构关系进行描述。

在土体变形过程中，由于颗粒之间发生移动，使原有颗粒之间的胶结遭到破坏，即损伤。沈珠江[110-111] 从损伤力学观点出发，提出了土体损伤力学模型的基本框架，建立了一个考虑黏土结构破损过程的损伤力学模型，并推导了弹塑性损伤矩阵，研究发现引入损伤力学概念后，结构性黏土能够定量描述其受力后逐渐破损的过程，克服了传统的弹塑性模型描述结构性黏土的不足。

兑关锁等[112] 采用损伤力学对土体变形进行理论分析，证明了土体的塑性应变增量不服从正交流动法则，在应变增量中存在由损伤所造成的弹塑性耦合项，并且构造了一种参数较少，适用于应变软化材料的提伤本构模型，验证了以往建议将塑性应变增量项分解为两部分观点的正确性。

张嘎等[113-115] 对粗粒土与结构接触面在单调和往返剪切荷载作用下的力学特性进行了较为系统的试验研究，在宏观的应力应变关系和细观的接触面物态变化两个层次上进行了观测和分析，基于分析成果和对已有的损伤概念进行扩展，建立了粗粒土与结构接触面在受载过程的损伤概念，揭示了接触面损伤的细观物理基础，探讨了损伤的宏观量度以及建模方法，为建立新的土与结构接触面乃至岩土材料的损伤本构模型提供了一种新的思路。进一步的，为反映粗粒土的主要力学特性，结合对粗粒土力学特性及物态演化的认识，提出了粗粒土的损伤状态函数，基于亚塑性理论的基本框架和损伤状态函数，建立了损伤模型的公式及参数确定方法。

杨超等[116] 在边界面弹塑性模型基础上，借助胶结体损伤理论与非饱和土力学，提出一个可以描述循环荷载作用下非饱和黄土力学特性的弹塑性本构模型。在损伤模型中，定义胶结体弹性衰减规律，将结构损伤与应变增量的绝对累计值联系起来，并利用土的持水曲线建立常含水量下吸力与土体应力之间的耦合作用关系。

杨明辉等[117] 引进统计损伤理论，假定非饱和土是由众多强度服从 Weibull 随机分布的微元体组成的组合体，同时为考虑外部荷载与基质吸力对非饱和土变形的影响，采用扩展莫尔-库仑准则模拟微元体的承载能力，建立了非饱和土统计损伤演化方程，进而推导非饱和土的统计损伤本构模型，并基于常规试验提出了其主要参数的确定方法。

张向东等[118] 基于饱和风积土常规三轴全应力-应变试验曲线，构建能够模拟特定围压环境下饱和风积土变形全过程的统计损伤硬化本构模型。通过拟合分析基于 Weibull 分布的饱和风积土统计损伤本构模型参数 m、F_0 与围压之间的关系，对其参数进行科学修正，从而构建出能够更客观地描述在复杂应力环境中的饱和风积土统计损伤硬化模型，不仅能客观地描述饱和风积土变形的全过程，更能真实地描述孔隙水压力对饱和风积土工程特性的影响。

曾晟等[119] 基于统一强度理论与扰动状态概念（DSC），考虑洛德参数影响，建立了同时考虑中间主应力（IPS）和扰动影响的粗粒土 IPS-DSC 应力-应变模型，粗粒土应力应变曲线先随洛德参数增大上升至临界值，后随洛德参数增大而下降，软化现象先减弱后增强；随中间主应力系数的增大，呈上升趋势，峰值增加明显，软化现象更加突出；随扰动影响参数增加而上升且软化现象有所减弱。

龚哲等[120] 根据 Boom 黏土的在不同温度下的三轴与固结试验的结果，综合考虑了温度对黏土的强度与弹性模量的影响，在 Drucker-Prager 帽盖模型的基础上，引入了硬化方程和热损伤、力学损伤的演化方程，建立了适用于黏土的热-力耦合弹塑性损伤本构模型。

龙尧等[121] 根据土与结构接触面剪切特性，从损伤力学理论出发提出了考虑应变硬化和软化特性的结构接触面剪切损伤本构模型及模型参数确定的方法，构建的模型能充分反映土-结构接触面的应变软化和硬化特性，参数较少，方便实用。

李文涛等[122] 通过对胶凝粗粒土进行三轴压缩试验，分析胶凝掺量和围压对材料强度特性的影响，以 Weibull 统计损伤模型为基础，进而探讨围压及胶凝掺量对损伤发展的影响，结果表明，随围压的增大，抗剪强度增长较快，应力-应变曲线形态呈现出应变硬化特性；胶凝掺量的增加，对黏聚力值影响显著，对内摩擦角影响不明显；围压越大，材料宏观破坏时达到的损伤量越大；胶凝材料掺量越高，相同应变下材料损伤量越小，达到宏观损伤破坏时对应的应变量越大。

张德等[123] 通过引入修正莫尔-库仑屈服准则来描述冻土微元强度破坏准则，利用冻土内部微缺陷分布的离散性和随机性特点，假设微元强度服从 Weibull 随机分布，并根据统计学和连续损伤力学理论建立能反映冻土破损全过程的损伤本构模型。构建的模型能够较好地模拟冻结砂土应力-应变全过程曲线，并能反映随围压的增大曲线由应变软化逐渐向应变硬化过渡的现象；同时模拟了体积变形曲线，并能反映随围压的增大体变曲线由剪胀向剪缩转变特性。

赵顺利等[124] 引入自然应变的概念，基于 Weibull 统计理论和应变等价原理，构建了自然应变损伤模型，通过遗传算法，实现模型参数的全局寻优功能。

周峙等[125] 提出裂土微元强度服从 Laplace 分布的假定，同时考虑初始损伤门槛的影响，引入干湿循环损伤变量和荷载作用损伤变量，分别描述裂土干湿循环开裂和应力水平作用下损伤演化规律，建立干湿循环作用下裂土应变硬化损伤模型，并通过试验验证表明，基于 Laplace 分布的损伤本构模型能充分反映干湿循环作用后裂土受荷时的应变硬化特征，并可模拟裂土在干湿循环和围压共同作用下的全应力-应变曲线，其模型参数易获取，且具有明确的物理意义；干湿循环次数愈多，围压愈高，模型与土体应力-应变试验曲线吻合程度越高。

综上所述，目前粗粒土的本构模型主要是采用砂土或是黏土的本构模型修正得到，专门的粗粒土本构模型相对较少；采用损伤力学理论构建土体的损伤模型能够较好地反映土体的力学特性且模型相对简单，是一个比较好的研究思路；目前的粗粒土本构模型多是建立在常规条件下，干湿循环下粗粒土的本构模型研究尚不多见，需要进一步研究。

5.4.2　干湿循环作用下的粗粒土损伤本构方程

5.4.2.1　试验数据预处理

根据常规三轴应力粗粒土的轴向偏应力-应变曲线试验结果，在曲线上首次达到最大应力值，令其为峰值应力，记为 σ_j，对应的应变为峰值应变，记为 ε_j，轴向偏应力记为 $\sigma_1-\sigma_3$、轴向应变记为 ε_1；并令 $x=\varepsilon_1/\varepsilon_j$，$y=(\sigma_1-\sigma_3)/\sigma_j$，将不同干湿循环下粗粒土在不同围压下轴向偏应力-应变曲线转换，结果见图 5.34。

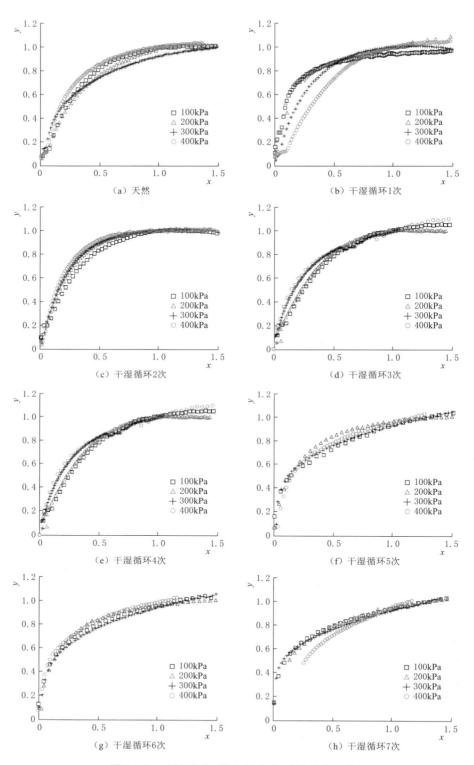

图 5.34　不同围压下轴向偏应力-应变曲线转换

根据图 5.34 可知，经过归一化的偏应力-应变曲线分布特征几乎完全类似，基本不受围压的影响。通过第 4 章粗粒土不同干湿循环和不同围压下的变形特征可知，干湿循环次数和围压是影响粗粒土变形特性两个重要的因素。经过数据归一化的预处理后的偏应力-应变曲线，由于基本不受围压的影响，所以其变形特性主要是由干湿循环作用产生的。因此可以根据图 5.34 预处理后的偏应力-应变曲线，分析由于干湿循环作用引起变形特性。根据预处理后的偏应力-应变曲线的特征，发现转换后的曲线可以用双曲线模型来描述，其方程可以表示为

$$y = \frac{x}{a + bx} \tag{5.5}$$

通过拟合，可以求出不同干湿循环下的双曲线模型的参数 a、b 的值，8 组方程拟合的结果见表 5.9，8 组拟合参数相差较小，为此，参数 a 与 b 可统一为 0.20 和 0.80，这样方程可表示为

$$y = \frac{5x}{4x + 1} \tag{5.6}$$

表 5.9   双曲线模型拟合参数值

参　数	天　然	饱　和	干湿循环 2 次	干湿循环 3 次	干湿循环 4 次	干湿循环 5 次	干湿循环 6 次	干湿循环 7 次
a	0.21	0.18	0.16	0.20	0.19	0.19	0.17	0.21
b	0.84	0.86	0.88	0.81	0.82	0.84	0.87	0.85
拟合方差	0.98	0.97	0.98	0.98	0.97	0.97	0.96	0.96

双曲线模型拟合结果见图 5.35，拟合曲线与试验曲线基本吻合，拟合效果良好。

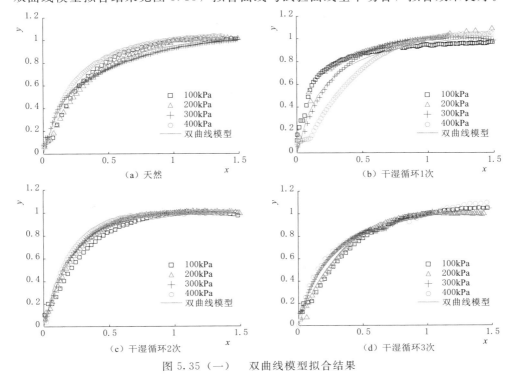

图 5.35（一）   双曲线模型拟合结果

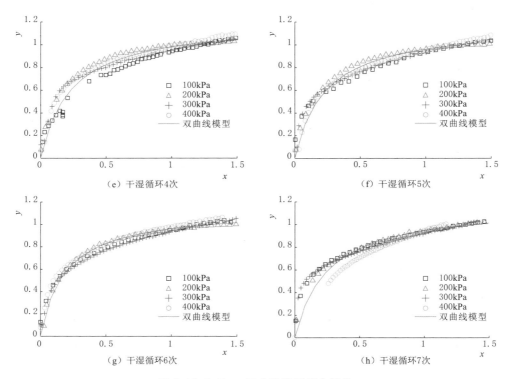

（e）干湿循环4次 （f）干湿循环5次

（g）干湿循环6次 （h）干湿循环7次

图 5.35（二） 双曲线模型拟合结果

因为 $x = \varepsilon_1 / \varepsilon_f$，$y = (\sigma_1 - \sigma_3) / \sigma_f$，带入到双曲线模型中，可以得到

$$\sigma_1 - \sigma_3 = \frac{\varepsilon \sigma_f}{a \varepsilon_f + b \varepsilon_1} \tag{5.7}$$

5.4.2.2 干湿循环作用下的损伤本构模型

由于干湿循环作用，在吸水和失水的过程中粗粒土土体结构发生改变，产生损伤，力学性能降低。在不同干湿循环作用下，粗粒土的偏应力-应变曲线分布总体类似，其最大变化是由于峰值应力和峰值应变的变化引起的，如果采用峰值应力作为其干湿循环后损伤变量，因为峰值应力不仅受材料损伤的影响，而且受围压的影响，不能真正反映由于干湿循环对粗粒土性能的影响，不能正确表征粗粒土内部损伤特性。如果采用峰值应变作为粗粒土的干湿循环后损伤变量，因为峰值应变主要受围压的影响，其受干湿循环次数影响并不显著，所以采用峰值应变作为粗粒土的干湿循环后损伤变量也不合适。

峰值点割线模量，即在偏应力-轴向应变曲线的原点与峰值点割线斜率，其值的变化可以反映土体经过干湿循环作用的影响，可以反映土体内部结构的损伤程度，该值受围压的影响较小。因而，根据试验结果，采用割线模量的变化表示土体经历干湿循环而受到的损伤，D_N 表示经历 N 次干湿循环后的损伤变量，可以表示为

$$D_N = 1 - \frac{E_N}{E_0} \tag{5.8}$$

式中　D_N——经历 N 次干湿循环后的损伤变量；

　　　E_N——经历 N 次干湿循环后的峰值点割线模量，MPa；

　　　E_0——天然状态的峰值点割线模量，MPa。

这样，经历 N 次干湿循环后的峰值点的应力可以表示为

$$\sigma_f = E_N \varepsilon_f = E_0(1-D_N)\varepsilon_f \tag{5.9}$$

式中　σ_f——经历 N 次干湿循环后的峰值应力，MPa；

　　　ε_f——经历 N 次干湿循环后的峰值点应变。

将式（5.8）、式（5.9）代入式（5.7）可得用峰值点割线模量变化表示干湿循环作用的损伤本构方程：

$$\sigma_1 - \sigma_3 = \frac{\varepsilon \sigma_f}{a\varepsilon_f + b\varepsilon_1} = \frac{E_0(1-D_N)\varepsilon_f}{a\varepsilon_f + b\varepsilon_1} \tag{5.10}$$

根据图 5.2 及表 5.1 可知，模型参数 a 和 b 的数值在不同干湿循环次数和围压情况下的变化范围较小，这样设定 a、b 为定值，令 $a=0.20$，$b=0.80$，式（5.10）可以表示为

$$\sigma_1 - \sigma_3 = \frac{\varepsilon \sigma_f}{a\varepsilon_f + b\varepsilon_1} = \frac{E_0(1-D_N)\varepsilon_f}{0.2\varepsilon_f + 0.8\varepsilon_1} \tag{5.11}$$

根据前面关于不同干湿循环次数的变形特征分析可知，最大应变与围压有着紧密的联系，而与干湿循环次数关系不大，因此为了建立不同围压，不同干湿循环作用下的粗粒土损伤本构模型，需要建立围压与最大应变的关系。

根据第 4 章不同围压下粗粒土的试验结果，在相同的围压情况下，最大应变可以认为是定值，通过式（5.11）可以得到不同干湿循环次数下粗粒土的应力-应变关系，并且与试验结果进行对比，结果如图 5.36 所示。

随着干湿循环次数 N 的增加，损伤加剧，割线模量逐渐减小，损伤变量 D_N 逐渐增大，根据试验结果得到随着干湿循环次数 N 的变化，割线模量 E 和损伤变量的变化规律，见表 5.10。

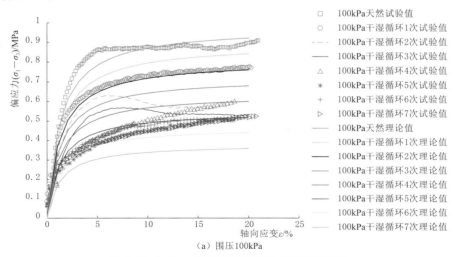

（a）围压100kPa

图 5.36（一）　试验结果与理论计算结果对比

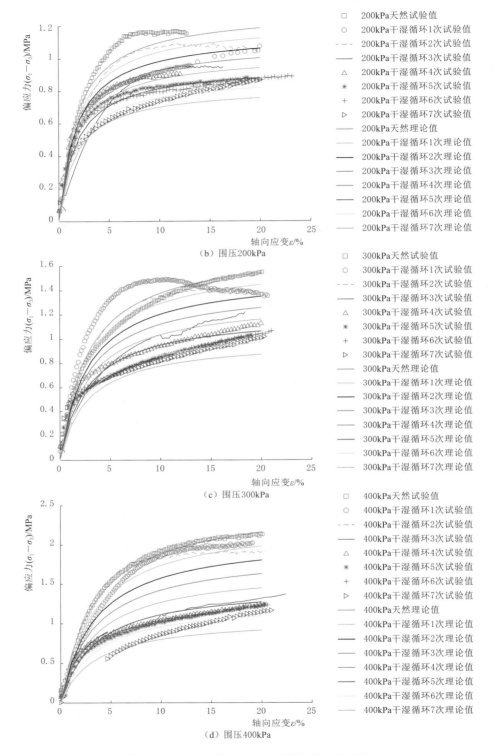

图 5.36（二）　试验结果与理论计算结果对比

表 5.10　　　　　　　粗粒土不同干湿循环次数下的割线模量 E 和损伤变量 D_N

N	100kPa		200kPa		300kPa		400kPa	
	E/MPa	D_N	E/MPa	D_N	E/MPa	D_N	E/MPa	D_N
天然（0 次）	17.75	0	15.81	0	12.95	0	15.47	0
饱和（1 次）	13.76	0.22	12.16	0.23	11.96	0.08	14.51	0.06
2 次	12.37	0.30	14.57	0.08	11.86	0.08	13.41	0.13
3 次	10.8	0.39	11.84	0.25	9.55	0.26	9.36	0.40
4 次	8.35	0.53	11.07	0.30	9.09	0.30	8.30	0.46
5 次	8.67	0.51	10.89	0.31	8.57	0.34	8.45	0.45
6 次	8.06	0.54	10.37	0.34	8.02	0.38	8.11	0.47
7 次	7.35	0.59	9.65	0.39	7.71	0.40	7.52	0.51

这里采用线性拟合得到 D_N 和 N 的关系，线性公式如下：$D_N = AN + B$，得到的 A 和 B 见表 5.11。

表 5.11　　　　　　　　　　　D_N 和 N 的关系

参　数	100kPa	200kPa	300kPa	400kPa
A	0.12	0.06	0.07	0.12
B	0.04	0.05	−0.01	−0.04
拟合度 R^2	0.94	0.46	0.89	0.90

经过线性拟合 D_N 和 N 的关系为：$D_N = 0.1N + 0.02$，其中 100kPa、300kPa 和 400kPa 拟合效果较好，仅仅在 200kPa 拟合效果较差。

那么代入式（5.11）可以得到不同干湿循环次数下的偏应力与应变的关系：

$$\sigma_1 - \sigma_3 = \frac{E_0(1-D_N)\varepsilon_f}{a\varepsilon_f + b\varepsilon} = \frac{E_0(1-0.1N-0.02)\varepsilon_f}{0.2\varepsilon_f + 0.8\varepsilon} \qquad (5.12)$$

其中

$$D_N = 1 - \frac{E_N}{E_0}$$

式中　σ_1、σ_3——第一、第三主应力，MPa；

　　　　ε——轴向应变；

　　　　ε_f——峰值应变；

E_0、E_N——天然、N 次干湿循环条件下峰值点割线模量，MPa；

　　　　N——干湿循环次数，天然状态为基准，饱和状态为第 1 次，依次类推干燥饱和，再干燥、饱和为第 2 次；

　　　　D_N——损伤因子。

第6章 消落区高填方地基稳定性模型试验及数值模拟分析

6.1 消落区高填方场地稳定性物理模型试验研究

基于北门防护区高填方工程典型工程地质特征，结合室内模型试验装置特征，确定关键影响因素，设计多维信息监测系统及测点布置方案，设计水位升降控制装置。根据试验结果，分析水位升降速度、水位循环次数、模型体压实特征对模型体变形、应力及孔隙水压力变化规律的影响。

6.1.1 试验设计

物理模型试验装置系统包括三个部分：模型框架体系、水位升降控制系统、数据采集系统，见图6.1。

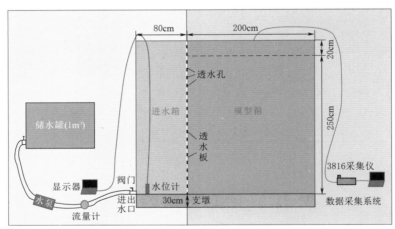

图 6.1 试验系统示意图

该装置主要用于模拟水库长期运行时水位周期性升降条件下库区高填方场地的变形特征和稳定性。利用该装置可以开展以下研究工作：

（1）维持恒定的水位升降速率，研究水位周期性升降次数和填筑体初始密实程度对堆积体内部竖向变形、孔隙水压力、土压力变化规律的影响。

（2）模拟水位骤升骤降条件下，堆积体竖向变形、孔隙水压力、土压力变化规律。

首先是位移传感器的布置，图6.2为位移传感器布置俯视图。图中采用两种位移传感器，分别位于1—1′剖面和2—2′剖面。因为土体在发生沉降时，靠近侧壁的土体由于受到边壁效应（靠近模型侧壁的土体发生位移作用不明显，侧壁对土体的位移有阻碍作用）。

因此所有的位移传感器均布置在靠近中心位置。剖面 1—1′ 的位移传感器集中在两块钢板托架内，钢板托架为 0.02m×0.02m×0.002m 的方形钢板。距离上下两边的侧壁为 0.7m，两者间距为 0.2m，距离透水板为 0.5m，距离右侧边壁为 1.5m。剖面 2—2′ 的位移传感器距离上下两边的侧壁为 0.6m，距离透水板为 1.5m，距离右侧边壁为 0.5m。水平间距为 0.2m。土压和孔压传感器位于模型体中心位置。距离上下左右侧壁为 1m。

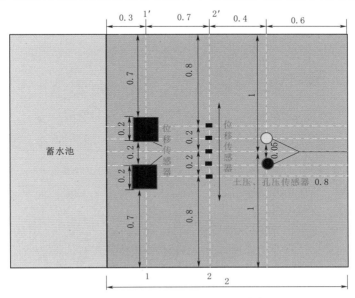

图 6.2　位移传感器布置俯视图（单位：m）

剖面 1—1′ 位移传感器布置见图 6.3，位移布置高度分别为 0.5m、1m、1.5m、2m、2.5m。位移测杆底部使用联动垫片，直径为 5cm，联动垫片上下用螺丝挤压固定，中部使用 PVC 管保护隔离测杆，使周围土体和测杆不发生接触，避免造成摩擦使试验数据不准确。测杆顶部直接固定到位移传感器上。最后将位移传感器固定到特制的钢架上，保证位移传感器不发生移动。

剖面 2—2′ 位移传感器布置见图 6.4，位移布置高度分别为 0.5m、1m、1.5m、2m、2.5m。水平间距 0.2m，垂直间隔为 0.5m。PVC 管高于模型体 3cm。位移测杆底部和顶部均使用直径为 5cm 的联动垫片，底部联动垫片是为了接触土体发生移动，顶部垫片是为了接触位移传感器从而测得位移。

土压、孔压剖面布置见图 6.5，土压和孔压传感器布置高度分别为 0.5m、1m、1.5m、2m、2.3m。土压和孔压传感器都位于模型体的中心位置，距离前后左右边壁均为 1m。土压和孔压传感器之间有 5cm 的间距。

这样布置的优点是使最下面的土压、孔压传感器稍高于模型箱底部，在排水过程中，底部的水不会完全排出，会有滞留。而稍高于模型箱底部就会减少这一因素的干扰，使土压、孔压传感器周围的水都能排干净，试验结果更加合理准确。另一个优点是和位移传感器在同一个水平面上，不仅可以监测孔压和土压的信息数据，又可和位移传感器相互对比，研究孔压、土压和位移变化的联系。

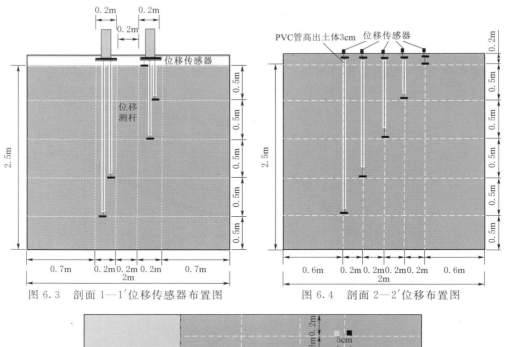

图 6.3 剖面 1—1′位移传感器布置图　　　　图 6.4 剖面 2—2′位移布置图

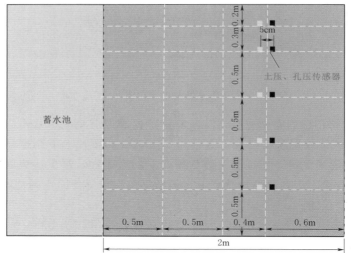

图 6.5 土压、孔压剖面布置图

　　传感器布置总共分为 6 个水平面，分别是 0.5m 高程、1m 高程、1.5m 高程、2m 高程、2.3m 高程、2.5m 高程，各高程传感器布置见图 6.6。

　　按照上述填筑击实方法填筑到 60cm 高程时，开始准备埋设高程为 50cm 的传感器。在相应位置开挖 10cm 深的沟槽，达到高程 50cm，埋置传感器和线路。线路使用 PVC 管保护，应使用细颗粒包裹线路和传感器避免被破坏。线路全部绕到同一侧壁，使用标签标明传感器位置、类型、深度信息。

　　之后依次是 1.0m、1.5m、2.0m、2.3m、2.5m。填筑到 1.1m 高程埋设 1.0m 的传感器。填筑到 1.6m 高程埋设 1.5m 的传感器。填筑到 2.1m 高程埋设 2.0m 的传感器。填筑到 2.4m 高程埋设 2.3m 的传感器。填筑到 2.5m 高程埋设 2.5m 的传感器。埋设方法同上。

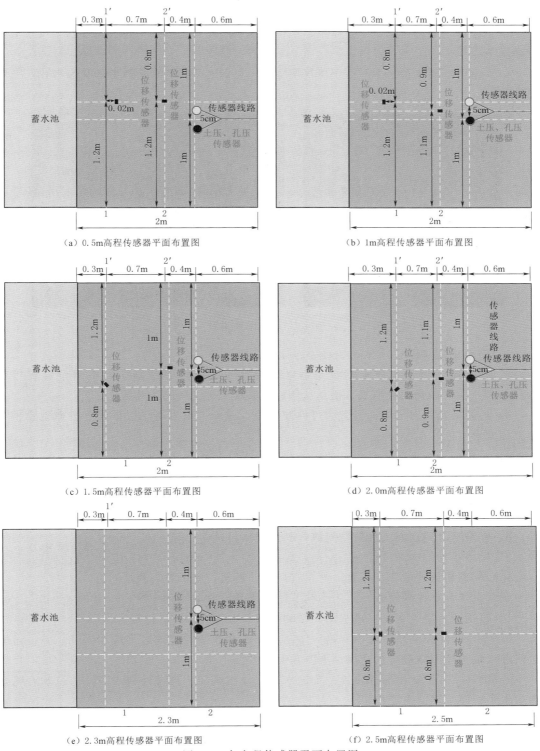

图 6.6　各高程传感器平面布置图

6.1.2　试验设备

试验设备主要包括模型框架体系、水位升降控制设备、数据采集设备。各个设备主要参数如下。

（1）模型框架体系。主要用于填筑模型体，见图 6.7，预留进出水口及疏水孔，主要参数如下：

图 6.7　模型框架体系

1）模型箱几何尺寸：2m×2m×2.5m。

2）模型箱侧壁：整体由钢板与钢立柱焊接而成，其中一侧立面中间位置设置宽20cm，高 1.5m 的透明玻璃板，便于从侧面观察模型中细料的运移特征。

3）透明玻璃板对侧立面设置为可拆卸钢板，试验结束后可予以拆除，进而观察模型体整体变形特征。

4）设置侧进式进水板，可以合理地模拟库水位升降（见图 6.1）。

5）进水板对侧外立面设置测压管，便于测量试验体内水位变化速率（见图 6.1）。

6）模型箱底四角预留 4 处排水孔，孔径 20mm，便于疏干模型箱内水体。

7）模型箱底部应距离地面 30cm，因此设立了高度为 30cm 的支座。

8）模型箱外侧立面增加扶壁斜撑，确保模型箱整体稳定。

9）模型箱外侧中部设置一圈钢梁，保证模型体制作和试验过程中不会发生侧向变形。

10）模型箱顶部敞口，设置上下左右可移动钢架，便于固定测量元件。

（2）水位升降控制设备。其用于调节控制模型箱内水位。

1）包括储水罐、水泵、进水箱、手动阀门、电磁阀、流量计等。

2）水位升降控制系统与模型箱一体制作，二者通过侧进式进水板相隔开，并通过侧进式进水板与模型体进行水交换（见图 6.1）。

3）进水箱外侧立面底部设置一个进水口，外接阀门、自动计数水表，通过软管将水表、水泵、储水罐依次连接。

4）进水箱进出水口内径 50mm。

（3）数据采集设备。连续量测并记录模型体内部测点数据，以及模型顶面和侧立面孔隙变化特征。

1）所用采集仪为 3816 采集仪，见图 6.8。第 1～5 通道连接的是孔隙水压力传感器，第 14～18 通道连接土压传感器，第 25～29 通道连接的是沉降传感器。

2）所用孔隙水压力传感器为 DMKY 型孔隙水压力传感器，见图 6.9。尺寸大小为 15.8mm×21mm，量程为 90kPa，灵敏度为 0.2mV/kPa，为桥式传感器。

图 6.8　3816 采集仪　　　　　　　　图 6.9　孔隙水压力传感器

3）所用土压力传感器为 DMTY 型土压力传感器，见图 6.10。直径 100mm，量程 100kPa，为桥式传感器。

4）所用位移传感器为 DMWY 动位移沉降传感器，见图 6.11。量程 100mm，精度不大于 0.2%FS（注：FS 为满量程输出值）。其安装采用埋入的方式，即在观测处将单点沉降计埋设土体内。沉降盘设置在监测高程，导线从侧面集中引出。当地基下沉时，沉降盘与地基同步下沉，使传感器的惠更斯电桥桥臂电阻发生变化，通过读数仪测出位移量，实现沉降观测目的。

图 6.10　土压力传感器　　　　　　　图 6.11　位移沉降传感器

6.1.3　模型体制作及测试

根据勘查资料，碾压后的干密度是 2.14～2.19g/cm³，平均干密度 2.17g/cm³，含水率为 4.4%～5.5%，压实后平均含水率为 4.9%。填筑土料按照密度 2.17g/cm³，含水率 4.9%标准填筑。目前所测得的平均含水率为 4.3%，所以每千克土料需加 6g 水搅拌均匀后再填料。

图 6.12　安装透水布

模型箱侧壁应提前画好标尺刻度，每 10cm、20cm、50cm、100cm 应着重标注清楚。四个侧壁均按照高程画好标尺刻度，然后每个刻度都需要连接起来。模型箱透水板应提前贴上透水土工布，见图 6.12，防止细颗粒通过透水板流失。

每层击实厚度为 20cm，每层所需土料质量为 1736kg。如图 6.13 所示，使用电子秤称量土料质量，将预定质量土石料使用小推车、吨包等工具运送至模型箱，总计运送土料达到 1736kg 时暂停填料，开始整平和击实。用铁锹等工具先进行整平处理，再将钢板铺在整平的土料上使用击实锤击实土体。每层击实后需进行拉毛处理，见图 6.13（a）～（c）。模型制备至预定高程时埋置相应传感器，见图 6.13（d）、（e）。待模型制备完成连接采集仪，调试试验传感器，即可开始试验，见图 6.13（f）～（h）。

（a）称取土石料

（b）吊装填料

（c）整平击实

（d）埋置传感器

图 6.13（一）　模型制备过程

（e）连接位移传感器　　　　　　　　（f）模型制备完成

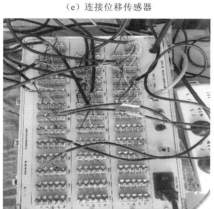

（g）连接采集仪　　　　　　　　　　（h）开始试验

图 6.13（二）　　模型制备过程

水位循环升降模拟试验的每次水位升降分为水位上升阶段、水位保持阶段、水位下降阶段等 3 个阶段。

（1）水位上升阶段：通过供水装置使水流进入模型进水箱中，开启供水装置的注水球阀，关闭排水装置球阀的同时开启采集装置进行压力和位移数据的读取和采集，数据采集装置的采集频率为 1Hz，当水位到达土石料顶部时关闭注水球阀，以此作为此阶段结束标志，水位上升阶段持续时长为 8～9h。

（2）水位保持阶段：供水装置注水口的球形阀门和模型体排水口的球形阀门都处于关闭状态，以孔隙水压力值达到稳定状态作为此阶段结束的标志，此阶段持续时长为 5～6h。

（3）水位下降阶段：模型箱注水口的球形阀门处于关闭状态，排水口的阀门处于开启状态，模型体中的水在重力的作用下经排水口自然排出。为了保持砂卵石层始终处于饱水的状态，排水装置的排水管保持在距离模型柱底部 40cm 的高度，以排水管的水不再流出作为此阶段结束的标志，水位下降阶段持续时长为 7～8h。

3 个阶段结束后为完成 1 次水位升降，重复上述步骤进行下一次水位升降模拟，共进行 4 次水位升降模拟，在水位循环升降过程中，模型柱内水位保持在 0～250cm 范围内。

6.1.4　结果分析

本次大型模型试验主要探讨填筑土层在反复水位升降条件下的沉降特征。试验开始前模型体处于非饱和状态，注水后逐渐从非饱和状态向饱和状态过渡，持水阶段模型体处于饱和状态，降水阶段模型体从饱和状态向非饱和状态过渡，水位周期性反复升降过程就是使填筑体从非饱和状态转化为饱和状态，再到非饱和状态的过程。

6.1.4.1　初始水位升降下的响应规律

为了研究水位反复升降对填筑体变形特性的影响，试验过程中测试了孔隙水压力、土压力、沉降变形量等参数。

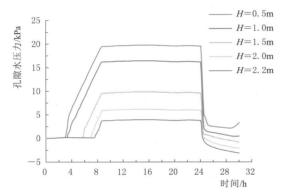

图 6.14　初始水位升降阶段孔隙水压力变化曲线

（1）孔隙水压力。初始水位升降过程中模型体内不同位置孔隙水压力的响应特征见图 6.14。试验开始之前，模型体内不存在水位，可认为初始阶段孔隙水压力传感器测得的孔隙水压力为零。试验结果表明，模型体内不同位置孔隙水压力变化规律类似：在水位上升阶段，孔隙水压力随着注水量增加而快速增加，停止注水前达到峰值；在持水阶段，孔隙水压力缓慢降低；在降水阶段，初始阶段孔隙水压力随模型体内水位快速降低，而后缓慢降低并趋于稳定。总体而言，孔隙水压力与注水量正相关，且反应迅速，几乎没有滞后性。

对于模型体不同深度处，在水位上升阶段，孔隙水压力计位置越深，其值增长速率越大，且增长幅度也越大；在降水阶段，不同深度处孔隙水压力具有相同的下降速率，且在短时间内下降到稳定值。如注水 9h 后，5 个测点孔隙水压力基本达到各自的峰值点，对应值约为埋深与水容重的乘积，埋深 2.0m、1.5m、1.0m、0.5m 和 0.3m 对应位置的孔隙水压力峰值约为 19.77kPa、16.43kPa、9.86kPa、6.15kPa 和 3.95kPa，且埋深越大，孔隙水压力上升速率越大；此后，虽然持续注水，但孔隙水压力不再增加；排水阶段，孔隙水压力值急剧下降，并在短时间内达到稳定值，埋深 2.0m、1.5m、1.0m、0.5m 和 0.3m 处对应的孔隙水压力稳定值分别为 2.5kPa，0.5kPa，−0.1kPa，−0.21kPa，−0.8kPa。

（2）土压力。初始水位升降阶段模型体不同深度处土压力响应规律曲线见图 6.15。试验过程中主要研究水位升降对土压力变化的影响，土压力传感器在安装

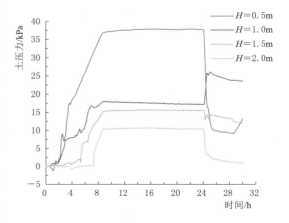

图 6.15　初始水位升降阶段土压力响应规律曲线

完成后进行了调零操作，因此，试验过程中所测量到的土压力均为土压力变化量。2.2m高程的土压传感器在埋置过程中损坏，无法测得数据，只得出0.5m、1.0m、1.5m、2.0m高程的土压数据。由图6.15可知，不同深度土压力随着水位升降变化具有相似的响应规律：在水位上升阶段，土压力随注水量的增加而增大；在降水阶段，不同深度土层土压力几乎同时出现陡降现象，最终趋于稳定值。

对于模型体不同埋深处，在水位上升阶段，土压力计位置越深，土压力增长速率越大，增长幅度也越大；在水位下降阶段，不同深度处孔隙水压力在短时间内下降到稳定值，下降速率相同，且埋设深度越深，稳定值越大。如注水9h后，4个测点土压力基本达到各自的峰值点，0.5m、1.0m、1.5m、2.0m高程位置的土压力峰值约为37.78kPa、17.69kPa、15.63kPa、10.67kPa；此后，持续注水，其值缓慢增加，停止注水后，土压力不再增加，且埋深越大，其稳定值越高。在排水阶段，孔隙水压力值急剧下降，并在短时间内达到稳定值，0.5m、1.0m、1.5m、2.0m高程位置的土压力稳定值分别为3.14kPa、3.55kPa、1.94kPa、0.79kPa。

（3）竖向变形。在初始水位升降条件下，模型体不同深度处竖向变形见图6.16，图中正值表示土体膨胀，负值表示土体压缩。

试验结果表明，不同深度处各层填筑体竖向变形表现出相似的规律。在水位上升阶段，各层位填筑体均表现出压缩变形特征，沉降速率基本一致，其压缩量随注水量增加而增大。持水阶段开始后压缩量略有减小。在持水阶段，最底层（埋深2.5m）继续表现出压缩特征，中部层位（埋深2.0m、1.5m）土层沉降基本维持恒定，上部层位（埋深1.0m）土层出现回弹现象。在水位下降阶段，各层位土层均表现出略微回弹现象。

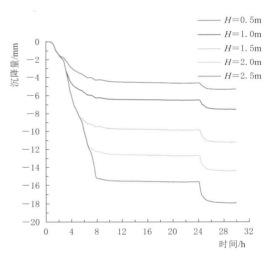

图6.16　初始水位升降阶段沉降变化曲线

此外，通过对比不同深度处模型体孔隙水压力实测值与孔隙水压力理论值差值，发现深度越深，其差值越大。如第5次水位循环阶段，在模型体埋深$H=2.0m$处，孔隙水压力实测峰值与静孔隙水压力理论峰值的差值约为6.5kPa，$H=1.5m$处差值为5kPa，$H=1.5m$处差值为2.5kPa，$H=1.0m$处差值为1.1kPa。由此分析，在向模型体内注水时，模型体底部注水管出口处流速较大，存在一定的动水压力，导致模型体底部孔隙水压力实测值明显大于此处静孔隙水压力理论值，距离模型体表面越近，水流流速降低，动水压力减小，孔隙水压力实测值与静孔隙水压力理论值差值变小。

（4）多参数关联分析。初始水位升降阶段模型体不同深度处孔隙水压力、土压力、沉降多参数关联曲线见图6.17。试验结果表明，在模型体不同深度处，土压力、竖向沉降和孔隙水压力变化密切相关。

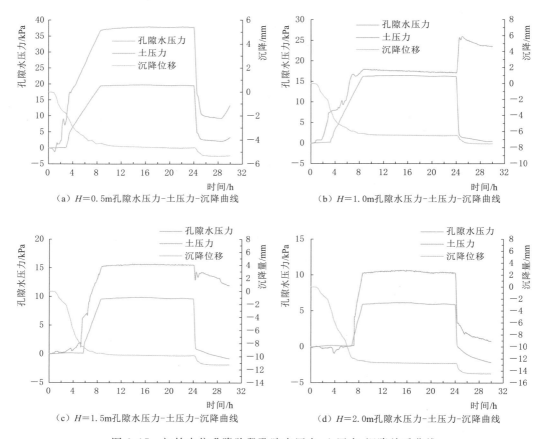

图 6.17 初始水位升降阶段孔隙水压力-土压力-沉降关系曲线

在水位上升阶段，土压力随着孔隙水压力的增加而增大，但其时间不同步，土压力开始增长时刻最深处迟于孔隙水压力，随着埋深位置的减小，土压力增加的时长逐渐早于孔隙水压力，如埋深 $H=0.5m$ 处延迟时间约 2h，$H=1.0m$ 处土压力早于孔隙水压力时间约 1.5h，$H=1.5m$ 处提前时间约 2.5h。此外，土压力达到峰值的时间也明显接近孔隙水压力，且峰值同步增加时长随土体深度增加而更加明显。在水位下降阶段，土压力开始下降时刻与孔隙水压力下降时刻则完全一致，这可能是由于安装传感器的钻孔内回填料为透水性较强的细砂，孔隙水可以随着水位下降快速疏干，土压力随孔隙水压力同步下降。水位下降过程中，孔隙水并不能完全疏干而达到注水之前的含水状态，部分孔隙水残留在土体孔隙中，导致土体重度增加，因此土压力稳定值高于孔隙水压力稳定值。

对于模型体沉降而言，沉降随模型体内水位上升而开始增加，深度 $H=2.0m$ 以上模型体竖向沉降增加时刻逐渐超前于相应深度孔隙水压力增加时刻，且传感器埋设深度越浅，超前时间越长。这是由于模型体内孔隙水压力上升过程需要一定时间，下层土体饱水发生沉降后会带动上部土体同步发生沉降，而此时水位还未上升到上部土体，其仍处于未饱水状态，因此，孔隙水压力并未出现增长。

沉降最大值一般滞后于最大孔隙水压力，且在持水阶段，较深部沉降随着孔隙水压力慢慢降低而保持稳定。在快速降水阶段，沉降会继续增大，在排水稳定阶段后期，沉降才慢慢稳定。

6.1.4.2 水位循环升降阶段的响应规律

1. 孔隙水压力

在周期性水位升降作用下（第 2 次至第 4 次水位循环升降），模型体内部的渗流场将发生周期性变化。在水位上升阶段，渗流方向向上，模型体底部的孔隙水压力最大，形成水力梯度；在水位下降阶段，渗流方向向下。注水阶段孔隙水压力上升并达到最大值，持水阶段孔隙水压力逐渐下降，降水阶段孔隙水压力快速下降并趋于恒定值，此时孔隙水压力值最小，各次循环内孔隙水压力最大值与最小值的差值即为该循环内孔隙水压力的变化幅值。随着水位循环升降次数的增加，各次循环结束后孔隙水压力稳定值也将随之发生变化，各次水位循环升降完成后孔隙水压力值的变化过程反映了孔隙水压力的损失情况。

模型体不同深度孔隙水压力随水位循环升降变化结果见图 6.18。试验结果表明，各层孔隙水压力随水位循环升降变化的规律基本相同，孔隙水压力与水位循环升降过程和传感器埋深具有较好的一致性关系。

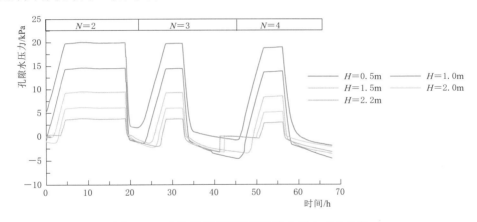

图 6.18   水位循环升降阶段孔隙水压力变化曲线

第 2～4 次水位循环升降完成后，相同深度处孔隙水压力峰值明显小于前一次水位循环完成后的孔隙水压力峰值，第 2～4 次水位循环升降完成后，模型体最深处孔隙水压力峰值约为 20.5kPa、19.86kPa、18.92kPa。出现这样的现象是由于前一次水位升降循环过程中，孔隙水有所滞留，向模型体内注水时间缩短，导致模型体内孔隙水压力峰值小于相应深度处孔隙水压力理论值。

此外，通过对比不同深度处模型体孔隙水压力实测值与孔隙水压力理论值差值，发现深度越浅，其差值越大。如第 2 次水位循环阶段，在模型体埋深 $H=2.0\text{m}$ 处，孔隙水压力实测峰值与静孔隙水压力理论峰值的差值约为 0.06kPa，$H=1.5\text{m}$ 处差值为 0.3kPa，$H=1.0\text{m}$ 处差值为 0.44kPa，$H=0.5\text{m}$ 处差值为 1.25kPa。由此分析，在向模型体内注水时，模型深部饱和时间越长，孔隙水压力实测值明显接近于此处静孔隙水压力理论值，距离模型体表面越近，水流流速降低，动水压力减小，饱和不充分，孔隙水压力实测值与静孔隙水压力理论值差值变大。

（1）孔隙水压力最大值特征。水位循环升降阶段孔隙水压力最大值变化曲线见图6.19。

试验数据表明，整体而言，不同深度处孔隙水压力最大值随水位循环升降次数增加而逐渐降低。孔隙水压力具有相同的变化趋势，且孔隙水压力最大值随循环次数的降幅也基本一致。此外，不同深度处最大孔隙水压力随循环次数的降幅也基本一致。如高程2.0m处的孔隙水压力，在第1～4次干湿循环条件下，最大值分别约为3.96kPa、3.87kPa和3.78kPa、3.03kPa。平均降低幅值为0.1kPa。试验结果表明，干湿循环次数降低了土体内最大孔隙水压力值，表明干湿循环次数增强了土体内部结构，降低了土体的最大孔隙水压力。

（2）孔隙水压力稳定值特征。水位循环升降阶段孔隙水压力稳定值变化曲线见图6.20。试验数据表明：整体而言，模型体不同深度处孔隙水压力稳定值均随循环次数变化较小，并呈现轻微波动特征（仅高程1.5m处孔隙水压力稳定值呈现波动增长）；各深度处孔隙水压力稳定值变化波动范围为－0.1～0.79kPa。试验结果表明，水位循环升降次数对孔隙水压力稳定值影响较小。根据试验结果，分析干湿循环后填筑体结构持水性较差，其孔隙中水大部分排泄，孔隙水压力稳定性较好。

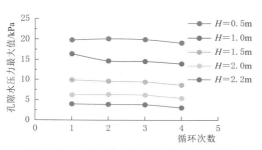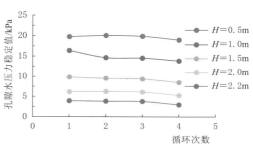

图6.19　水位循环升降阶段孔隙水压力　　　　图6.20　水位循环升降阶段孔隙水压力
最大值变化曲线　　　　　　　　　　　稳定值变化曲线

（3）孔隙水压力损失值特征。为进一步探索水位升降结束后孔隙水压力稳定值随着水位循环升降次数的增加而逐渐降低现象，将相邻两次水位升降后孔隙水压力稳定值的差值定义为孔隙水压力的损失值。不同水位升降次数下孔隙水压力的损失情况见图6.21。

由试验数据分析，水位升降后孔隙水压力的稳定值多数随升降次数呈现单调变化，即随水位升降次数的增多孔压逐渐降低，一般而言，损失量初次较小，而后逐渐增大，且增长幅度小于降低幅度，随着干湿循环次数的增加，其波动的幅度均在减少。如高程0.5m深度的孔隙水压力，第2次干湿循环后稳定的孔隙水压力相比第1次降低了0.27kPa，第3次相对第2次减小了约0.18kPa，第4次相对第3次增加了约0.9kPa。高程1.0m、1.5m、2.0m和2.2m也表现了类似现象。

（4）孔隙水压力变幅特征。分析试验结果发现，每次循环内孔隙水压力峰值与稳定值之间的变化幅值同样随循环次数的增加而变化，孔隙水压力变化幅值随水位循环升降次数的变化结果见图6.22。

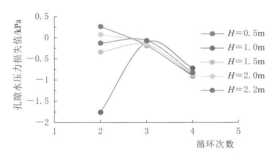 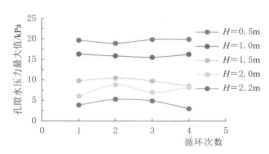

图 6.21　不同水位升降次数下孔隙水压力损失量　　图 6.22　不同深度孔隙水压力变化幅值

2. 土压力

（1）土压力特征。水位循环升降过程中不同深度土压力周期性变化结果见图 6.23（第 2～4 次水位升降循环）。

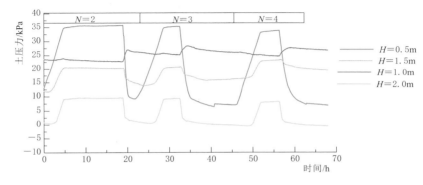

图 6.23　水位循环升降阶段土压力变化曲线

在整个水位循环升降过程中，不同深度土压力变化规律与孔隙水压力变化规律基本一致，土压力峰值随水位循环升降次数的增加而逐渐减小，由此说明土压力的周期性增减变化主要受孔隙水影响。整体上，土压力量值与水位循环升降过程和传感器埋深具有较好的一致性关系，但高程为 1.0m 的传感器在水位下降时土压力有所上升。

同样受到模型体注水时间延长的影响，第 2～3 次循环阶段土压力峰值明显高于第 4 次土压力峰值。模型体高程 $H=2.0$m 以下深度范围内，土压力随水位循环过程变化显著。对于模型体埋深为 2.0m 处，第 2～4 次水位升降阶段土压力峰值分别为 35.68kPa、35.34kPa、33.83kPa。

（2）土压力最大值特征。水位循环升降阶段土压力最大值变化曲线见图 6.24。试验数据表现为：整体而言，不同层位土压力最大值随水位循环升降次数增加而降低；但中部埋深土压随水位循环次数增加有所上升。第 1～2 次循环阶段，不同深度土压呈下降趋势。如第一个阶段内，高程 0.5m 处土压力在第 1～4 次水位升降条件下，其最大值分别为 37.87kPa、35.76kPa、35.55kPa 和 34.02kPa。高程 1.5m 处土压力最大值为 18.8kPa、19.63kPa、19.98kPa、20.68kPa，高程 1.5m 处土压力有明显的上升趋势，模型体土压力最大值波动幅度明显小于高程为 0.5m 的区域。每层土的土压力最大值随水位升降次数的增加而降低，表明了水位升降循环改变了土体内部结构，使得在相同的条件下土体土压力有所降低。

（3）土压力稳定值特征。各次循环内土压力稳定值变化特征见图 6.25。试验表明，模型内水位下降稳定后，不同深度处土压力值逐渐趋于稳定值，随着水位循环升降次数增加，不同埋深处土压力稳定值整体呈现降低趋势。而高程为 1.5m 的土压在 2 次水位升降后有所增加，第 3～4 次又出现减小的现象。高程为 0.5m 的土压在 4 次水位升降中依次是 35.68kPa、35.34kPa、33.83kPa 和 33.73kPa。而高程为 1.5m 的土压在 4 次水位升降中依次是 20.52kPa、20.64kPa、23.28kPa 和 23.26kPa。

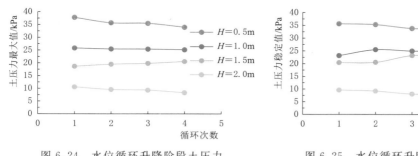

图 6.24　水位循环升降阶段土压力　　　　图 6.25　水位循环升降阶段土压力
　　　　最大值变化曲线　　　　　　　　　　　　稳定值变化曲线

试验结果表明，土压力稳定值随着水位升降循环次数增加而降低，这是由于模型体经过水位升降循环后，水位升降循环改善了土体内部结构，其对土体开展了压缩挤密作用。这与试验过程中监测到的各层稳定沉降值变化规律基本一致。水位升降幅度越大，其对土体结构影响越显著，对土体内部结构影响越明显。

（4）土压力损失值特征。为进一步探索水位升降结束后土压力稳定值随着水位循环升降次数的增加而逐渐降低的现象，将相邻两次水位升降后土压力稳定值的差值定义为土压力损失值。不同水位升降次数下土压力的损失情况见图 6.26。

由图 6.26 可知，土压力的损失值随升降次数呈规律波动，整体上，土压力损失值先增大后减小，经多次水位升降循环后，土压力损失值趋于稳定。如埋深 2.5m 处，第 2 次干湿循环后稳定的土压力相比第 1 次减少了 2.5kPa，第 3 次相对第 2 次增加了约 1.0kPa，第 4 次相对第 3 次减小了约 0.2kPa。第 5 次干湿循环后，充水量多于前 4 次，第 5 次土压力稳定值相对第 4 次增加了约 5kPa。第 6～8 次干湿循环条件下，土压力增加值基本恒定在 0.5kPa 左右。埋深 2.0m、1.5m、1.0m 和 0.5m 处也出现了类似现象。

（5）土压力变幅特征。水位升降条件下模型不同深度处土压力变化幅值见图 6.27。

试验数据表明，土压力变化幅值均随水位升降次数的增加而降低，在水位循环升降过程中，由于向模型内注水能力的差异，因此，分两个阶段阐述土压力随水位升降变化过程，第 1～2 次水位循环升降阶段土压力变化幅值明显大于第 3～4 次。土压力变化幅值均与埋深呈正比，埋深越大，土压力变化幅值也越大。以埋深 1.5m 处即高程为 1.0m 处土压力为例，第 1～2 次水位循环升降阶段土压力变化幅值分别约为 23.3kPa 和 2.06kPa；第 3～4 次水位循环升降阶段土压力变化幅值分别约为 2.23kPa 和 0.21kPa。

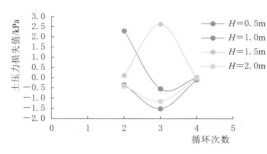

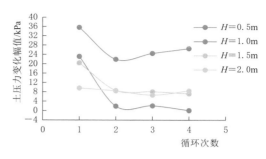

图 6.26　水位循环升降阶段土压力损失值　　　图 6.27　水位循环升降阶段土压力变幅

试验结果表明，土压力变化幅值随着水位升降次数增加而减小，说明水位升降次数增强了土体内部结构，使得土压力变幅降低；同时水位升降幅度越大，对土体内部结构影响越显著，土压力变幅越大。

3. 竖向变形

水位循环升降下不同深度处各土层相对于模型箱顶部的竖向变形过程见图 6.28。位移沉降变化主要受第 1 次水位循环升降显著影响，第 2 次水位升降循环条件下各层位竖向变形延续了第 1 次水位升降条件下的变形特征，但沉降位移变化缓慢，而第 3～4 次水位循环升降沉降位移特征和第 2 次水位循环升降条件下的变形特征一致。在 4 次水位升降循环条件下，各层位竖向变形都随着水位增加而表现为沉降，随着水位下降各层位表现出瞬时回弹变形特征，而后继续表现出沉降变形特征。此外，随着水位升降循环次数的增加，不同深度处填筑体竖向沉降幅值逐渐降低，压缩挤密峰值逐渐增加。这可能是由于水的作用改变了填筑体的原有结构，导致颗粒致密，进而表现出沉降特征。经历两次水位循环升降之后，土体颗粒结构达到新的平衡状态，后期水位的周期性上升导致土体内部有效应力减小，模型体表现出持续沉降现象；水位下降后，填筑体内部有效应力增加，表现出瞬时回弹现象，而后又持续沉降。如第 3 次水位下降阶段模型体高程 0.5m、1.0m、1.5m、2.0m 和 2.5m 瞬时回弹幅值分别为 0.25mm、0.16mm、0.28mm、0.26mm、0.20mm，而后又继续缓慢沉降。

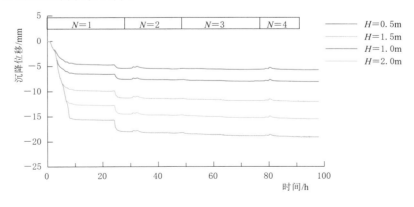

图 6.28　水位循环升降阶段累计沉降变化曲线

6.1.4.3 多参数相关性分析

填筑土体沉降是其内部应力状态和土体结构不断调整的过程，而土体沉降变形是后者的宏观表现。为深入分析填筑土体沉降变形机理，绘制了多参数关联分析曲线，见图6.29～图6.32，获得了不同层位土体沉降变形随孔隙水压力和土压力变化过程。

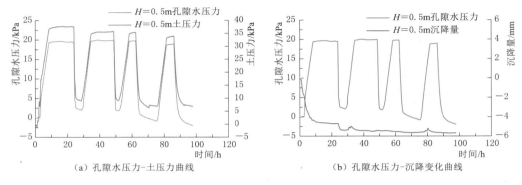

（a）孔隙水压力-土压力曲线　　　　（b）孔隙水压力-沉降变化曲线

图 6.29　模型体 0.5m 高程孔隙水压力-土压力-沉降关联曲线

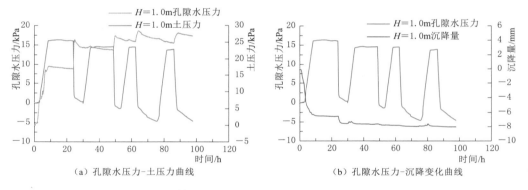

（a）孔隙水压力-土压力曲线　　　　（b）孔隙水压力-沉降变化曲线

图 6.30　模型体 1.0m 高程孔隙水压力-土压力-沉降关联曲线

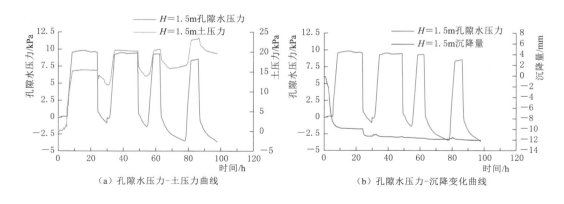

（a）孔隙水压力-土压力曲线　　　　（b）孔隙水压力-沉降变化曲线

图 6.31　模型体 1.5m 高程孔隙水压力-土压力-沉降关联曲线

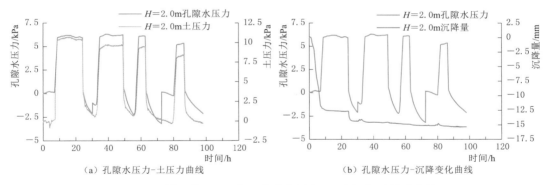

（a）孔隙水压力-土压力曲线　　　　（b）孔隙水压力-沉降变化曲线

图 6.32　模型体 2.0m 高程孔隙水压力-土压力-沉降关联曲线

由图 6.32 可知，整体而言，在水位周期性变动条件下，土体不同层位土压力变化规律与孔隙水压力具有高度一致性，呈现"同升同降"的特征（由于试验过程中土压力传感器主要监测水位升降引起的土压力变化过程，因此土压力数值为相对值）。

在模型体整个土层中，在第 1～4 次循环阶段，孔隙水压力峰值明显低于土压力峰值，土压力稳定值也高于孔隙水压力。如在模型埋深 2.0m 处，第 1～4 次循环阶段孔隙水压力与土压力峰值之差分别为 17.69kPa、15.68kPa、15.47kPa、15.03kPa，土压力峰值明显高于孔隙水压力峰值。

6.2　消落带高填方场地稳定性数值仿真分析

通过室内物理模型试验开展了水位循环升降条件下土石料模型体的沉降变形规律研究，在此基础上，采用数值仿真方法研究模型体的变形特征。首先基于粗粒土力学特性试验建立的损伤本构模型及强度破坏准则，利用室内模型试验结果对数值仿真的计算参数进行校准，进而对填方场地的长期变形进行预测。

6.2.1　计算原理

根据室内物理模型试验，计算原理为水位在模型体高程 0～2.5m 之间循环升降，待一个循环结束，监测高程分别为 0.5m、1.0m、1.5m、2.0m 和 2.5m 的沉降位移。历次水位升降条件下，模型体竖向变形分布会逐渐发展。模型体弹性模量、泊松比、密度选用室内试验结果，强度参数采用室内直剪试验结果，参数均取天然状态下的参数。根据试验体埋置深度，综合室内围压 100kPa 条件下三轴试验获取的试样弹性模量。

6.2.2　计算模型

根据室内物理模型试验建立相应的数值计算模型，见图 6.33。数值模拟过程主要揭示水位循环升降造成模型体物理力学参数改变，进而引起

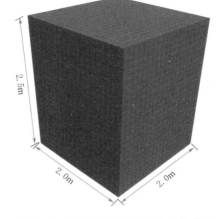

图 6.33　室内物理试验数值计算模型

土体变形增长的过程，因此，对数值模型进行了适当的简化，数值模型仅包括试验体。模型体长、宽均为 2m，高度为 2.5m。室内物理模型四周和底部为钢板，视这些边界是不发生位移变化的，计算过程中，模型各侧立面采用法向位移约束，模型底面采用三向位移约束。

（1）计算参数。表 6.1 中所列弹性模量、泊松比、密度选用室内试验结果，强度参数采用现场直剪试验结果，表中均为天然状态下的参数。根据试验体埋置深度，综合室内围压 100kPa 条件下三轴试验获取的试样弹性模量，确定数值计算选用的弹性模量随干湿循环作用变化过程如图 6.34 所示。

表 6.1　　　　　　　　　　模型试验数值计算参数

参　数	弹性模量/Pa	泊松比	密度/(kg/m³)	黏聚力/kPa	内摩擦角/(°)
模型体	3×10^7	0.3	2300	94.35	23.7

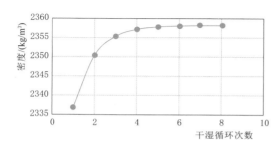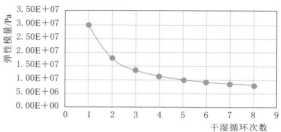

图 6.34　试验材料密度与弹性模量随干湿循环次数变化曲线

模型体底面与四周通过相同的土工膜材料与填筑体隔离，因此各接触面采用相同的接触面参数，见表 6.2。

表 6.2　　　　　　　　　　接 触 面 参 数

参　数	切向刚度/(Pa/m)	法向刚度/(Pa/m)	黏聚力/Pa	内摩擦角/(°)
接触面	2×10^7	2×10^7	2×103	10

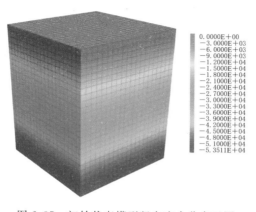

图 6.35　初始状态模型竖向应力分布云图

（2）荷载及边界条件：初始状态应力分布。数值计算模型初始状态应力分布的正确与否直接关系到后续水位升降计算结果的可靠性。对于室内物理模型试验，模型初始状态应力分布主要受重力支配，图 6.35 所示为初始状态模型竖向应力分布云图，负值代表压应力。模型底部竖向应力最大为 5.3511×10^4 Pa，与理论计算值 5.425×10^4 Pa（重度与深度乘积：$2170kg/m^3 \times 10cm/s^2 \times 2.5m$）相差 0.13%，说明数值计算得到的应力场分布与理论计算值基本一致，可用于后续分析。

（3）计算工况。图 6.36 所示为历次水位升降条件下，模型体竖向变形分布发展过程，图中 N 代表水位升降次数。总体而言，历次水位循环升降完成后，模型体具有相同的竖向变形规律，竖向变形随深度增加呈递减趋势，模型体中部顶面竖向变形最大。受侧壁影响，中部变形略大于四周。就水位循环升降过程而言，模型体不同层位竖向变形均随水位循环次数的增加而增加，并引起模型体底部的填筑体产生随循环次数增加而增加的竖向变形。

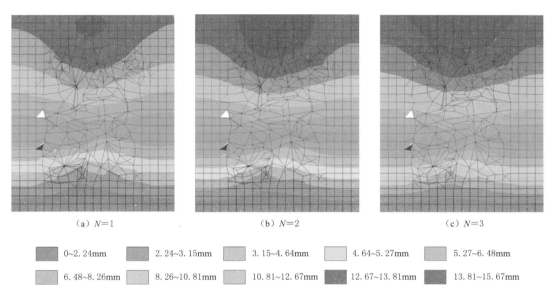

    （a）N=1   （b）N=2   （c）N=3

	0~2.24mm		2.24~3.15mm		3.15~4.64mm		4.64~5.27mm		5.27~6.48mm
	6.48~8.26mm		8.26~10.81mm		10.81~12.67mm		12.67~13.81mm		13.81~15.67mm

图 6.36　水位循环升降条件下模型体竖向变形发展过程

6.2.3　计算结果分析

第 1 次水位循环升降完成后，模型体中心顶部出现最大沉降约 15.60mm，模型体底部存在微小回弹变形。第 2 次水位循环升降完成后，模型体最大竖向变形仍出现在中心顶部位置，最大值约 18.15mm。此后，模型体竖向变形增长缓慢。第 3 次水位循环升降完成后，模型体中心顶部最大竖向变形为 18.54mm。

通过数值仿真技术，可以获取现场模型试验无法获取的大量数据，以便更全面的了解模型体空间位置的变形特征。图 6.37 所示为水位循环升降条件下模型体中心不同深度处竖向变形演化过程曲线图。图 6.37（a）主要反映模型体不同层位土体竖向变形随循环次数的变化情况。图 6.37（b）主要反映历次水位循环升降条件下模型体不同深度处竖向变形情况。由图可知，0.5m 深度范围内，模型体竖向变形差异微小，0.5~2.5m 深度范围内，竖向变形随深度增加而减小。就水位升降循环次数而言，竖向变形增长明显，但增长速率随循环次数的增加而减小，说明水位循环升降对填筑体竖向变形的影响程度逐渐减弱。从图 6.37（a）中还可以看出，数值模拟的结果与试验所得结果有较好的一致性。

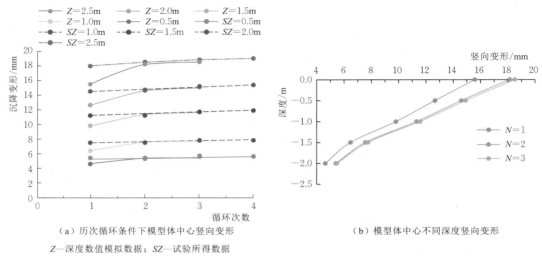

（a）历次循环条件下模型体中心竖向变形　　　　（b）模型体中心不同深度竖向变形

Z—深度数值模拟数据；SZ—试验所得数据

图 6.37　水位循环升降条件下模型体中心竖向变形

第 7 章　消落区高填方地基绿色智能建造

7.1　绿色建造

7.1.1 策划

综合分析自然条件与资源禀赋，先后开展了移民安置规划、县城整体规划、产业发展规划、特色城镇规划等，见图 7.1。畅通移民安置与老旧城区有机衔接，统筹移民短期搬迁与长期发展需求，有效保障移民"搬得出、稳得住、能发展、可致富"。

7.1.2　设计

结合山区地形、当地民风民俗，因地制宜

图 7.1　高山冷凉健康蔬菜基地

规划安置区功能配套，教育、医疗、农贸市场、社区、广场设施完善，生活舒适便捷，见图 7.2。

绿色节能原则贯穿全周期，依坡就势划分格局，全明户型设计，雨污分流，"三废"集中处理，利用中水浇灌绿植，当地特色植被绿化，绿地通达、融入自然、环境友好，见图 7.3。

图 7.2　社区广场

图 7.3　特色植被绿化

7.1.3　施工

由于时间紧、体量大、地质条件复杂，所以借助信息化手段提升项目的管理效率。工程回填量近 1000 万 m^3，点多面广，全部来自移民安置工程建设弃渣及库内土石料；回填土质量要求高，项目部通过智慧碾压系统的开发和应用，有效地确保了土方回填质量。

工程不仅回填量大，回填深度比较深，地下水比较丰富，同时还存在土体液化，为了确保基础工程质量，一方面对液化区域进行强夯，另一方面采用桩侧注浆，在强夯过程中，由于面广，常规人工测量精度不高，难以满足现场进度要求，通过智慧强夯系统的开发和应用，保证了强夯工程质量，也提高了强夯效率，加快了基础工程施工进度。

在主体工程建设方面，项目通过对原有结构体系的优化，采用铝膜早拆免抹灰体系，不仅保证了混凝土构件的强度和外观质量，也减少了抹灰工序，一方面节约了成本，另一方面也加快了施工进度，见图 7.4。

建设过程中，在保证质量、安全、进度等基本要求的前提下，通过科学管理和先进技术应用，最大限度地节约资源与减少对环境负面影响的施工活动，实现"四节一环保"（节能、节地、节水、节材和环境保护）的目标。

7.1.4　交付

工程质量良好，让老百姓能够在家观赏到美丽的江景，享受高品质的江景房生活，见图 7.5；住宅、学校、幼儿园、医疗、农贸市场、社区、广场设施的投入使用，方便移民的日常生活，改善了基础教育条件，提高了当地的就学率，民众生活幸福感提高。

图 7.4　铝模技术

图 7.5　美丽江景图

7.2　智慧碾压

7.2.1　智慧碾压系统概述

近年来，由我国自主研发、独立运行的北斗卫星导航系统（BeiDou Navigation Satellite System，BDS）通过了长时间测试，正式投入商用，相关技术已经成熟。通过 BDS 构建的实时动态控制系统（RTK）可以实现平面精度±1cm、垂直精度±2mm 的高精度定位，完全满足碾压质量监控系统的需要。

苏阿皮蒂碾压混凝土大坝碾压质量监控与分析系统采用定制的北斗 RTK 双星设备（BDS 和 GPS）进行施工机械的空间定位；同时加装振动传感器、工业 PAD 等设备，构成监控系统的硬件部分；施工机械采集的数据采用 LTE 网络进行传输到服务器。现场部署结构见图 7.6。主要实现了以下功能。

（1）实现坝面碾压机械的运行轨迹、速度、激振力等数据进行实时动态监测。

（2）实现碾压遍数、压实厚度、压实后高程、热升层等信息自动计算和统计与实时可

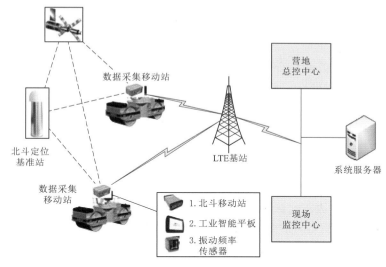

图 7.6　现场部署结构图

视化显示。

（3）碾压机械工作时，司机室内工业平板实时同步显示图形化轨迹与碾压覆盖区域，引导操作手进行碾压施工操作，避免漏碾或错碾。

（4）当运行速度、振动频率、碾压遍数不达标、热升层状态变化时，系统会自动发送报警信息。

（5）碾压结束后，系统支持碾压单元成果分析报告的输出，输出内容包括碾压轨迹图、行车速度分布图、碾压遍数图（无振和有振）、压实后高程分布图等，作为质量验收的辅助材料。

（6）碾压过程回放设置。除了实时观测碾压的实际情况外，由于所有的数据都已经储存在数据库中，因此还可以对已经碾压的全过程实际情况进行回放，作为施工效果的评价依据。

7.2.1.1　智慧碾压系统建设目标

巧家、东川防护回填区，属于高方量、大体积回填，对回填的碾压监控质量要求较高。系统需要建立"监测—分析—反馈—处理"的全流程大坝施工碾压工艺监控体系，在设计与应用时，要考虑碾压混凝土坝的碾压质量控制，系统需要实现对不同规格碾压设备的监控能力以及不同施工工艺指标的灵活配置能力；填筑施工碾压范围及碾压材料较为广泛，系统设计时须按照最小碾压单元进行相关碾压参数设置，保障不同单元的碾压面达到碾压标准。碾压过程中通过在碾压车辆上安装北斗/GPS定位设备及技术，实现实时动态监控填筑区碾压机械的运行轨迹；通过碾压振动相关智能设备装置进行碾压相关数据的采集，结合定位相关数据，可对碾压轨迹、速度、碾压遍数、层厚等关键质量指标实现实时分析与动态反馈，以满足施工现场的质量控制需求。

7.2.1.2　智慧碾压系统建设内容

工程建设采用的重点技术如下。

1. 建立三级碾压质量跟踪与监控系统及应用模式

传统的碾压监控系统，强调的是对现场的（远程）实时监控与问题整改。为了更好地服务于碾压施工的过程质量控制，系统除了采用传统的集中监控、指示整改模式的外，建立了动态指引与实时监控相结合的三级监控模式。具体而言，就是通过在司机驾驶室、现场分控站与总控站分别设立监控屏幕，实现三级质量跟踪，实现多方共赢的质量控制模式。

（1）司机端通过工业平板，实时了解碾压轨迹、碾压遍数等信息，随时发现漏碾或错碾情况，依据操作指引主动及时纠偏，有效提高工作效率，能大大提高碾压司机的应用配合度。

（2）现场分控站安排监理人员与平台建设方联合驻守，及时跟踪了解现场碾压状况，对反映的超速或碾压遍数不达标等异常情况，及时通知施工单位进行整改，有效保证了碾压施工质量。

（3）总控站部署在办公楼，能远程监控并随时了解大坝的碾压工作状态，便于对现场施工状态的整体把握与监控。

2. 多种手段保证碾压系统功能稳定运行，并提高适用性

碾压监控系统采用先进的物联网传感与采集技术，结合分布式软件系统架构设计，全面实现对碾压机实时定位与振动状态的采集，支持对碾压轨迹、速度的实时监控，并支持实时的碾压遍数、碾压高程与层厚的分析，并实现碾压质量数据监测表的自动统计输出与异常报警。

为了满足现场复杂的应用条件的系统稳定运行要求，系统选用环境适用性高的工业级硬件设备，对线缆、插拔件进行严格防护，辅以软件的持续优化与维护，保证了系统在长期振动环境下的可靠运行。

系统实现了大量的人性化与适用性设计，极大便利了各级人员操作。如：司机端支持白天、黑夜模式切换，支持监控与跟踪模式切换，支持振碾遍数模式切换；采集端支持对传感器状态的实时监控与异常报警，支持异常短时间无网模式下持续监控与事后数据上传，保证监控数据不丢失；数据中心实现对原始轨迹与振动数据、分析数据与成果的分级保存，可随时动态查阅历史信息；PC 监控端支持多种分析模式的实时监控与动态切换，支持多级报警支持等。

7.2.2　技术方案

7.2.2.1　系统软件平台

系统软件平台分为 3 个部分，包括监控中心软件、监控工作站软件、车载终端软件。软件的整体结构及关系见图 7.7。

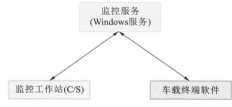

图 7.7　软件整体结构及关系图

监控中心服务软件是运行在施工现场监控中心的后台服务，负责接收前端硬件发送过来的数字信号，进行转换和初步处理后存储。

监控工作站软件是运行在施工现场或后方营地监控室电脑内的实时监控程序，通过与监控服务中心进行通信，获取监控中心实时采集的信息，进行数据分析（运行轨迹、覆盖区域、运行速度、热升层）与动态显示、成果输出与报警。

车载终端软件是部署在碾压设备司机室工业平板上的碾压实时数据采集程序，还可实现司机登录、碾压任务下达、碾压轨迹、碾压遍数、覆盖区域的实时跟踪显示，并提供碾压施工引导与异常预警，辅助司机驾驶操控。

7.2.2.2 关键技术方案实现

1. 监控中心（服务器端软件）逻辑结构

监控中心的职责包括监听 DTU 的通信、数据的解析与存储（归档）、监控客户端的连接与通信，见图 7.8。上述职责既相互耦合、彼此关联，又存在一定的独立性。为了保证系统的性能，提升系统的伸缩性，系统采用 NSB（ESB）来实现 3 个组件之间的消息通信。

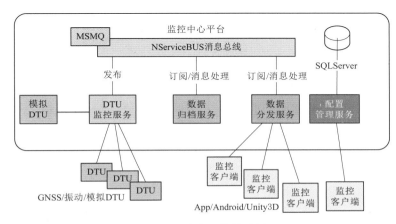

图 7.8　消息通信关系图

典型的应用场景及技术要点为：

（1）DTU 监控服务收到 DTU 发送的数据，解析后发布到总线中。

（2）数据归档服务订阅某类数据（如：GNSS 定位数据），从总线上受到该类数据后，执行归档。

（3）客户端监控服务订阅某类数据（如：GNSS 定位数据），从总线上受到该类数据后，根据客户的订阅情况，分别推送到不同的客户端中去（不同设备的定位数据，分别根据客户端的要求，发送到不同的客户端中）。

（4）不同的监控客户端与数据分发服务的通信协议是一致的。

（5）模拟 DTU 的作用为模拟现场实际的施工过程，发送相关数据，便于开发区间的测试。

2. 车载终端软件逻辑试图

车载终端软件包括碾压数据采集软件与碾压司机端监控软件。其中碾压数据采集软件实现与定位终端、（振动）数据采集器通信，实时采集数据，并进行分析梳理，通过 DTU 协议传递到监控中心，同时将监控采集信息发布到本地的司机端监控程序，车载终端软件的整体架构见图 7.9。

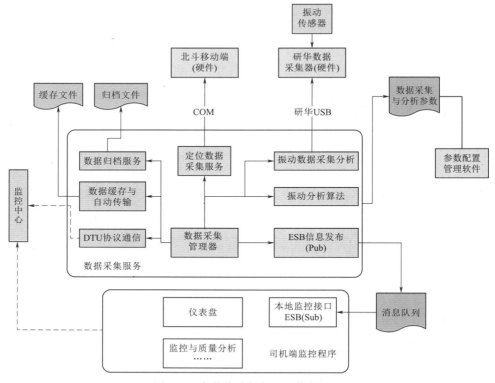

图 7.9 车载终端软件的整体架构图

司机端监控程序是在监控工作站软件的基础上进行定制，围绕本机的碾压定位跟踪实现的，支持本地信息的接收，支持仪表盘等实时分析功能。

设计要点：

（1）支持对硬件与网络状态进行检测，自动识别并报告硬件异常状态。

（2）支持热插拔，硬件恢复或参数配置修改后，自动应用，提高软件运行的稳定性。

（3）支持对异常网络状态的监测与缓存管理，网络恢复后自动后台传送。

（4）本地监控过程不依赖网络，降低网络访问通信流量。

（5）监控与采集分离。采集程序采用服务模式运行，监控程序定时判断服务运行状态，支持自动服务注册与后台启动服务，以保证采集服务长期后台运行。

3. 碾压遍数分析

基于图像的实现碾压遍数分析，在年前的初步技术研究中已经进行过技术原理验证。其核心原理为通过制定透明度来绘制轨迹，多次碾压后，颜色叠加，最终不同的碾压次数会呈现不同的颜色，将这些颜色（类似的颜色）分别映射到设置的遍数范围对应的高对比度颜色表中，实现碾压遍数的可视化分析。该方案以此为基础，进行进一步深入研究，着重解决以下具体问题：

（1）基于不规则单元区域的碾压遍数图绘制，总面积及各遍数比例分析。

（2）仓面埋设仪器（不碾压，不计入统计分析）布置区域的特殊处理。

（3）对低速运行（或静止状态下由于信号偏移导致出现相对位移）的数据处理及误差

剔除。

遍数分析流程图见图7.10，遍数分析显示效果图见图7.11。

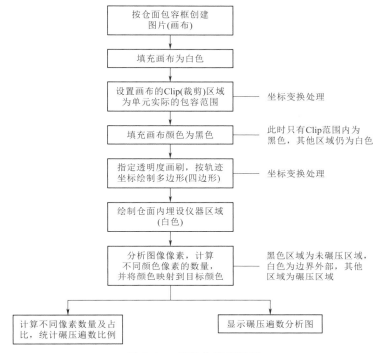

图 7.10　遍数分析流程图

图 7.11　遍数分析显示效果图

在进行绘制图形时，首先按数据点的振动状态（无振、高频低振、低频高振）将数据切分，再根据碾压遍数分析的模式（所有、无振、振动、高频低振、低频高振）决定所需绘制的数据点。每次绘制时，依次取三个数据点（P_1、P_2、P_3），如果只有两个数据点，则取（P_1、P_2）。L_1点由向量P_1P_2绕P_1点顺时针旋转90°得到，R_1由向量P_1P_2绕P_1点逆时针旋转90°得到，L_1、R_1到P_1点的距离为设定的辗轮宽度的一半。为使轨迹

151

更加平滑，L_2 则是由向量 P_1P_3 绕 P_2 点顺时针旋转 $90°$ 得到，R_2 由向量 P_1P_3 绕 P_2 点逆时针旋转 $90°$ 得到，得到 L_1、L_2、R_1、R_2 后，判断线段 L_1L_2、R_1R_2 是否相交，如果相交则依次连接 L_1、R_1、R_2、L_2 形成四边形，不相交则依次连接 L_1、R_1、R_2、L_2 形成四边形。得到四边形后，根据遍数获取相应的颜色对四边形进行填充。第一步完成后，保留 L_2、R_2 作为下一次绘制的起点，按上述方法，计算 L_3、R_3，形成下一次填充的四边形 $L_2R_2R_3L_3$，见图 7.12。

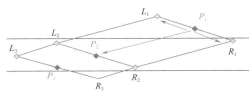

图 7.12　绘图原理图

4. 振动分析

振动分析包括振动频率分析、振动幅度分析、振动状态及档位分析、激振力分析及 CMV 分析。

振动分析的基本原理为：通过数据采集器设定一定的采集频率（采样率）采集加速度传感器的加速度变化信号（电压信号）；通过快速傅里叶变换算法分析加速度变化信号的信号特征（频率、幅度），并在此基础上进行进一步数据计算与加工处理，形成数据分析结果。

快速傅里叶变换是一个频率分析算法，将自然界中的任意连续的信号认为是一系列不同频率、幅度的正弦信号的叠加（根据相位角度的不同），支持将采集的时域信号（以时间顺序排列的一系列的幅值点）分解为多个不同的频率、幅度的子信号组成，形成频域特征结果（什么频率，什么幅度，相位如何？）。利用这些频率特征值，就可以分析振动状态、振动频率、激振力与 CMV（连续压实度）值。

参数成果流程图见图 7.13。

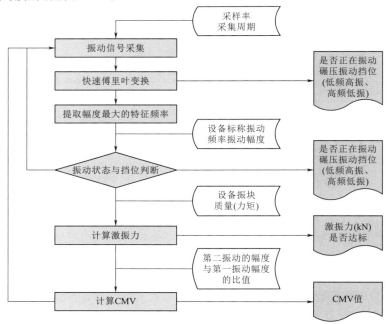

图 7.13　参数成果流程图

算法基础与处理要点：

（1）FFT 计算的采样点数必须为 2 的 N 次方倍，需要设置合适的采样率与分析周期来保证采样点数量符合上述要求（采样点数＝采样率×分析周期）。

（2）FFT 的分析最高频率周期为总采样点数的 1/2；如果要分析准确，最好为 4 以上；如：估计的目标频率为 30Hz，则采样率为 120；取 2 的 N 次方倍，采样率可为 128。

（3）FFT 分析的频率进度与采样时间相关，时间越长，精度越高。但精度的分析过高，则可能产生多个连续的主频率，对分析成果反而不利，软件需要控制合理的采样时长，来保证合适的分析精度。如：如果分析 1s，则频率分辨率为 1Hz；2s 为 0.5Hz，4s 为 0.25Hz，0.5s 为 2Hz，0.25s 为 4Hz 等。也就是说，如果每次分析 0.25s，则结果的频率只可能为 4Hz、8Hz、12Hz、16Hz、20Hz、24Hz、28Hz、32Hz 等，不可能为其他的频率值。因为碾压振动频率标称为 28Hz，但实际运行时不会是固定值，采集的信号也只是一个抽样，其精度与采样率密切相关，如果设置精度为 1Hz，则 FFT 分析结果中的频率可能在 27Hz/28Hz/29Hz 波动，形成多个特征频率值。如果通过降低采样周期来降低精度，则 27Hz/28Hz/29Hz 等，就统一归为 28Hz，档位与振动幅度判断更加准确。

（4）FFT 分析算法的分析效率与采样率密切相关，在保证精度的前提下，应该控制好每次进行分析的总的采样点数。

（5）加速度幅度与振动幅度的换算。加速度幅度就是指振动中的最大加速度，正弦信号的加速度幅度与振动幅度（距离幅度）的关系如下：

$$a = (2\pi f)2d \text{ 加速度} = (2\pi \times \text{频率})2 \times \text{振幅}$$

需要注意：传感器采集的电压信号与加速度的转换关系是按 g（重力加速度）来转换的，需要换算为 m/s²，$1g = 9.8\text{m/s}^2$。

（6）激振力的计算：

1）$F = ma$ 力等于质量×加速度。

2）对于周期性振动信号，最大振动力 $F = m(2\pi f)2d$。其中 md 又称为力矩。

3）一般情况下，振动碾压设备会标注标称的频率、振幅及激振力。通过这三个参数，可以计算振块的力矩，及其等效的振动质量信息。

利用实时分析的频率、振动幅度及计算的等效振动质量，就可以得出激振力。

7.2.3 应用方案

7.2.3.1 基础信息管理

1. 施工单元定义

碾压施工单元是在工程建设管理系统中对工程 PBS 结构统一管理的基础上，针对土石方和混凝土碾压施工的特点，对施工部位进行细化管理，以满足碾压施工质量监控的要求。

碾压施工单元信息主要反映单元的高程信息（起高程、止高程）、时间信息（起始时间、停工时间）、碾压边界信息等，见图 7.14，按照设计图纸进行碾压施工单元的定义。

为了更加科学有效地分析碾压质量，系统还支持对碾压施工单元内部的埋件或仪器进行定位管理，见图 7.15，在碾压质量分析、统计时将这些部位剔除。

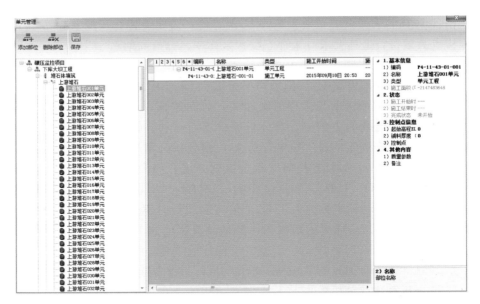

图 7.14　施工单元管理

图 7.15　控制点坐标管理

2. 质量控制参数管理

碾压施工质量控制参数是指用来指导或控制施工过程的相关技术与评价参数，包括不同的碾压施工规则，主要包括以下内容：

（1）不同部位的设计碾压遍数，包括振动碾压、无振碾压遍数。

（2）碾压车的速度范围，最大、最小速度。

（3）不同部位的压实度参数指标。

（4）不同部位的碾压坯层厚度要求，摊铺厚度、最终厚度及误差范围。

系统支持定义不同的施工规则，并针对具体的碾压施工单元引用不同的规则，作为现场碾压质量控制的基准。质量控制参数管理界面见图 7.16。

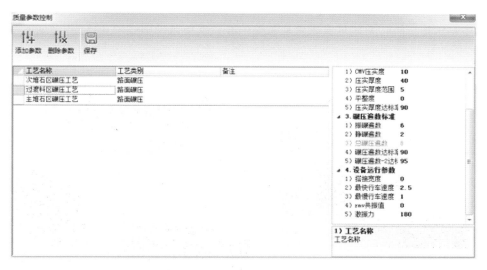

图 7.16　质量控制参数管理界面

3. 施工设备管理

碾压机信息管理主要是对碾压机械的基本信息进行管理，包括以下方面：

（1）设备基本参数：机械类型、机械型号、编号、机械重量、碾轮质量、碾轮宽度、有效碾压宽度、标称速度范围、挡位信息等。

（2）设备监控参数：仪器编码、定位天线安装部位（横向、纵向偏移值、天线高度）等。

（3）设备操作手及相关状态信息。

施工设备管理界面见图 7.17。

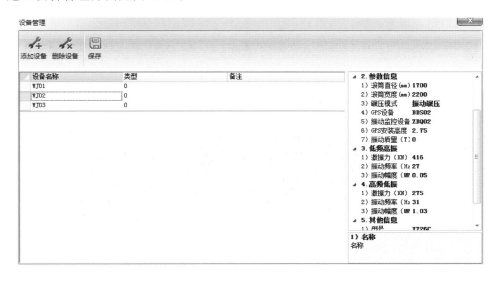

图 7.17　施工设备管理界面

7.2.3.2 碾压过程实时监控

现场碾压施工时，系统可实现营地总控中心和现场监控中心"双监控"，见图7.18。

图 7.18 过程实时监控

1. 碾压遍数监控

对碾压监控设备所传送的定位数据进行转换形成碾压后的曲面，根据车辆碾压所测量的数据在同一点不同时间位置的出现次数可以判断出对每个点的碾压次数，碾压轨迹以压轮宽为轨迹宽度，每重复一次的地方就用不同的颜色进行标识，从而统计和判断出整个范围内碾压遍数以及遍数范围，见图7.19。

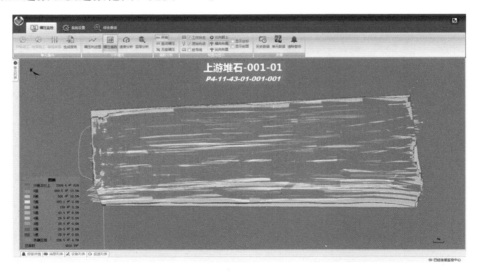

图 7.19 碾压遍数

图 7.19 中不同颜色代表不同的碾压遍数，颜色由蓝至红，依次代表 1 遍到 8 遍，未碾压区域为灰白色。

2. 碾压轨迹及振动状态监控

碾压机械工作时，现场监控实时同步显示图形化轨迹与碾压覆盖区域，对于超出设计施工部位的轨迹，系统自动进行标识，并支持分析统计，见图 7.20。

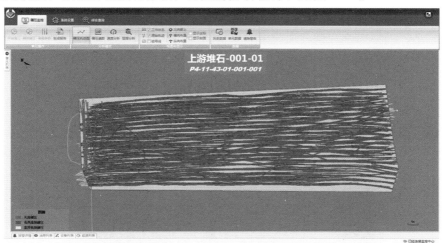

图 7.20　碾压轨迹

通过振动加速度传感器及采集器实时采集的数据，进行动态分析，实时展现振动碾的振动频率，分析碾压机械的振动状态（高频低振或者低频高振）。

图 7.20 中，绿色代表无振碾压轨迹；蓝色代表振动碾压轨迹（低频高振）；灰色代表振动碾压轨迹（高频低振）。

3. 碾压速度监控

实时监控碾压施工单元的碾压过程，动态显示超速设备及超速部位，统计其超速次数，超速距离，见图 7.21。

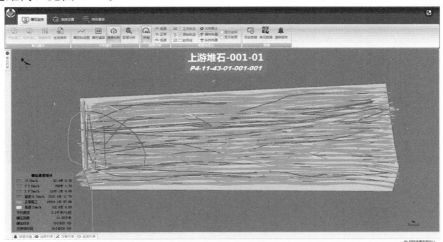

图 7.21　碾压速度

图 7.21 中，绿色代表正常碾压速度轨迹；黄色代表低速碾压轨迹；红色代表超速碾压轨迹（碾压车行驶速度大于设定最大速度）

7.2.3.3　碾压施工过程引导

系统在碾压车司机室内安装有工业智能平板，能同步显示监控中心程序实时监控内容及预定运行轨迹，包括动态轨迹、遍数、振动激振力等，见图 7.22。因此系统不仅仅是一个监控系统，还能帮助碾压车司机进行碾压施工，无须采用翻牌模式记录，碾压遍数可实时查看，无须通过监控中心反馈当前碾压情况，无须通过反馈能第一时间接收到报警信息并进行调整，大大提高了现场施工效率、降低沟通成本，屏蔽人为因素的干扰，夜间施工也同样可以保证施工质量。

图 7.22　碾压车驾驶室平板监控

7.2.3.4　实时预警和报警

当施工机械行驶超速、碾压遍数不足或激振力不达标、热升层超时，系统将自动、及时以"报警"方式通知碾压机械操作人员、施工人员和监控中心监理，实现司机室与监控中心双报警，见图 7.23 和图 7.24。

图 7.23　监控中心 PC 报警

图 7.24　碾压车平板报警

7.2.3.5　碾压成果管理

（1）碾压分析与成果输出。碾压施工结束后，可对单元碾压质量的各项数据进行分析（包括碾压遍数、碾压速度、振碾与静碾遍数、压实厚度、高程分布等），且能生成单元质量分析报告，支持直接打印，作为碾压工序质量验收评定的依据，见图 7.25。

单位工程名称		北门壩筑						
分部工程名称	壩坝		单元工程名称	——		开始时间	2019 年 11 月 25 日 16:12	
施工单元名称	壩坝 s1-300~s1-500-20 (819.0~819.8)		施工面积（m²）	20,928.23		结束时间	2019 年 12 月 2 日 15:36	
项次	检测名称	质量标准		碾压面积检测			其它记录	
		设计值	允许偏差	监测面积（m²）	监测值	备注	名称	检测值
1	总碾压遍数	6		20,359.61	97.3%			
2	振碾遍数	6		19,950.88	95.3%			
3	压实厚度	设计压实厚度（cm） 80.0	±8.0				平均压实厚度（cm）	93.0
							最大压实厚度（cm）	93.0
							最小压实厚度（cm）	80.0
4	速度分析	行车速度（km/h） 0.0-3.5					正常行驶比例	92.3%
							超速距离（m）	6,774.3

图 7.25 碾压成果报告

（2）碾压过程回溯。除了实时监控碾压的实际情况外，由于所有的数据都已经储存在数据库中，因此系统还可以对已经碾压的全过程实际情况进行回放，作为施工效果的评价依据。

7.3 智慧强夯

7.3.1 强夯法及质量监测智能化

7.3.1.1 强夯法发展概述

强夯法，又称动力固结法，见图 7.26，强夯法利用强夯机械将重锤的夯锤提到设计高度，而后释放夯锤使其自由下落，利用其下落形成的冲击波和动应力冲击加固地基，通过多次重复提锤夯击提高地基强度，降低土壤压缩性，消除湿陷性，改善不良地基的抗液化条件，同时提高地基土层均匀性，减少可能出现的地基差异沉降。

强夯法的基本思想起源于古代夯击法。夯击法在我国应用已久，中国古代建筑以木结构为主，为承托建筑物加以防潮防腐，常需在建筑物下面建设台基，从万里长城到我国经典宫殿园林大多都使用过夯击法加固台基。20 世纪 30 年代，夯击法被发展为重锤夯实法，将 2～3t 重的重锤（锤径在 0.7～1.5m）从 2～3m 的高度落下加固道路工程基础，加固深度为 1～2.5m。重锤夯实法在 50 年代被引入我国，在山西太原化工区建设工程湿陷性黄土地基中大量应用。而强夯法最初是由 Menard 于 20 世纪 60 年代末提出的，夯锤锤重及提升高度均有了较大提高，其被应用在法国南部的利用废土石围海造地工程中。强夯法具有经济高效、施工便捷、加固范围深等优势，该方法一经提出很快就得到了各国工程师的关注和广泛应用。我国于 20 世纪 70 年代引进强夯技术，并迅速在国内众多工程中加以应用。据不完全统计，仅"八五"规划期间我国重大工程项目中强夯法地基处理面积就超过 300 万 m²，强夯法的使用大大缩短了施工周期，节省了大量工程投资，取得了显著的经济社会效益。伴随着我国基础建设的快速发展，我国强夯工程数量和使用规模都已

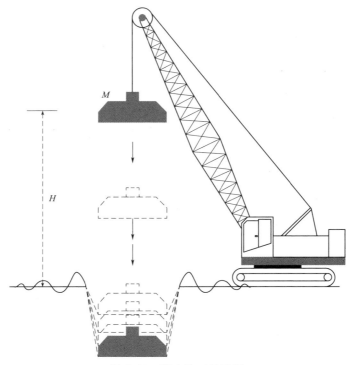

图 7.26 强夯施工示意图

位居世界第一。

强夯法最初被设计用于碎石土、砂类土、杂填土、非饱和黏性土等地基处理，后来随着施工经验的丰富和施工工艺的改善，尤其是土体排水条件的改善，强夯法逐渐被应用到低饱和黏性土、人工填土和湿陷性黄土等其他地基处理中。此外，为充分利用强夯施工的优势，确保地基加固效果，建筑业在工程实践中逐渐发展了多种类型的复合式强夯技术，进一步扩大强夯法适用范围。强夯施工技术可大致分为普通强夯和特种强夯两类，具体分类见图 7.27。

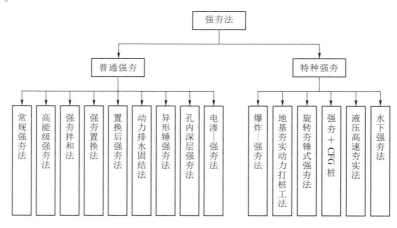

图 7.27 强夯施工技术分类

目前，国内外关于强夯法的加固机理解释尚未统一，学界主要从动力固结、振动波压密和动力置换三个角度进行机理研究，强夯加固机理特性取决于工程地基土壤类别和施工工艺。

（1）动力固结理论。动力固结理论是 Menard 提出的，其认为高能量夯击带来的巨大冲击产生应力波，破坏土体天然结构，使局部土体液化并形成大量裂隙，孔隙水被排出，土体在孔隙水压力消散后固结到一起，从而达到加固地基的目的。

（2）振动波压密理论。其认为强夯法的夯锤下落产生的冲击能量以振动波的形式在地基中传播，振动波以体波和面波的形式从夯点向外传播，地基就加固了。

（3）动力置换理论。动力置换理论认为强夯在地基土体中形成了相对独立、完整和连续的置换体，形成复合地基。置换深度与夯击能、土体性质、夯击条件等因素相关。

7.3.1.2　强夯施工质量监测指标

强夯设计施工主要包括强夯试验、强夯设计、强夯施工、竣工验收等阶段，根据规范要求，采用强夯法处理地基，应该进行强夯试验；采用强夯置换法处理地基，必须进行现场试验，确定强夯法适用性和加固效果，确定合适的强夯设计参数和施工参数。强夯施工工艺流程见图 7.28，其中，点夯是强夯法加固地基的直接处理工艺过程，直接影响强夯施工效果和质量，其施工点夯作业步骤见图 7.29。尽管由于土体性质和施工条件不同，强夯设计施工参数也不尽相同，但夯击能、夯击次数、夯击遍数、夯点位置等质量控制指标对地基加固效果有直接影响，强夯施工过程质量监测的关键就是实现全过程的强夯施工质量指标监测。

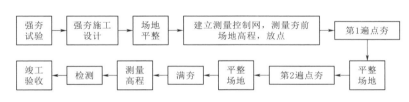

图 7.28　强夯设计施工工艺流程

图 7.29　强夯施工点夯作业步骤

（1）夯击能。夯击能一般与夯锤重量和落距有关，直接影响强夯有效加固深度。夯击能设计应根据现场试夯并结合工程实际情况进行确定，主要受地基处理深度、施工机械作业能力等因素影响。

（2）夯击次数。单个夯点上的夯击次数需根据现场试验中的最佳夯击能确定，且满足以下条件：①最后两次夯击的平均夯沉量小于设计值；②夯击完成后夯坑周围地面没有过大的隆起；③施工过程中需避免因夯坑过深发生提锤困难。

（3）夯击遍数。夯击遍数指对整个强夯施工场地完成的强夯遍数，主要包括点夯遍数和满夯遍数。夯击遍数应根据工程地基土壤性质确定，一般为 2～3 遍。两遍夯击之间应间隔一定时间，后一遍点夯应选在前一遍夯点间隙位置。点夯完成后应推平场地进行低能级满夯。

（4）夯点布置。强夯施工地基加固范围和效果与夯点布置设计有非常紧密的关系。强夯夯点布置可根据基础形式、地基类型和工程特点来选用，宜布置为正方形或梅花形，夯点间距一般为夯锤直径的 1.5～2.5 倍。强夯地基处理范围应大于建筑物基础范围，每边超出边缘宽度应为基础下面设计处理深度的 1/2～1/3，且不小于 3m。

目前强夯法处理加固地基的质量检验和验收项目主要包括施工过程质量检验和强夯地基竣工质量验收两大块，施工质量检验和验收手段主要有施工过程中质量控制指标监测及记录和施工完成后工程地基土体力学性质测试。根据相关规范，强夯施工质量检验项目和强夯地基竣工验收质量检验标准分别见表 7.1 和表 7.2。

表 7.1　　　　　　　　　　　强夯施工质量检验项目

序　号	检查项目	允许偏差或允许值	检测方法
1	夯锤落距/mm	±300	钢尺测量，钢索设标志
2	夯锤/kg	±100	称重
3	夯击遍数及顺序	按设计要求	计数法
4	夯点间距/mm	±500	钢尺测量
5	夯击范围	按设计要求	钢尺测量
6	间歇时间	按设计要求	
7	夯击次数	按设计要求	计数法
8	最后两击平均夯沉量	按设计要求	水准法

表 7.2　　　　　　　　　　　强夯地基竣工验收质量检验标准

项　目	序号	检查项目	允许偏差或允许值	检测方法
主控项目	1	地基强度	按设计要求	按规定方法
	2	压缩模量	按设计要求	按规定方法
	3	地基承载力	按设计要求	按规定方法
	4	有效加固深度/m	按设计要求	按规定方法
一般项目	1	夯锤落距/mm	±300	钢索设标志
	2	锤重/kg	±100	称重
	3	夯击遍数及顺序	按设计要求	计数法
	4	夯点间距/mm	±500	钢尺测量
	5	夯击范围（超出基础宽度）	按设计要求	钢尺测量
	6	前后两遍间歇时间	按设计要求	

7.3.1.3　强夯施工质量监测智能化需求

随着科技水平的不断发展，我国基础设施建设经历了人工化、机械化的发展阶段，正处在数字化、自动化和智慧化的重要阶段。智能建造是将新时代的信息技术与工程建造活动相结合，对工程建设活动进行感知—分析—反馈控制—优化的工程建造创新模式，内涵丰富。其主要特征如下：

（1）智能建造是涵盖生产全过程、全要素的工程建造模式，形成"感知—分析—反馈—优化"的闭环控制。

（2）融合人工智能、物联网、移动计算等新时代信息技术，实现建造施工运营管理全过程周期的智能感知、智能分析，进一步以数据驱动生产。

（3）实现人、物、料等生产全要素的全面智能感知、分析、控制与管理，协调解决建造周期中多维度难题，逐步实现"全面感知、真实分析、实时控制"。

但是，当前规范对强夯施工过程质量控制指标的检测方法以人工量测为主，这也反映出强夯施工虽高度依赖机械化但施工及监测数字化程度较低的短板。同时，强夯施工环境复杂恶劣，施工过程中土石飞溅，人工监测存在从业人员劳动保障水平低、成本高、监测效率低等问题。基于此，强夯建设活动亟须开发强夯施工质量智能监测方法，并研发强夯施工质量智能监测装备以满足安全、高效、经济的工程建设需求。强夯施工质量智能监测的需求主要包括以下方面：

（1）高度集成、高精度、便于部署、适应复杂工程环境。强夯智能实时监测装备需要在高温、强震、灰尘、飞石等恶劣施工环境中实时采集强夯施工数据，为强夯施工过程智能感知提供硬件支持。

（2）具有一定鲁棒性的人工智能强夯施工行为数据分析算法。基于视觉、位置等感知设备实现强夯施工质量控制指标的智能分析和数据记录。

（3）实时施工信息分享的强夯施工信息云平台。基于智能感知及智能分析结果，开发强夯施工信息云平台，将强夯施工进度、指标监测结果等数据进行可视化呈现及动态更新，以辅助强夯工程现场的施工管理决策。

7.3.2　基于多元感知的强夯施工质量智能监测装备系统

针对前述强夯施工质量监测的问题，研发团队聚焦强夯施工质量控制的关键指标：夯坑位置、夯击次数和夯沉量，融合摄影测量、卷积神经网络、RTK动态定位、方位感知等技术，研制强夯施工质量实时智能监控装备，在夯锤夯沉量测量、夯锤锤击计次、夯坑点位记录等方面创新突破，实现强夯施工的自动化监测。同时，在夯锤影像和参数实时显示、强夯施工进度和质量可视化分析等方面研发创新，以利于监管部门和技术人员对强夯施工的全过程管控。

强夯施工智能监测装备系统架构见图7.30，监测装备可安装到强夯机驾驶室顶部。开启实时监测后，施工数据采集模块以固定频率采集强夯施工影像、夯机位置数据、夯机方位角数据；中央控制和计算单元模块通过判断夯锤在影像中的存在性和位置实时测算夯锤的运动状态、夯击状态和该点位夯击次数，同时基于GNSS等数据信息判断夯机的空间位置和状态，进而推求夯坑的空间位置，并将解算结果实时显示到车载显示模块。工控机作为车载终端伺机通过无线网络模块将施工影像、监测数据和解算结果上传到强夯施工云平台。强夯施工质量智能监测装备系统组成见表7.3，监测系统运行流程见图7.31。

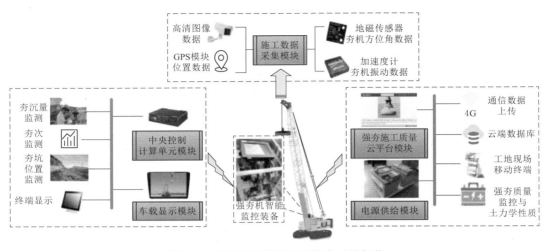

图 7.30　强夯施工智能监测装备系统架构

表 7.3　　　　　　　　强夯施工质量智能监测装备系统组成

工 作 内 容	感 知 硬 件	处 理 频 率
夯锤影像	相机	0.5Hz
夯机位置	GNSS-RTK	1Hz
夯机朝向	磁方位感应器	1Hz
摄影测量解算和信息集成	工控机	—
远程监视	WiFi 模块	—
数据上传	4G 模块	伺机上传

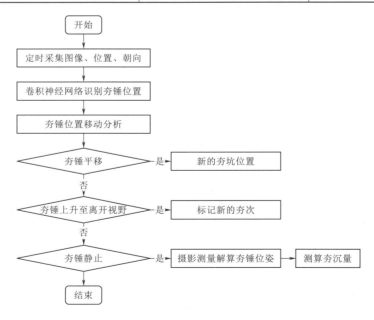

图 7.31　强夯智能监测系统运行流程

7.3.2.1　夯坑位置实时监测模块

夯点位置是否符合设计要求直接影响强夯加固范围及加固效果，《建筑地基基础工程施工质量验收标准》（GB 50202—2018）规定，强夯施工中应检查夯点位置，偏差不超过500mm。针对 GNSS 模块和 GNSS – RTK 模块的定位方案，试制和实验说明，GNSS 模块定位精度较差，很难达到厘米级精度。考虑到定位信息影响夯机和夯坑的位置测算，研发团队最终选择 GNSS – RTK 模块。

GNSS – RTK 定位设备部署在强夯机驾驶室顶部，而强夯机与夯锤空间关系相对稳定，利用相对定位方法即可推求夯坑位置，定位模组布设及夯锤与设备平面关系见图 7.32。基于 GNSS – RTK 和地磁传感器，实时计算强夯施工过程中夯坑位置。

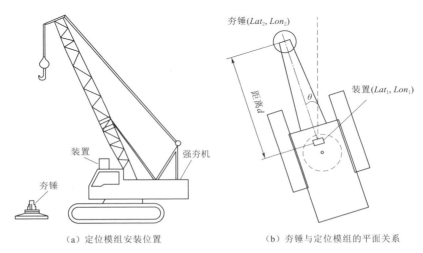

（a）定位模组安装位置　　　　　（b）夯锤与定位模组的平面关系

图 7.32　夯坑定位模组布设示意图

7.3.2.2　夯击次数监测模块

一个有经验的工程师可以仅通过查看强夯施工过程的监视影像序列判断夯击次数，其基本原理就是人脑对眼睛采集的影像数据进行夯锤目标识别和跟踪，从而区分和计量夯次。基于此，研发团队提出的非接触式夯次监测仿生方案：给夯机加设相机测站，由相机测站采集夯锤影像，对影像时序数据进行分析，提取夯锤运动时序特征，建立夯锤运动时序模型，利用模式识别方法实现基于夯锤影像时序的强夯夯次智能监测。夯次次数智能监测算法框架见图 7.33。

图 7.33　夯击次数智能监测算法框架

夯击次数智能监测的算法核心包括夯锤目标检测和夯锤运动模式分析，其实现的具体步骤如下：

（1）采集不同运动状态下的夯锤影像作为训练集数据，基于 YOLOv4 神经网络训练夯锤目标检测模型，检测强夯施工影像序列中夯锤是否存在以及夯锤目标的像素坐标。

（2）将训练完成的夯锤目标检测模型导入至监测系统中。强夯施工开始后，利用相机测站按照一定频率采集强夯施工过程影像，利用夯锤目标检测模型实时检索施工影像序列中的夯锤目标。

（3）由于夯锤是刚性结构体，施工过程中不会变形，在 YOLOv4 模型检索夯锤目标的基础上，可用识别框中心点代表夯锤在影像中的位置，通过对夯锤位置序列做差分运算，提取夯锤运动特征，夯锤运动特征提取流程见图 7.34。

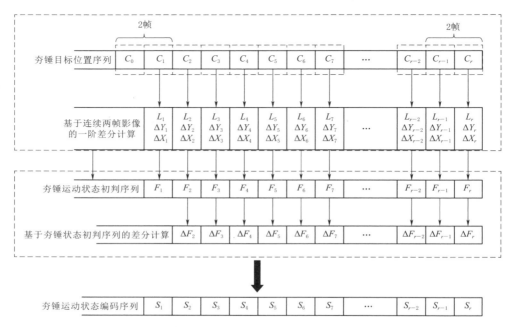

图 7.34　夯锤运动特征提取流程图

（4）根据强夯施工过程中夯锤时空变化规律建立基于连续多帧影像序列数据的夯锤运动模式。若夯锤识别区中心点坐标连续时段变化小于某一阈值，则夯锤处于静止状态；若夯锤在竖直方向先上升直至离开视野，则夯锤处于提升状态；若夯锤从无到有，则处于下落状态。基于设定的强夯施工夯锤状态时序模型，一个完整的夯锤静止－提升－下落状态循环记为一个夯次。当夯锤在水平方向发生大幅平移后，则强夯机开始转移至新夯坑位置，此时重置夯次。

（5）将夯坑位置定位信息与夯击次数计量结果进行信息匹配，实现夯坑定位与夯击次数的数据绑定。

7.3.2.3　夯击夯沉量解算模块

目前，夯沉量定义为一次夯击过程之后，基础的下沉量，常用监测手段是水准测量方法，存在单点光学测量干扰大、施测困难等问题。同时在实际生产中，由于地基的不均匀性以及强夯施工技术人员的操作不规范等问题，夯锤在落地后常为倾斜状态，使夯坑的高程特征难以界定，最终影响到夯沉量测算的严谨性。

针对上述问题，研发团队创新性地提出基于单目测量系统的夯锤位姿解算方法，在强夯夯锤上部署圆环形主动标志，通过数字图像技术识别提取图像中人工设置的夯锤主动标识特征点像素坐标，随后基于摄影测量方法解算夯锤姿态，进而求解得到夯锤高程，两次相邻夯击的夯锤高程差即为所求夯沉量，见图7.35。

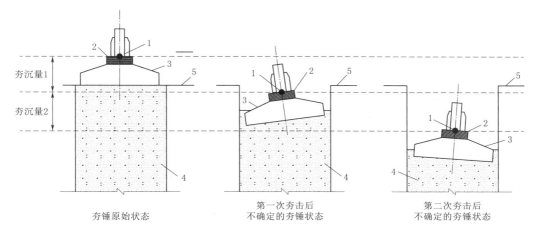

图 7.35　夯锤任意姿态下的夯沉量定义示意图

1—夯锤高程测量的目标特征点；2—加装的夯锤主动标识目标；

3—夯锤锤体；4—土体；5—地面

强夯夯沉量解算步骤如下：

（1）在夯锤表面部署圆环形主动标识目标，对主动标识目标相关尺寸进行测量并记录，夯锤模型及圆环形主动标志见图7.36。

（2）利用智能监测设备采集的夯锤影像序列，采用机器视觉和图像分割、边缘提取等数字图像处理技术提取夯锤测量标志上的选定的特征点，将提取的特征点像素坐标代入夯锤位姿求解算法，求解夯锤在自定义物方空间坐标系的位置和姿态。

（3）将夯锤姿态解算结果与夯次计量结果进行数据匹配，计算相邻夯次的夯锤高度坐标之差，求解得到夯击夯沉量。

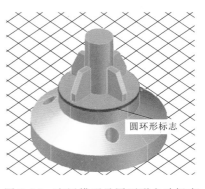

图 7.36　夯锤模型及圆环形主动标志

7.3.2.4　强夯施工监测云平台

为了清晰展示施工区域与工程布置的空间关系，不仅需要在 GIS 平台上加载公共 GIS 信息（百度地图），还要加载以工程设计图档为主的工程布置信息，进而在此基础上绘制强夯施工的夯坑、夯次、夯沉量等监管信息，建立前端多源数据可视化融合，后端多数据源融合的强夯施工监测云平台，云平台技术框架见图7.37。将监测数据根据工程逻辑绘制出来，包括夯机运动轨迹、夯机停留时间、夯坑位置、夯坑夯次图、夯沉量收敛过程等。

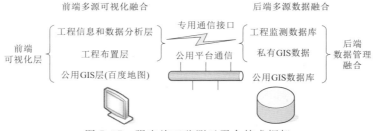

图 7.37　强夯施工监测云平台技术框架

7.3.3　工程案例

7.3.3.1　工程概况

白鹤滩水电站是中国第三座 10GW 级的巨型水电站，电站的移民安置规模巨大，移民安置工程的质量事关重大。巧家县是白鹤滩规模最大的安置点，地形地质条件复杂，移民安置工程土石方开挖总量约 1800 万 m^3，土石方回填总量约 3300 万 m^3，安置房屋总建筑面积约 320 万 m^2。工程地基处理场区不良地质条件多、水文地质条件复杂、填方量大、有效工期短、造价高，地基沉降变形难以控制。为快速高效地完成工程地基处理、保障工程建筑安全，选用强夯法处理加固安置区域基础。本节基于巧家县职高地块操场强夯工程进行应用试验和数据分析。施工现场和建成后的卫星影像见图 7.38。工程现场部署的智能监测装备见图 7.39。

（a）职高地块强夯施工现场　　　　　　　　（b）建成后的职高地块卫星影像

图 7.38　巧家移民工程职高地块

（a）布设在强夯机顶部的监测设备　　　　　　　　（b）监测设备

图 7.39　工程现场部署的智能监测装备

7.3.3.2 强夯施工质量指标监测

（1）夯坑位置监测。工程实例采用梅花形夯坑布置，第一遍点夯 7m×5m 矩形布点，第二遍点夯夯点布置在第一遍点夯两夯点中心处，第一遍夯点和第二遍夯点呈矩形布置，偏差不大于 500mm。点夯夯点布置见图 7.40。

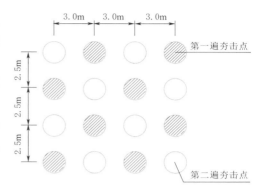

图 7.40　夯点布置图

对实测数据进行解算分析，得到工作状态下夯锤中心位置点云图 7.41，图中不同的红色圈代表不同夯位，离散点表示夯坑实测数据，可知同一夯位下的监测夯坑位置存在离散漂移。分析夯坑位置解算离散误差，并对夯坑位置点云数据进行聚类分析处理，可有效消除了夯坑位置离散误差，显著提高了夯坑定位精度，见图 7.42。经过聚类分析，散乱的夯坑位置聚合成夯坑位置，与设计点位（图 7.42 中的网格交点）对比分析，本实测数据夯坑聚类结果位置基本符合设计夯坑布置。

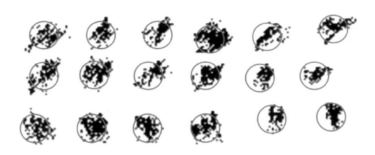

图 7.41　夯锤中心位置点云图

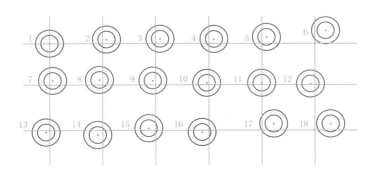

图 7.42　夯坑位置聚类结果

（2）夯击次数监测。强夯夯击次数智能监测结果见表 7.4。

（3）夯沉量监测。工程实测基本参数设定见表 7.5。

表 7.4 强夯夯击次数智能监测结果

夯点编号	1	2	3	4	5	6	7	8	9	10	11
夯次人工监测结果	8	7	6	6	6	6	6	6	6	6	6
夯次自动监测结果	8	3+4	6	6	6	6	6	6	3+3	6	6
夯点编号	12	13	14	15	16	17	18	19	20	21	22
夯次人工监测结果	6	6	6	6	6	6	6	6	6	6	6
夯次自动监测结果	6	6	6	6	6	6	6	6	6	6	6
夯点编号	23	24	25	26	27	28	29	30	31	32	33
夯次人工监测结果	6	6	6	6	6	6	6	6	6	6	6
夯次自动监测结果	6	6	6	6	6	6	6	6	6	6	6
夯点编号	34	35	36	37	38	39	40	41	42	43	44
夯次人工监测结果	6	6	6	6	6	6	6	6	6	6	6
夯次自动监测结果	6	6	6	6	6	6	6	3+3	6	6	6

注 夯点总数 44 个，夯次自动监测准确率为 93.18%。

表 7.5 工程实测基本参数设定

相 机 参 数		像主点坐标/pixel	
焦距 f/mm	50	x_0	y_0
俯仰角 θ/(°)	59.2	1588	1216.6
相机高度 H_S/mm	3300	分辨率/pixel	
夯锤参数		W	H
夯锤直径 D/mm	1465	3360	2240

工程实测中共采集夯位样本 122 个，共有夯锤高程样本 658 个。其中利用水准仪人工测量以进行夯沉量解算结果对比的夯位样本共计 41 个，夯锤高程样本共计 268 个。

同样将解算的所有夯沉量与真值之差作为夯沉量的真误差，以所有夯沉量解算误差的均方差作为该夯位的解算中误差。工程实测中夯沉量解算真误差分布规律见图 7.43，呈正态分布。由图可见，共有样本 69 个，其中解算真误差在 ±30mm 范围内的有 48 个，占69.5%；解算真误差在 ±60mm 范围内的数据共有 65 个，占比 94.2%。工程实测的夯沉

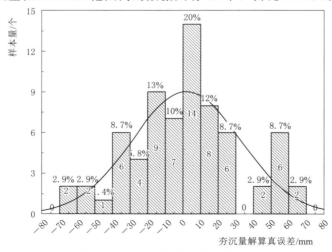

图 7.43 夯沉量解算真误差分析图

量解算精度分布规律呈正态分布函数 $N \sim (0, 30^2)$，解算误差几乎全部落在 60mm 范围内，足以证明夯沉量视觉监测算法在工程实测条件下具有良好的稳定性与精度。

（4）强夯施工信息云平台。强夯施工管理信息云平台融合了公用 GIS 信息和工地空间信息（见图 7.44），将强夯施工监测信息与工区地理信息有机结合，实现了快速的施工管理信息可视化和分享，为强夯施工信息化管理提供了新方法，见图 7.45。

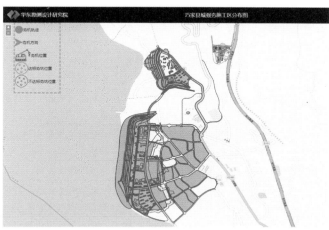

图 7.44　融合 WebGIS 和工程信息的强夯施工管理云平台

7.3.4　智慧强夯技术先进性和发展展望

（1）强夯施工智能监测装备技术先进性。针对传统人工监测方式难以适应现代化施工质量控制与管理的需求，研发了多元感知集成的强夯施工质量智能实时监测装备系统，集成工业相机及 GNSS 定位、地磁感知等感知器，运用摄影测量、机器视觉、物联网等技术方法，实现了强夯施工过程的夯沉量、夯坑位置、夯次等多指标智能实时监测，弥补了强夯机械无原生智能监测设备的不足，促进了强夯机施工监测一体化，为强夯施工机械未来智能化发展方向提供了参考和借鉴。强夯施工质量智能监测装备相比现有技术具有智能性和先进性，具有经济、快速、高效等优势。主要技术指标先进性体现见表 7.6。

（2）智慧强夯发展展望。强夯施工智能化水平距离全方位、全过程的智能建造仍有很长的路要走，强夯智能施工发展仍需从以下几个方面继续努力：

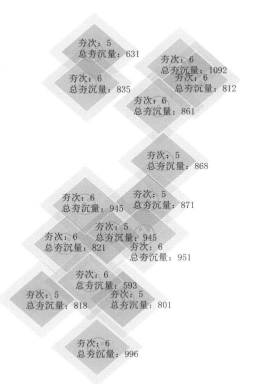

图 7.45　以夯击次数为控制指标的强夯施工质量评价图

表 7.6　　　　　　　　　　　强夯施工质量智能监测装备先进性分析

主要技术指标	现 有 技 术	本 项 目 技 术
夯沉量测量	并未提出规范科学的夯沉量定义及其测量方式	利用三点透视位姿求解法快速测量夯锤位姿，解算夯沉量
夯机改装要求	需要改造夯机，在缆索上加装监测设备	加装监测设备即可，不需要改装夯机
单视单像夯锤监测	双目夯锤监测系统	本研究首创
监测精度	人工水准测量受到通视性、参考点稳定性等影响精度难以保证	在测量标志清晰可见的条件下，可以达到3cm精度
夯次计量	多为人工计量，或改造夯机增设传感器等计量	利用监测影像，自动跟踪夯锤运动状态，实现夯次智能计量
夯坑定位	夯击前进行夯点布置放样，夯击后无复测记录	利用高精度方位传感器，从夯机测算夯坑位置
夯沉量测算时间	人工单点测量不具备工程严谨性；人工多点测量和计算至少1min	单视单像目标测量解算效率可在 2s 以内完成
夯击循环历时	每次夯击需要等待夯沉量测量，至少2min	可以连续夯击，约50s
技术员工需求	一个测量员、一个跑尺工，两人	监测时全自动、无须人员支持/设备日常维护无技术人员要求
适用环境	露天现场劳动环境恶劣，对劳动保护极不利	机器设备适应性良好。实测现场高温日晒设备运行稳定
项目文档	纸本记录，内容繁杂琐碎，不便于维护和查找	构建了强夯施工过程监测信息云平台，全时高效服务
数据可视化分析	手工制图，数据不直观，数据的分析效率低	与 GIS 系统结合，绘制夯坑位置、夯机轨迹、夯次、夯沉量图，数据直观、分析高效

1）强夯施工参数仿真设计与优化。目前，强夯施工参数主要根据试验区试夯效果进行设计，随着数字仿真、信息建模、数字孪生等技术的快速发展，利用信息技术结合工程地基土体性质，实现强夯加固效果的模拟仿真以实现施工参数最优化设计将是未来的重要发展方向。

2）强夯施工质量智能监测装备的适应性。项目研发的多元感知的强夯施工质量智能实时监测装备系统主要针对一般能级的强夯施工场景，智能监测装备系统对其他强夯施工场景的适应性尚未得到检验。针对更广阔的强夯应用场景，需要增强智能监测装备系统的工程适应性和精度。

3）强夯智能施工的闭环控制。传统的夯实基础质量监测多为取样检测，不但会破坏地基，且很难进行全面性的质量评估。基于土体性质、施工指标、环境因素等多方面数据，利用人工智能方法实现强夯夯实效果实时智能评价将是实现强夯施工的"感知—分析—反馈—优化"闭环控制的关键。

7.4　高填方地基智慧建管

7.4.1　DAM 云平台

DAM 云平台主要功能包括用户管理、项目管理、功能模块管理，功能模块包括地基基础管理、质量检查、安全检查、进度记录、材料记录、机械记录、桩基管理、知识库、项目展示、通讯录、进度日报、安全专项检查、项目考评、分户验收，通过提炼总承包管理经验，形成项目规范化管理模式，为不同项目、不同管理人员提供信息化服务平台，进度记录见图7.46。

针对项目管理的痛点、难点，提炼现场管理动作与流程规范化，实现项目体系动作的标准化、信息化管理；通过可视化展示项目各分部分项的进度执行情况，便于项目部进行查看和管理；通过移动端根据标准模板填写材料物资和大型机械设备的进出场信息，并留存相关音像资料，进行现场的材料和机械设备投入统计。配置桩基和地基施工工序标准化流程表，支持项目部进行自定义的流程节点编辑，对施工过程中的关键工序进行音像资料留存和工序步骤进度管理。质量检查、安全检查和安全专项检查等模块，利用移动端的便利性，为项目现场巡检提供能够随手拍，随手上报，为项目现场质量和安全检查提供快捷、便利、标准化工具，质量记录见图7.47。

图7.46　进度记录　　　　　　　图7.47　质量记录

7.4.2　工程项目云平台

工程项目管理云平台在项目管理理念、规范性和可操作性等方面展示出了强大的优势，为各参与方提供了一个高效便捷的协同工作环境，减少了由于信息传递障碍造成的时间浪费和管理失误，实现了多方协同质量、安全、进度管理，提高了项目的整体工作效率和经济效益，节约了企业的经营成本，为实现企业的"无纸化"办公创造了有利条件。

（1）建立了统一的项目体系，提升了项目管理效率。统一的项目体系为各种信息的汇总统计、项目组合分析、项目责任落实、工程项目管理目标的分解提供了便利。通过项目分解不但可以管理各个责任单位的不同层次的项目计划，而且可以管理建设单位不同层次的项目计划，通过建立项目计划间的逻辑关系统筹协调，工程项目管理云平台登录界面见图7.48。

（2）建立了统一流程管理体系。流程管理体系可以满足项目管理平台中各种文档、记

图 7.48　工程项目管理云平台登录界面

录表单流转处理的需求。只要项目管理人员在系统中提交相关文档、记录表单，系统会根据项目管理人员指定的流程形成自动流转。流转过程中的相关责任人根据功能权限的设定可以改变未完成流程部分的流转设定，这样既保证流程的事先定义又使流程具备相当的灵活性，实现对项目的精细化管理，流程管理体系见图 7.49。

图 7.49　流程管理体系

第8章 消落区高填方场地稳定性监测及预警

8.1 消落区高填方场地变形稳定性分析

8.1.1 北门高填方场地现有监测方案

为掌握北门居民区场平及基础设施工程施工及工后场地稳定性，根据北门填方区分布情况，北门居民区共计划分为 2 个监测区域。

南区场平区域共布设有地面沉降监测点、地面水平位移监测点、分层沉降监测点、渗流压力监测点、测斜孔测点、孔隙水压力监测点、GNSS 自动化设备，见表 8.1 和图 8.1。

北区场平区域共布设 1 个分层沉降监测点、1 个测斜孔测点、1 个孔隙水压力监测点，见表 8.1。

表 8.1   监 测 点 分 布 情 况 表

测点类型	测点编号	北坐标	东坐标	管口高程/m	初测日期/年-月-日	测管深度/m	磁环数量/个	备注
地面沉降监测点	S－D3	2977778.89	591313.29	830.64	2020－3－16	30	—	
	S－D4	2977806.75	591458.75	827.52	2019－9－27	30	—	
	S－D5	2977828.42	591528.51	829.77	2019－9－27	30	—	
	S－D6	2977833.76	591238.29	830.52	2020－3－16	30	—	
	S－D7	2977858.90	591373.30	830.47	2020－3－16	30	—	
	S－D8	2977883.78	591496.99	831.27	2019－9－27	30	—	
	S－D9	2977916.80	591068.87	827.34	2020－7－25	30	—	
	S－D10	2977910.01	591175.78	829.38	2020－3－16	30	—	
	S－D11	2977913.82	591298.92	831.07	2020－3－16	30	—	
	S－D12	2977931.33	591421.40	830.31	2020－3－23	30	—	
	S－D13	2977993.39	591540.04	829.98	2019－9－27	30	—	
	S－D14	2977974.58	591359.67	830.16	2020－3/16	30	—	
	S－D15	2977999.89	591264.29	829.99	2020－3－16	30	—	
	S－D16	2978008.34	591164.42	828.63	2020－7－11	30	—	
	S－D17	2978017.11	591064.38	828.63	2020－7－25	30	—	
	S－D19	2978093.36	591174.19	828.64	2020－7－11	30	—	
	S－D20	2978098.95	591273.84	829.52	2020－3－16	30	—	
	S－D21	2978088.93	591362.79	829.38	2020－3－16	30	—	

续表

测点类型	测点编号	北坐标	东坐标	管口高程/m	初测日期/年-月-日	测管深度/m	磁环数量/个	备注
地面沉降监测点	S-D25	2978191.30	591380.30	830.24	2019-9-27	30	—	
	S-D26	2978164.60	591493.16	830.87	2019-9-27	30	—	
	S-D27	2978303.82	591100.63	827.92	2020-7-25	30	—	
	S-D28	2978307.11	591189.12	828.22	2020-7-25	30	—	
	S-D29	2978255.32	591298.28	828.83	2020-7-25	30	—	
	S-D30	2978282.08	591388.49	827.19	2019-9-27	30	—	
	S-D31	2978302.14	591474.62	831.02	2019-9-27	30	—	
	S-D32	2978385.20	591108.54	827.80	2020-7-25	30	—	
	S-D33	2978406.73	591197.20	828.31	2020-7-25	30	—	
	S-D34	2978398.68	591296.93	828.21	2019-9-27	30	—	
	S-D35	2978519.79	591118.78	827.09	2020-7-25	30	—	
	S-D36	2978506.32	591205.51	827.27	2020-7-25	30	—	
	S-D37	2978506.85	591314.33	827.29	2019-9-27	30	—	
	S-D38	2978465.24	591396.67	825.57	2019-9-27	30	—	
	S-D41	2978597.83	591314.30	826.87	2019-9-27	30	—	
	S-D44	2978697.77	591321.39	828.16	2019-10-20	30	—	
	S-D45	2978683.33	591417.83	830.41	2019-10-20	30	—	
	S-D47	2978821.00	591232.31	827.83	2020-5-12	30	—	
	S-D51	2978897.25	591337.65	828.22	2019-10-20	30	—	
	S-D52	2979011.98	591159.72	827.26	2020-5-12	30	—	
	S-D53	2979004.82	591247.37	827.90	2020-5-12	30	—	
	S-D54	2978994.32	591362.99	827.81	2019-10-20	30	—	
	S-D55	2979109.84	591157.26	827.58	2020-5-12	30	—	
	S-D56	2979103.96	591254.82	827.91	2020-5-12	30	—	
	S-D57	2979108.25	591352.84	827.17	2019-10-20	30	—	
	S-D58	2979114.80	591434.67	824.37	2019-10-20	30	—	
	S-D61	2979201.86	591367.98	827.21	2019-10-20	30	—	
	S-D62	2979206.05	591464.73	827.41	2019-10-20	30	—	
分层沉降监测点	S-FC1	2977833.93	591527.69	830.33	2019-10-6	24.9	8	
	S-FC2	2978013.70	591263.53	827.49	2020-4-7	49.8	17	
	S-FC3	2978129.83	591396.08	830.84	2019-10-1	31.1	9	
	S-FC4	2978208.00	591093.76	827.56	2020-4-24	94	31	
	S-FC5	2978278.27	591410.67	829.17	2019-10-2	56.7	19	
	S-FC6	2978463.97	591318.04	828.28	2019-9-25	32.1	10	

续表

测点类型	测点编号	北坐标	东坐标	管口高程/m	初测日期/年-月-日	测管深度/m	磁环数量/个	备注
分层沉降监测点	S-FC7	2978544.67	591116.70	826.93	2020-5-25	60.0	10	
	S-FC9	2978707.29	591237.74	818.50	2019-10-30	35.5	11	
	S-FC10	2978712.24	591334.18	828.04	2019-10-14	42.1	13	
	S-FC11	2979021.90	591353.30	821.89	2019-10-23	21	7	
	S-FC12	2979110.47	591163.54	827.28	2020-5-2	58	19	
渗流压力监测点	S-Y1-1	2977914.45	591355.47	828.50	2020-4-5	31	—	
	S-Y1-2	2977901.74	5910767.10	825.27	2020-4-1	20	—	
	S-Y1-3	2978004.20	591278.54	830.37	2020-4-5	30	—	
	S-Y1-4	2978292.47	591462.08	830.77	2019-9-25	12	—	
	S-Y1-5	2978466.13	591317.25	827.89	2019-9-25	25	—	
	S-Y1-6	2978537.25	591112.44	826.62	2020-4-24	30	—	
	S-Y1-7	2978682.36	591446.74	830.74	2019-10-18	35	—	
	S-Y1-8	2978987.59	591158.12	828.36	2020-4-23	32	—	
	S-Y1-9	2978980.05	591345.90	827.90	2019-10-21	35	—	
测斜孔测点	S-CX1	2979100.24	591166.19	828.32	2020-5-2	34	—	
	S-CX2	2978740.98	591133.13	828.35	2021-1-19	16	—	
	S-CX3	2978172.26	591090.52	827.74	2020-4-21	46	—	
GNSS	TPbm01	2979340.37	591139.81	827.30	2021-12-9	—	—	
	TPbm02	2978872.67	591117.18	826.07	2021-12-9	—	—	
	TPbm03	2977888.81	591019.19	827.25	2021-12-9	—	—	
孔隙水压力监测点	S-KX1-1	2978192.36	591097.15	782.20	2020-4-17	46.1	—	
	S-KX1-2	2978192.36	591097.15	785.60	2020-4-17	42.7	—	
	S-KX1-3	2978192.36	591097.15	788.50	2020-4-17	39.8	—	
	S-KX1-4	2978192.36	591097.15	791.27	2020-4-17	37.0	—	
	S-KX2-1	2978725.58	591133.18	781.81	2020-3-11	46.6	—	
	S-KX2-2	2978725.58	591133.18	786.04	2020-3-11	42.3	—	
	S-KX2-3	2978725.58	591133.18	789.20	2020-3-11	39.2	—	
	S-KX2-4	2978725.58	591133.18	791.69	2020-3-11	36.7	—	
	S-KX3-1	2979086.47	591168.19	792.28	2020-4-29	36.1	—	
	S-KX3-2	2979086.47	591168.19	795.23	2020-4-29	33.1	—	
	S-KX3-3	2979086.47	591168.19	798.36	2020-4-29	30.0	—	
	S-KX3-4	2979086.47	591168.19	801.27	2020-4-29	27.1	—	
分层沉降监测点	N-FC1	2980107.17	591823.00	812.05	2021-3-10	45	12	

续表

测点类型	测点编号	北坐标	东坐标	管口高程/m	初测日期/年-月-日	测管深度/m	磁环数量/个	备注
测斜孔测点	N-CX1	2980110.44	591819.16	811.12	2021-3-1	24	—	
孔隙水压力监测点	N-KX1-1	2980185.96	594876.70	813.69	2021-3-11	15	—	
	N-KX1-2	2980185.96	594876.70	813.69	2021-3-11	9	—	
	N-KX1-3	2980185.96	594876.70	813.69	2021-3-11	6	—	
	N-KX1-4	2980185.96	594876.70	813.695	2021-3-11	3	—	

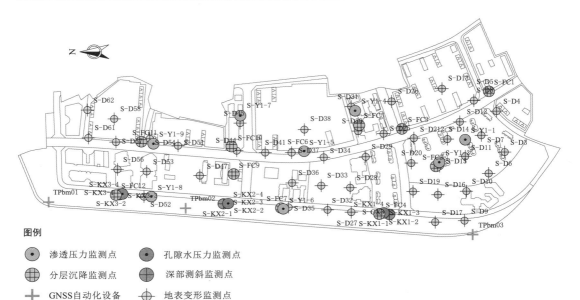

图 8.1　北门南区各监测点平面布置图

8.1.2　北门高填方场地变形监测结果分析

8.1.2.1　符号定义

（1）测斜监测。规定测斜管的"十"字形导槽中一线沿坝顶—坝脚方向布设，定义为顺坡向；另一线沿坝左—坝右方向布设，定义为横坡向。测斜监测过程中山顶侧导槽定义为 A0 方向。以 A0（坝顶）方向为起点，逆时针旋转 90°定义为 B0（坝左）方向，逆时针旋转 180°定义为 A180（坝脚）方向，逆时针旋转 270°定义为 B180（坝右）方向。

（2）分层沉降监测。竖直向上为上方向，向下同理。通过测定各磁环距孔口深度，可以计算出测量磁环与基准磁环之间距离。以初次距离值为基准值，通过后续测量距离值与基准值进行比较，计算分层沉降量。

（3）地面沉降监测。竖直向上为上方向，向下同理。以测点初次测定高程测值为基准值，通过测点后续测定高程测值与基准值进行比较，计算沉降量。

（4）地表水平位移监测。采用大地坐标系，X 方向为大地坐标系中正北方向，Y 方向为大地坐标系中正北方向。以测点初次测定坐标值为基准值，通过测点后续测定坐标值与基准值进行比较，计算地表水平位移量。

本次数据分析从蓄水前（2021 年 1 月 1 日至 3 月 18 日）地表沉降变化结果、蓄水后（2021 年 3 月 19 日至 6 月 16 日）地表沉降变化结果、泄水后（2021 年 6 月 17 日至 11 月 25 日）地表沉降变化结果三个阶段进行分析。

北门居民区场平及基础设施工程位移变形监测点各方向变形成果值的符号定义见表 8.2。

表 8.2　　　　　　　　　　　　　监测成果值正负号的规定

工程部位	测点类型	方向名称	监测变量	符号	单位	变形趋势	备注
北门居民区	地面沉降测点	H 向	累计位移量	正	mm	向下沉降	
				负	mm	向上浮动	
			变化速率	正	mm/d	向下沉降	
				负	mm/d	向上浮动	
	分层沉降测点	H 向	累计位移量	正	mm	向下沉降	
				负	mm	向上浮动	
			变化速率	正	mm/d	向下沉降	
				负	mm/d	向上浮动	
	测斜测点	顺坡向	累计位移量	正	mm	向坝顶位移	
				负	mm	向坝脚位移	
			变化速率	正	mm/d	向坝顶位移	
				负	mm/d	向坝脚位移	
		横坡向	累计位移量	正	mm	向坝左位移	
				负	mm	向坝右位移	
			变化速率	正	mm/d	向坝左位移	
				负	mm/d	向坝右位移	
	地表水平位移	X 方向	累计位移量	正	mm	向北位移	
				负	mm	向南位移	
			变化速率	正	mm/d	向北位移	
				负	mm/d	向南位移	
		Y 方向	累计位移量	正	mm	向东位移	
				负	mm	向西位移	
			变化速率	正	mm/d	向东位移	
				负	mm/d	向西位移	

8.1.2.2　地表沉降-时间过程

地面沉降测点，使用材料为 $\phi25$ 及 $\phi50$ 镀锌钢管与沉降板。监测数据跨度包括蓄水前、蓄水中和蓄水后三个阶段。其中蓄水前指场地开始填筑至 2021 年 3 月 18 日；3 月 19

日至 9 月 30 日为水位持续上升阶段；9 月 30 日之后为水位下降阶段。经现场巡视检查，各地面沉降测点所在部位，未出现明显裂缝、渗水、地面塌陷等异常情况。各时间段内地面沉降随时间变化曲线见图 8.2，具体变形特征所述如下：

蓄水前阶段（2021 年 1 月 1 日至 3 月 18 日），实测沉降速率最大值为 0.04mm/d，沉降变化量最大值为 0.2mm，发生在 D27 测点，变化量较小；累计沉降量最大值为 38.8mm，发生在 D27 测点。

水位上升阶段（2021 年 3 月 19 日至 9 月 30 日），实测沉降速率最大值为 0.03mm/d；沉降变化最大值为 7.6mm，发生在 D27 测点，变化量较小；累计沉降量最大值为 46.4mm，发生在 D27 测点。

水位下降阶段（2021 年 9 月 30 日至 11 月 25 日），实测沉降速率最大值为 −0.02mm/d；沉降变化最大值为 −0.6mm，发生在 D10 测点，变化量较小；累计沉降量最大值为 47.6mm，发生在 D27 测点。

北门居民区场平及基础设施工程，地表沉降监测，沉降变形情况主要出现在 2019 年场地填筑施工期间，施工完成后测值趋于稳定，未表现出明显异常突变情况。

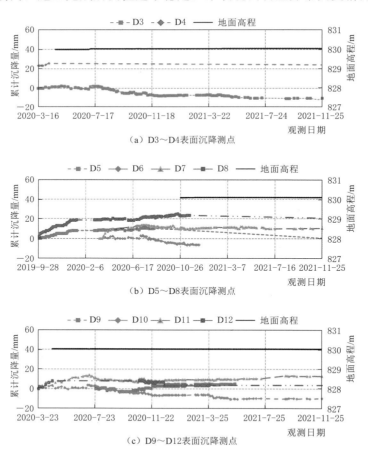

（a）D3～D4 表面沉降测点

（b）D5～D8 表面沉降测点

（c）D9～D12 表面沉降测点

图 8.2（一）　北门场平南各测点区地面累计沉降值-时间过程线

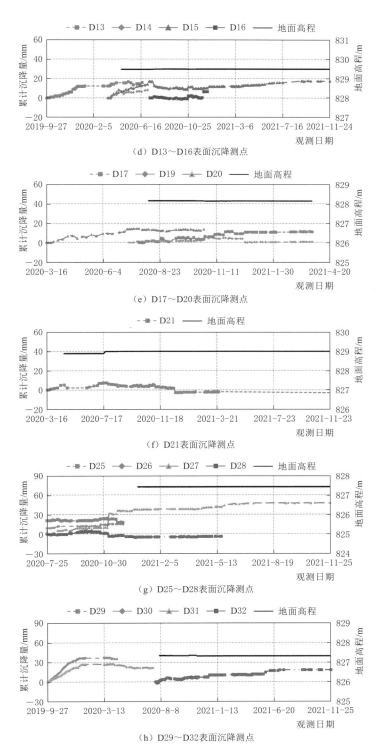

（d）D13～D16表面沉降测点

（e）D17～D20表面沉降测点

（f）D21表面沉降测点

（g）D25～D28表面沉降测点

（h）D29～D32表面沉降测点

图 8.2（二）　北门场平南各测点区地面累计沉降值-时间过程线

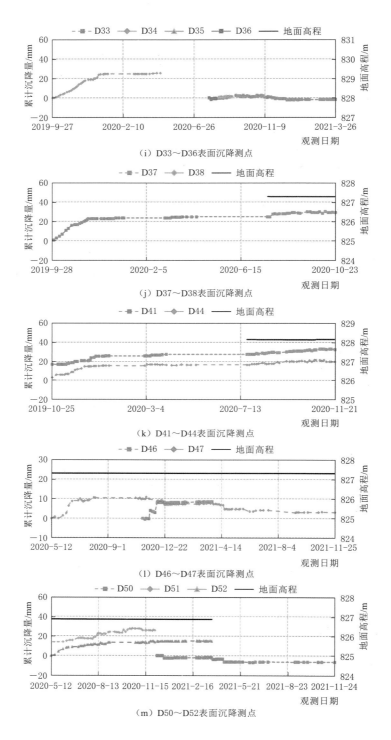

（i）D33～D36表面沉降测点

（j）D37～D38表面沉降测点

（k）D41～D44表面沉降测点

（l）D46～D47表面沉降测点

（m）D50～D52表面沉降测点

图 8.2（三）　北门场平南各测点区地面累计沉降值-时间过程线

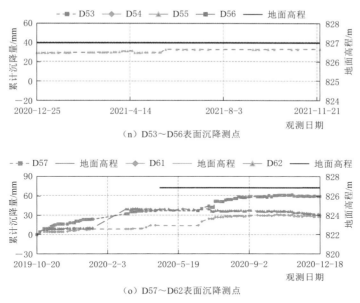

（n）D53～D56表面沉降测点

（o）D57～D62表面沉降测点

图 8.2（四）　　北门场平南各测点区地面累计沉降值-时间过程线

8.1.2.3　分层沉降-时间过程

分层沉降观测主要通过沉降磁环测量不同深度处的沉降-时间曲线。北门南区共布设12 处分层沉降观测点，表 8.3 所示为各测点测量时段及完好情况。

由表 8.3 可知，大部分测点在 2021 年 3 月 19 日开始蓄水之后已停止采集数据，S-FC11 测点自填筑之初监测至蓄水后水位下降阶段；S-FC4 自场地填筑过程中监测至水位下降阶段；S-FC8 自蓄水初期开始监测至水位下降阶段；S-FC12 自填筑中期监测至水位上升阶段。

表 8.3　　　　　　　　　北门南区各分层沉降测点特征一览表

序号	测点编号	初测日期/年-月-日	测管深度/m	磁环数量	终测日期/年-月-日	备注
1	S-FC1	2019-10-6	24.9	8	2020-12-20	损坏
2	S-FC2	2020-4-7	49.8	17	2020-12-7	损坏
3	S-FC3	2019-10-1	31.1	9	2020-9-6	损坏
4	S-FC4	2020-4-24	94	31		
5	S-FC5	2019-10-2	56.7	19	2020-9-6	损坏
6	S-FC6	2019-9-25	32.1	10	2020-9-3	损坏
7	S-FC7	2020-5-25	60	10	2020-12-6	损坏
8	S-FC8	2021-5-17	50.5	12		
9	S-FC9	2019-10-30	35.5	11	2020-11-23	损坏
10	S-FC10	2019-10-14	42.1	13	2021-3-12	损坏
11	S-FC11	2019-10-23	21	7		
12	S-FC12	2020-5-2	58	19	2021-8-5	损坏

在有效观测时段内，各测点分层沉降情况所述如下：

（1）S－FC1 分层沉降测点。2020 年 12 月 11—18 日，S－FC1 分层沉降测点，变化速率最大值为－2.81mm/d，沉降变化量最大值为－19.7mm，出现在 S－FC1－4 测点，距孔口深度 12.02m，测点对应高程为 818.39m。累计沉降量最大值为 22.7mm，出现在 S－FC1－6 测点，距孔口深度 6.15m，测点对应高程为 824.26m。

（2）S－FC2 分层沉降测点。2020 年 11 月 27 日至 12 月 5 日，S－FC2 分层沉降测点，变化速率最大值为－0.29mm/d，沉降变化量最大值为－2.3mm，出现在 S－FC2－1 测点，距孔口深度 45.58m，测点对应高程为 782.4m。累计沉降量最大值为 33.9mm，出现在 S－FC2－9 测点，距孔口深度 21.73m，测点对应高程为 806.29m。

（3）S－FC3 分层沉降测点。2020 年 8 月 30 日至 9 月 4 日，S－FC3 分层沉降测点，变化速率最大值为－0.73mm/d，沉降变化量最大值为－3.7mm，出现在 S－FC3－2 测点，距孔口深度 23.5m，测点对应高程为 805.23m。累计沉降量最大值为 33.7mm，距孔口深度 2.86m，出现在 S－FC3－8 测点，测点对应高程为 825.88m。

（4）S－FC5 分层沉降测点。2020 年 8 月 30 日至 9 月 4 日，S－FC4 分层沉降测点，变化速率最大值为 2.67mm/d，沉降变化量最大值为 13.3mm，出现在 S－FC5－2 测点，距孔口深度 49.15m，测点对应高程为 780.13m。累计沉降量最大值为 34mm，出现在 S－FC5－4 测点，距孔口深度 43.12m，测点对应高程为 786.15m。

（5）S－FC6 分层沉降测点。2020 年 8 月 21—30 日，S－FC6 分层沉降测点，最大变化速率－1.04mm/d，沉降变化量最大值为－9.3mm，出现在 S－FC6－3 测点，距孔口深度 21.81m。累计沉降量最大值为 56.5mm，出现在 S－FC6－8 测点，距孔口深度 5.53m，最大值对应测点高程为 823.72m。

（6）S－FC7 分层沉降测点。2020 年 11 月 27 日至 12 月 5 日，S－FC6 分层沉降测点，最大变化速率为－0.5mm/d，沉降变化量最大值为－4mm，出现在 S－FC7－8 测点，距孔口深度 12.85m，测点对应高程为 815.67m。累计沉降量最大值为－24mm，出现在 S－FC7－5 测点，距孔口深度 30.27m，测点对应高程为 798.26m。

（7）S－FC8 分层沉降测点。2021 年 9 月 25 日至 10 月 23 日，S－FC8 分层沉降测点，最大变化速率为－0.63mm/d，沉降变化量最大值为－17.7mm，出现在 FC8－7 测点，距孔口深度 20.41m，测点对应高程为 809m。累计沉降量最大值为－58.2mm，出现在 FC8－7 测点，距孔口深度 20.41m，测点对应高程为 809m。

（8）S－FC9 分层沉降测点。2020 年 11 月 13—20 日，S－FC9 分层沉降测点，最大变化速率为－0.29mm/d，沉降变化量最大值为－2mm，出现在 S－FC9－6 测点，距孔口深度 18.55m，测点对应高程为 EL816.32m。累计沉降量最大值为 120.3mm，出现在 S－FC9－8 测点，距孔口深度 12.22m，测点对应高程为 822.75m。

（9）S－FC10 分层沉降测点。2021 年 3 月 5—11 日，S－FC10 分层沉降测点，最大变化速率为 0.5mm/d，沉降变化量最大值为 3mm，出现在 S－FC10－12 测点，距孔口深度 4.33m，测点对应高程为 824.19m。累计沉降量最大值为－18.3mm，出现在 S－FC10－5 测点，距孔口深度 25.83m，测点对应高程为 802.65m。

对于监测时段较长的 S－FC4、S－FC12 监测点，分层沉降变化过程详述如下。分层沉降测点 S－FC4 自 2020 年 4 月 24 日取得初始值，分层沉降观测成果统计见表 8.4。图 8.3 所示为 S－FC4 不同深度测点沉降-时间曲线。2021 年 9 月 25 日至 10 月 23 日，S－FC4 分层沉降测点，最大变化速率为－0.13mm/d，沉降变化量最大值为－3.7mm，出现在 FC4－23 测点，距孔口深度 23.3m，测点对应高程为 805.27m。累计沉降量最大值为－37.7mm，距孔口深度 79.59m，出现在 S－FC4－4 测点，测点对应高程为 748.91m，S－FC4 分层沉降观测成果见表 8.4。

表 8.4　　　　　　　　　　　　分层沉降 S－FC4 观测成果统计表

测点编号	测点高程/m	测点深度/m	磁环累计压缩量/mm			变化量/mm	变化速率/(mm/d)	备注
			2021年3月19日	2021年9月25日	2021年10月23日			
S－FC4－0	737.48	90.99	0.0	0.0	0.0	0.0	0.00	基准点
S－FC4－1	739.79	88.70	－2.3	10.3	9.3	－1.0	－0.04	
S－FC4－2	743.01	85.48	－10.0	－7.0	－8.7	－1.7	－0.06	
S－FC4－3	745.80	82.70	－9.0	－12.0	－11.0	1.0	0.04	
S－FC4－4	748.91	79.59	－39.0	－39.0	－37.7	1.3	0.05	
S－FC4－5	751.70	76.79	0.0	7.3	9.0	1.7	0.06	
S－FC4－6	755.03	73.48	－10.7	3.0	－0.3	－3.3	－0.12	
S－FC4－7	757.67	70.83	－8.7	0.0	0.0	0.0	0.00	
S－FC4－8	760.86	67.65	－9.3	1.0	－0.7	－1.7	－0.06	
S－FC4－9	763.56	64.94	3.3	22.3	20.3	－2.0	－0.07	
S－FC4－10	766.97	61.56	9.3	27.7	24.0	－3.7	－0.13	
S－FC4－11	769.56	58.96	0.3	9.0	9.7	0.7	0.02	
S－FC4－12	772.80	55.75	－1.7	7.0	4.0	－3.0	－0.11	
S－FC4－13	775.53	52.99	10.7	14.3	12.3	－2.0	－0.07	
S－FC4－14	778.82	49.71	9.7	21.3	20.7	－0.7	－0.02	
S－FC4－15	781.49	47.04	21.7	20.7	17.3	－3.3	－0.12	
S－FC4－16	784.66	43.09	24.7	30.0	29.0	－1.0	－0.04	
S－FC4－17	787.40	41.15	－5.7	0.3	－1.3	－1.7	－0.06	
S－FC4－18	790.54	37.99	9.0	21.7	20.7	－1.0	－0.04	
S－FC4－19	793.39	35.16	－13.7	6.7	5.0	－1.7	－0.06	
S－FC4－20	796.56	31.99	－4.3	－13.3	－16.7	－3.3	－0.12	
S－FC4－21	799.29	29.25	－21.0	－12.0	－11.7	0.3	0.01	
S－FC4－22	802.43	26.06	－29.3	1.3	1.3	0.0	0.00	
S－FC4－23	805.27	23.30	－9.4	15.9	12.2	－3.7	－0.13	
S－FC4－24	808.53	20.05	9.0	30.3	30.7	0.3	0.01	
S－FC4－25	811.13	17.40	1.0	10.0	9.3	－0.7	－0.02	
S－FC4－26	814.39	14.18	－13.3	－5.3	－6.3	－1.0	－0.04	

续表

测点 编号	测点高程 /m	测点深度 /m	磁环累计压缩量/mm			变化量 /mm	变化速率 /(mm/d)	备注
			2021 年 3 月 19 日	2021 年 9 月 25 日	2021 年 10 月 23 日			
S-FC4-27	817.18	11.39	8.3	23.0	20.3	−2.7	−0.10	
S-FC4-28	819.97	8.59	19.0	19.3	18.7	−0.7	−0.02	
S-FC4-29	823.07	5.53	5.0	12.0	13.7	1.7	0.06	
S-FC4-30	826.45	2.13	−9.3	−8.3	−9.0	−0.7	−0.02	

注　磁环累计压缩量正值表示下沉，负值表示上浮。测点深度为测点距孔口深度。

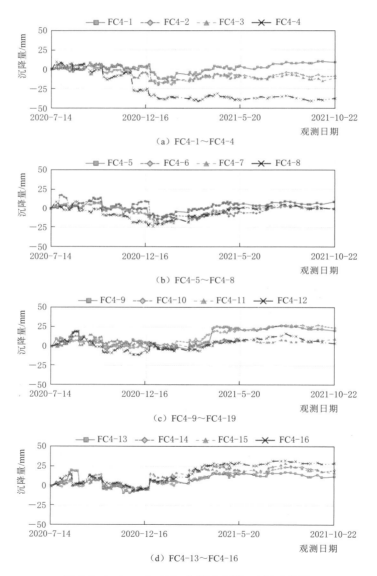

（a）FC4-1～FC4-4

（b）FC4-5～FC4-8

（c）FC4-9～FC4-19

（d）FC4-13～FC4-16

图 8.3（一）　S-FC4 各测点沉降-时间过程线

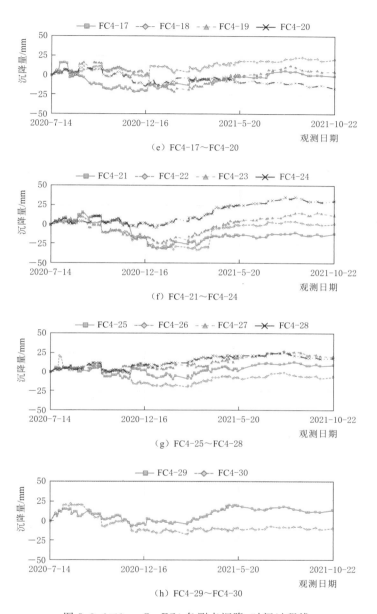

（e）FC4-17～FC4-20

（f）FC4-21～FC4-24

（g）FC4-25～FC4-28

（h）FC4-29～FC4-30

图 8.3（二）　S-FC4 各测点沉降-时间过程线

　　分层沉降测点 S-FC12 自 2020 年 5 月 2 日取得初始值，2021 年 8 月 5 日，测点损坏，停止观测。S-FC12 分层沉降观测成果统计见表 8.5，S-FC12 各测点沉降-时间变化曲线见图 8.4。2021 年 3 月 19 日至 8 月 3 日，S-FC12 分层沉降测点，最大变化速率为 -0.37mm/d，沉降变化量最大值为 -3.7mm，出现在 FC12-9 测点，距孔口深度29.99m，测点对应高程为 806.79m。累计沉降量最大值为 65mm，距孔口深度 18.26m，出现在 FC12-13 测点，测点对应高程为 818.55m。

表 8.5   S－FC12 分层沉降观测成果统计表

测点编号	测点高程/m	测点深度/m	磁环累计压缩量/mm			变化量/mm	变化速率/(mm/d)	备注
			2021年3月19日	2021年6月17日	2021年8月3日			
S－FC12－0	779.72	57.04	0.0	0.0	0.0	0.0	0.00	基准点
S－FC12－1	782.96	53.81	45.7	53.3	54.0	2.0	0.10	
S－FC12－2	785.69	51.09	33.0	28.0	25.3	−1.3	−0.06	
S－FC12－3	788.71	48.09	60.3	60.7	60.3	−1.0	−0.05	
S－FC12－4	791.61	46.16	27.3	38.7	35.7	−2.0	−0.10	
S－FC12－5	794.58	42.19	57.0	57.3	52.3	1.7	0.08	
S－FC12－6	797.54	39.23	35.3	39.0	38.3	1.3	0.06	
S－FC12－7	800.66	36.11	42.3	46.3	44.7	−1.7	−0.08	
S－FC12－8	802.57	34.21	30.7	38.3	35.3	−0.7	−0.03	
S－FC12－9	806.79	29.99	30.0	16.0	8.7	−1.3	−0.06	
S－FC12－10	809.47	27.33	37.0	44.0	41.7	0.3	0.02	
S－FC12－11	812.55	24.25	34.0	34.7	32.0	−0.7	−0.03	
S－FC12－12	815.39	21.42	59.3	62.7	59.3	−1.7	−0.08	
S－FC12－13	818.55	18.26	56.3	66.7	62.0	−3.0	−0.14	
S－FC12－14	821.33	15.48	42.0	38.7	42.0	2.0	0.10	
S－FC12－15	824.42	12.40	40.3	35.3	35.7	−1.0	−0.05	
S－FC12－16	827.27	9.54	42.3	47.3	38.3	−3.3	−0.16	
S－FC12－17	830.39	6.43	43.3	43.3	42.3	0.3	0.02	
S－FC12－18	833.21	3.61	48.3	52.3	49.0	−1.3	−0.06	

注 磁环累计压缩量正值表示下沉，负值表示上浮。测点深度为测点距孔口深度。

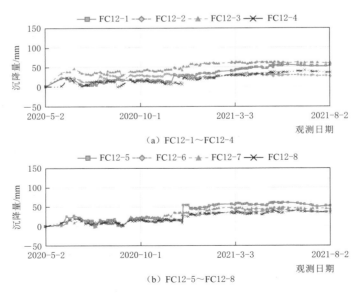

（a）FC12-1～FC12-4

（b）FC12-5～FC12-8

图 8.4（一）   S－FC12 各测点沉降-时间过程线

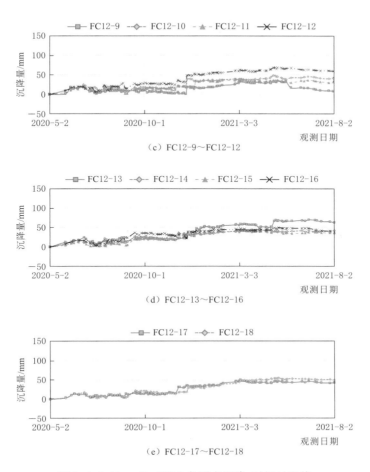

（c）FC12-9～FC12-12

（d）FC12-13～FC12-16

（e）FC12-17～FC12-18

图 8.4（二）　S－FC12 各测点沉降-时间过程线

8.1.2.4　深部水平位移-时间过程

北门南区共布设深部变形观测点 3 处，其中 S－CX1 自场地填筑中期开始监测，水库蓄水初期停止观测。S－CX2 自蓄水前开始观测至库水位下降阶段。S－CX3 自场地填筑中期开始监测，至库水位下降阶段。深部测斜点特征见表 8.6。

表 8.6　　　　　　　　　北门南区深部测斜点特征一览表

序号	测点编号	初测日期/年-月-日	测管深度/m	终测日期/年-月-日	备注
1	S－CX1	2020－5－2	34	2021－4－25	损坏
2	S－CX2	2021－1－19	16		
3	S－CX3	2020－4－21	46		

现将各深部测斜点水平变形情况详述如下：

（1）S－CX1。深层侧向位移监测 S－CX1 测斜孔，孔口高程 826.93m。2020 年 5 月 2

日取得初始值，坝顶侧方位角为 SE110°，坝脚侧方位角为 NW290°，坝左侧方位角为 SW200°，坝右侧方位角为 NE20°。2021 年 4 月 25 日，测点损坏，停止观测。S - CX1 有效监测时段内监测深层侧向位移变形量统计见表 8.7。图 8.5 所示为 S - CX1 测斜孔深部水平位移-深度曲线。

表 8.7   S - CX1 测斜孔位移量统计表

方向	观测日期 /年-月-日	最大位移速率 /(mm/d)	对应深度（距孔口）/m	最大累计位移量/mm	对应深度（距孔口）/m	方位角 /(°)	变形趋势	备注
顺坡向	2021 - 1 - 6	0.20	15.5	0.79	15.5	SE110	坝顶	蓄水前
	2021 - 1 - 29	0.59	10.5	3.05	4.5	SE110	坝顶	
	2021 - 2 - 23	−0.03	13.5	5.22	4.5	SE110	坝顶	
	2021 - 3 - 5	−0.16	23.0	5.73	4.5	SE110	坝顶	
	2021 - 3 - 15	0.34	2.5	6.87	5.0	SE110	坝顶	
	2021 - 3 - 26	0.34	6.5	7.31	5.0	SE110	坝顶	
	2021 - 4 - 3	0.23	3.5	−3.27	24.5	NW290	坝脚	水位上升
	2021 - 4 - 23	0.36	5.0	4.19	5.5	SE110	坝顶	
横坡向	2021 - 1 - 6	0.18	12.0	0.73	12.0	SW200	坝左	蓄水前
	2021 - 1 - 29	−0.20	14.0	−2.41	5.5	NE20	坝右	
	2021 - 2 - 23	−0.17	2.0	−2.03	26.0	NE20	坝右	
	2021 - 3 - 5	−0.20	8.0	2.73	2.0	SW200	坝左	
	2021 - 3 - 15	−0.41	3.5	−2.06	19.0	NE20	坝右	
	2021 - 3 - 26	−0.36	13.0	−3.26	19.0	NE20	坝右	
	2021 - 4 - 3	−0.26	7.0	−10.53	3.5	NE20	坝右	水位上升
	2021 - 4 - 23	0.38	2.5	−11.40	5.0	NE20	坝右	
主位移	2021 - 1 - 6	—	—	0.81	12	—	—	蓄水前
	2021 - 1 - 29	—	—	3.67	4.5	—	—	
	2021 - 2 - 23	—	—	5.26	4.5	—	—	
	2021 - 3 - 5	—	—	5.89	4.5	—	—	
	2021 - 3 - 15	—	—	6.89	5.0	—	—	
	2021 - 3 - 26	—	—	7.39	4.5	—	—	
	2021 - 4 - 3	—	—	10.84	3.5	—	—	水位上升
	2021 - 4 - 23	—	—	12.05	5.0	—	—	

1）蓄水前阶段（2021 年 1 月 6 日至 2021 年 3 月 26 日），顺坡向最大位移速率 0.34mm/d，距孔口深度 6.5m；最大累计位移量 7.31mm，距孔口深度 5.0m，表现出向坝顶方向变形趋势。横坡向最大位移速率−0.41mm/d，距孔口深度 3.5m；最大累计位

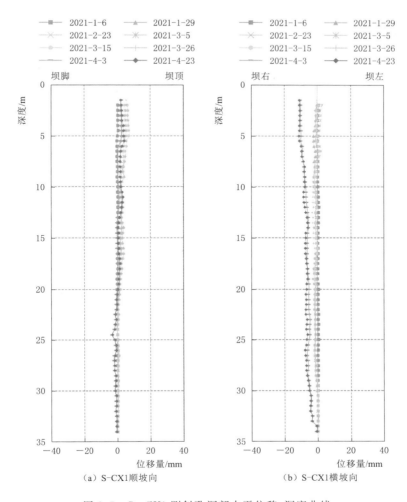

图 8.5　S-CX1 测斜孔深部水平位移-深度曲线

移量－3.26mm，距孔口深度 19.0m，表现出向坝右方向变形趋势。主位移：最大累计主位移量 7.39mm，距孔口深度 4.5m。

2）水位上升阶段（2021 年 4 月 3—23 日），顺坡向最大位移速率 0.36mm/d，距孔口深度 5.0m；最大累计位移量 4.19mm，距孔口深度 5.5m，表现出向坝顶方向变形趋势。横坡向最大位移速率 0.38mm/d，距孔口深度 2.5m；最大累计位移量－11.40mm，距孔口深度 5.0m，表现出向坝右方向变形趋势。主位移：最大累计主位移量 12.05mm，距孔口深度 5.0m。

（2）S-CX2。深层侧向位移监测 S-CX2 测斜孔，孔口高程 828.359m。2021 年 1 月 9 日取得初始值。坝顶侧方位角为 SE104°，坝脚侧方位角为 NW263°，坝左侧方位角为 SW186°，坝右侧方位角为 NE2°。S-CX2 测斜孔深层侧向位移变形量统计见表 8.8。各测点水平位移-时间曲线见图 8.6。

表 8.8   **S－CX2 测斜孔位移量统计表**

方向	观测日期 /年－月－日	最大位移速率 /(mm/d)	对应深度 （距孔口）/m	最大累计 位移量/mm	对应深度 （距孔口）/m	方位角 /(°)	变形 趋势	备注
顺坡向	2021－3－29	−0.01	54.0	0.12	54.5	SE104	坝顶	蓄水前
	2021－4－7	0.50	26.5	0.34	54.5	SE104	坝顶	水位上升
	2021－5－12	0.05	26.5	0.05	54.5	SE104	坝顶	
	2021－6－30	0.38	24.5	−0.35	54.5	NW262	坝脚	
	2021－7－27	0.37	6.5	−0.10	37.0	NW262	坝脚	
	2021－8－21	0.08	3.5	3.01	37.0	SE104	坝顶	
	2021－9－14	0.12	14.0	5.83	37.0	SE104	坝顶	
	2021－11－26	0.06	12.5	5.67	37.0	SE104	坝顶	水位下降
横坡向	2021－3－29	0.03	23.5	10.05	34.5	SE110	坝左	蓄水前
	2021－4－7	0.60	50.0	9.43	22.5	SE110	坝左	水位上升
	2021－5－12	0.21	13.0	9.60	10.5	SW186	坝左	
	2021－6－30	0.34	28.5	12.30	10.5	SE110	坝左	
	2021－7－27	0.18	8.0	11.07	27.5	SE110	坝左	
	2021－8－21	0.05	8.0	10.55	27.5	SW186	坝左	
	2021－9－14	0.07	9.0	10.89	27.5	SE110	坝左	
	2021－11－26	0.12	9.5	13.69	27.5	SE110	坝左	水位下降
主位移	2021－3－29	—	—	10.49	22.5	—	—	蓄水前
	2021－4－7	—	—	9.65	10.5	—	—	水位上升
	2021－5－12	—	—	9.60	10.5	—	—	
	2021－6－30	—	—	12.44	10.5	—	—	
	2021－7－27	—	—	11.18	27.5	—	—	
	2021－8－21	—	—	10.55	27.5	—	—	
	2021－9－14	—	—	10.89	27.5	—	—	
	2021－11－26	—	—	13.69	27.5	—	—	水位下降

1）蓄水前阶段（2021 年 3 月 29 日），顺坡向最大位移速率−0.01mm/d，距孔口深度 54m；最大累计位移量 0.12mm，距孔口深度 54.5m，表现出向坝顶方向变形趋势。横坡向最大位移速率 0.03mm/d，距孔口深度 23.5m；最大累计位移量 10.05mm，距孔口深度 34.5m，表现出向坝左方向变形趋势。主位移：最大累计主位移量 10.49mm，距孔口深度 22.5m。

2）水位上升阶段（2021 年 4 月 7 日至 9 月 14 日），顺坡向最大位移速率 0.50mm/d，距孔口深度 26.5m；最大累计位移量 5.83mm，距孔口深度 37.0m，表现出向坝顶方向变形趋势。横坡向最大位移速率 0.60mm/d，距孔口深度 50.0m；最大累计位移量

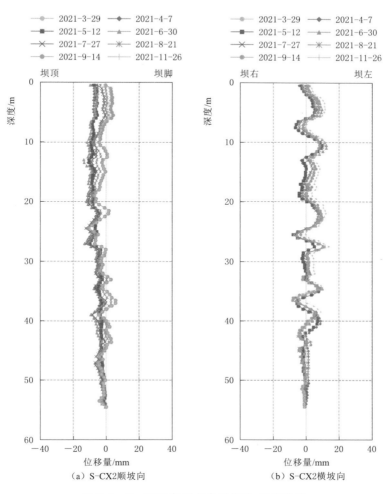

图 8.6　S－CX2 各测点水平位移-深度曲线

12.30mm，距孔口深度 10.5m，表现出向坝左方向变形趋势。主位移：最大累计主位移量 10.89mm，距孔口深度 27.5m。

3）水位下降阶段（2021 年 11 月 26 日），顺坡向最大位移速率 0.06mm/d，距孔口深度 12.5m；最大累计位移量 5.67mm，距孔口深度 37.0m，表现出向坝顶方向变形趋势。横坡向最大位移速率 0.12mm/d，距孔口深度 9.5m；最大累计位移量 13.69mm，距孔口深度 27.5m，表现出向坝左方向变形趋势。主位移：最大累计主位移量 13.69mm，距孔口深度 27.5m。

（3）S－CX3。深层侧向位移监测 S－CX3 测斜孔，孔口高程 827.74m。2020 年 4 月 21 日取得初始值。坝顶侧方位角为 SE110°，坝脚侧方位角为 NW290°，坝左侧方位角为 SW200°，坝右侧方位角为 NE20°。S－CX3 测斜孔深层侧向位移量统计见表 8.9。各测点水平位移-时间曲线见图 8.7。

表 8.9　　　　　　　　　S-CX3 测斜孔深层侧向位移量统计表

方向	观测日期	最大位移速率 /(mm/d)	对应深度（距孔口）/m	最大累计位移量/mm	对应深度（距孔口）/m	方位角 /(°)	变形趋势	备注
顺坡向	2021-1-6	0.74	2.5	2.96	2.5	SE110	坝顶	蓄水前
	2021-2-23	−0.11	0.5	−3.84	2.5	NW290	坝脚	
	2021-3-12	−0.75	1	−4.17	6.0	NW290	坝脚	
	2021-4-5	0.39	14	−4.13	0.5	NW290	坝脚	水位上升
	2021-6-16	−0.33	8	6.83	31.0	SE110	坝顶	
	2021-7-13	0.29	3.5	−4.91	38.0	NW290	坝脚	
	2021-10-23	−0.13	0.5	−4.91	38.0	NW290	坝脚	水位下降
	2021-11-26	0.13	5	−4.91	38.0	NW290	坝脚	
横坡向	2021-1-6	−0.96	3.5	−3.82	3.5	NW290	坝右	蓄水前
	2021-2-23	0.03	22.5	−3.73	0.5	NW290	坝右	
	2021-3-12	−0.70	2	−3.73	0.5	NW290	坝右	
	2021-4-5	0.71	0.5	6.12	8.0	SE110	坝左	水位上升
	2021-6-16	−0.11	6.5	12.95	7.5	SE110	坝左	
	2021-7-13	−0.38	9	11.90	7.5	SE110	坝左	
	2021-10-23	−0.10	0.5	9.63	7.5	SE110	坝左	水位下降
	2021-11-26	−0.07	22.5	7.11	8.0	SE110	坝左	
主位移	2021-1-6	—	—	4.66	3.0	—		蓄水前
	2021-2-23	—	—	5.26	0.5	—		
	2021-3-12	—	—	4.22	7.0	—		
	2021-4-5	—	—	6.33	8.0	—		水位上升
	2021-6-16	—	—	13.09	7.5	—		
	2021-7-13	—	—	11.96	7.5	—		
	2021-10-23	—	—	9.73	7.5	—		水位下降
	2021-11-26	—	—	8.05	8.0	—		

1）蓄水前阶段（2021 年 1 月 6 日至 3 月 12 日），顺坡向最大位移速率 0.74mm/d，距孔口深度 2.5m；最大累计位移量−4.17mm，距孔口深度 6.0m，表现出向坝脚方向变形趋势。横坡向最大位移速率−0.96mm/d，距孔口深度 3.5m；最大累计位移量−3.82mm，距孔口深度 3.5m，表现出向坝右方向变形趋势。主位移：最大累计主位移量 5.26mm，距孔口深度 0.5m。

2）水位上升阶段（2021 年 4 月 5 日至 7 月 13 日），顺坡向最大位移速率 0.39mm/d，距孔口深度 14m；最大累计位移量 6.83mm，距孔口深度 31m，表现出向坝顶方向变形趋势。横坡向最大位移速率 0.71mm/d，距孔口深度 0.5m；最大累计位移量 12.95mm，距孔口深度 7.5m，表现出向坝左方向变形趋势。主位移：最大累计主位移量 11.96mm，距孔口深度 7.5m。

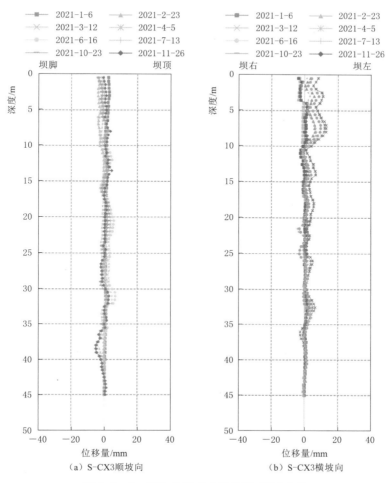

图 8.7　S－CX3各测点水平位移-深度曲线

3）水位下降阶段（2021 年 10 月 23 日至 11 月 26 日），顺坡向最大位移速率 0.13mm/d，距孔口深度 5m；最大累计位移量－4.91mm，距孔口深度 38m，表现出向坝脚方向变形趋势。横坡向最大位移速率－0.10mm/d，距孔口深度 0.5m；最大累计位移量 7.11mm，距孔口深度 8m，表现出向坝左方向变形趋势。主位移：最大累计主位移量 8.05mm，距孔口深度 8m。

8.1.2.5　孔隙水压力

北门居民区场平及基础设施工程累计完成 3 个孔隙水压力监测点安装埋设。孔压计测点设计编号为 S－KX1、S－KX2、S－KX3。各孔压计测点孔隙水压力成果统计见表 8.10。图 8.8 为各测点孔隙水压力-时间曲线。

2021 年 3—7 月，白鹤滩水电站库区水位上升期间，北门居民区场平及基础设施工程，S－KX1～S－KX3 孔隙水压力测点，监测到 36.0～83.5kPa 孔隙水压力增大情况；2021 年 7 月后，孔隙水压力测值趋于稳定，未表现出明显异常突变情况，孔隙水压力成果统计见表 8.10。

表 8.10 各孔压计测点孔隙水压力成果统计表

测点编号	坐 标		安装日期/年-月-日	测点高程/m	孔隙水压力/kPa			变化值/kPa	备注
	X	Y			2021 年 3 月 19 日	2021 年 9 月 25 日	2021 年 11 月 24 日		
S-KX1-1	2978192.36	591097.15	2020-4-17	783.425	41.3	120.6	124.8	83.5	
S-KX1-2	2978192.36	591097.15	2020-4-17	786.425	34.4	39.9	39.9	5.5	
S-KX1-3	2978192.36	591097.15	2020-4-17	789.425	20.3	24.3	22.5	2.2	
S-KX1-4	2978192.36	591097.15	2020-4-17	792.425	23.0	20.4	17.2	-5.8	
S-KX2-1	2978725.5880	591133.188	2021-3-11	793.425	5.7	40.7	41.7	36.0	
S-KX2-2	2978725.5880	591133.188	2021-3-11	794.425	1.8	-2.0	-4.2	-6.0	
S-KX2-3	2978725.5880	591133.188	2021-3-11	795.425	1.2	4.8	3.0	1.8	
S-KX2-4	2978725.5880	591133.188	2021-3-11	796.425	3.4	-3.3	-8.0	-11.3	
S-KX3-1	2979086.47	591168.19	2020-4-29	793.114	34.8	127.5	123.2	88.4	
S-KX3-2	2979086.47	591168.19	2020-4-29	796.114	0.8	36.7	40.6	39.8	
S-KX3-3	2979086.47	591168.19	2020-4-29	799.114	16.5	27.9	28.8	12.3	
S-KX3-4	2979086.47	591168.19	2020-4-29	802.114	-16.0	-17.7	-19.3	-3.3	

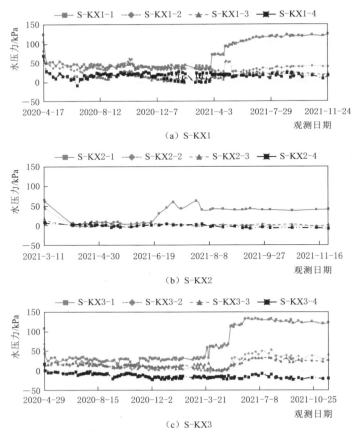

图 8.8 各测点孔隙水水压力测点压力-时间曲线

8.2 消落区高填方场地变形及稳定性自动化监测方案设计

8.2.1 高填方场地监测设施现状

（1）地面沉降观测点。北门南区共布置地面沉降监测点 68 处，其中采集到数据的共有 46 点，经统计分析，已有 30 个监测点不再具备监测功能，仍可以使用的有 16 个点。图 8.9 为北门填方区南区不同时段地面沉降监测点损坏情况。

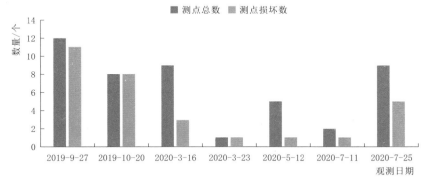

图 8.9 北门填方区南区不同时段地面沉降监测点损坏情况

就监测点埋设时间而言，填方场地施工之初（2019 年 9 月 27 日、2019 年 10 月 20 日）埋设的地面变形监测点仅有 S-D34 测点可正常使用，其他 19 处测点均已损坏；场地填筑过程中埋设的监测点（2020 年 3 月 16 日 9 处、2020 年 3 月 23 日 1 处、2020 年 5 月 12 日 5 处、2020 年 7 月 11 日 2 处、2020 年 7 月 25 日 9 处），损坏 11 处，仍可正常监测点 15 处。

图 8.10 为北门填方区南区地面沉降监测点运行状况。被损坏的地面沉降监测点多集中在填方高度较小的区域，这主要是由于填方高度较小的区域为移民安置房建设区，移民房屋的建设破坏了大部分地面沉降监测点。靠近防洪堤一侧大部分监测点得以保留，同时这些点也主要为场地填筑后期布设的监测点。

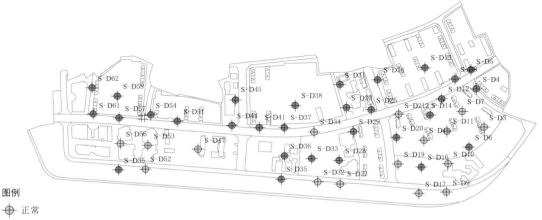

图 8.10 北门填方区南区地面沉降监测点运行状况

　　就地面沉降监测方式而言，目前主要通过在地表埋设沉降观测管的方式进行监测，存在的问题主要有两个方面：一是大量监测点耗时耗力；二是监测点位安全无法保障，容易遭人为损坏。地面沉降数据采集过程见图 8.11。

　　（2）分层沉降观测点。对于北门南区布设的分层沉降观测点，主要分为场地填筑初期（2019 年 9 月 25 日至 10 月 30 日）布设的 7 处监测点，以及填筑中期（2020 年 4 月 7 日至 5 月 25 日）布设的 5 处监测点。其中前期布设的监测点在水库蓄水前有 6 处损坏，场地填筑中期布设的监测点有 2 处在蓄水前损坏，1 处在水位上升过程中损坏。目前仅有场地填筑初期布设的监测点 S-FC11、场地填筑中期布设的监测点 S-FC4，以及蓄水过程中布设的监测点 S-FC8 在运行中。图 8.12 为当前分层沉降数据采集照片。图 8.13 为北门高填方区南区分层沉降监测点运行情况空间分布图。

图 8.11　地面沉降数据采集

图 8.12　分层沉降数据采集

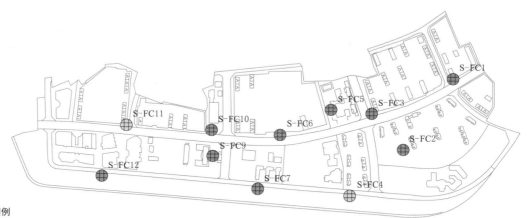

图 8.13　分层沉降监测点运行情况空间分布图

　　（3）深部水平位移观测点。图 8.14 为北门填方区南区深部水平位移监测点空间分布情况。三处深部水平位移监测点均位于防洪大堤内侧，场地填筑高度在 20～30m。其中测点 S-CX1 和 S-CX3 为场地填筑中期埋设的监测点，S-CX2 为场地填筑末期埋设的监测点。测点 S-CX1 在蓄水初期遭损坏，停止观测。S-CX2、S-CX3 目前仍可用于观测。图 8.15 为当前深部水平位移采集照片。

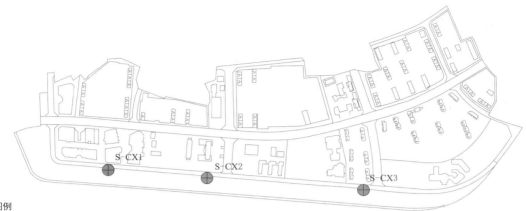

图例

⊕ 正常

⊕ 测点损坏

图 8.14　深部水平位移监测点运行空间分布情况

（4）孔隙水压力观测点。图 8.16 所示为北门南区安设的孔隙水压力监测点平面布置情况。3 处监测点均位于填筑场地临江一侧。其中 S－KY1 测点和 S－KY3 测点在场地填筑中期安装完成，S－KY2 在水库蓄水前安装完成，目前均可用于正常监测。图 8.17 为孔隙水压力现场采集照片。

基于已有监测设备运行现状分析，可知现有监测设备与监测系统存在以下几个方面的问题：

图 8.15　深部水平位移采集照片

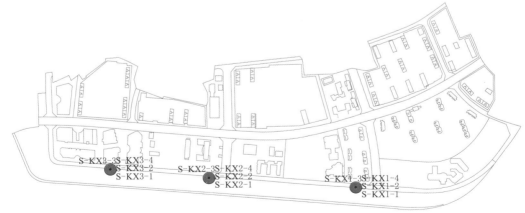

图例

● 孔隙水压力

图 8.16　孔隙水压力监测点平面布置情况

图 8.17 孔隙水压力数据采集

1）监测点损坏严重，其中地面沉降监测点损坏量约占总量的 65%，分层沉降监测点损坏量约占总量的 75%，深部水平位移监测点损坏量约占总量的 33%。

2）当前监测点均采用单点测量方式，需人工逐点测量，人力及时间成本较高，且测量数据更新速度慢，不利于紧急预警。

3）经人工采集的数据，需经处理换算得到相应的监测变量，可能存在测量误差与数据处理误差。

8.2.2 高填方场地自动化监测方案

依据第 6 章北门填方场地的变形特征、变形机理，以及已有监测数据所反映的场地变形情况，参考原监测设计方案，确定北门填方场地的重点监测部位和内容，提出北门填方场地监测系统自动化改造总体思路。比对现场监测设备和传感器，包括 GPS、雨量计、深部位移计、孔隙水压力计和现场视频监控等，考虑其精度、量程、使用范围、稳定性、测量数据采集及传输方式、先进性和价格，选用适合的监测方法、仪器设备类型、现场布设模式及数据采集、存储、传输方式，提出了自动化程度与监测精度高、安全可靠、经济合理的北门填筑场地监测自动化改造方案。

8.2.2.1 北门填方场地南区自动化监测方案

北门填方场地监测方案设置 GPS 变形监测点 51 个，在原有地面变形监测点位的基础上，选择填土厚度较大的区域另外增加 6 处；测斜孔（BS-CX）6 个，孔隙水压力（BS-KXY）观测孔 6 个，与测斜观测共用观测孔；分层沉降观测孔（BS-FC）12 个，与原有分层沉降观测点位置一致；雨量计（BS-rainst）2 个，数据采集、数据传输集成箱 2 个，与雨量计位置相同。

BS-CX1、BS-CX2、BS-CX3、BS-CX4、BS-CX5、BS-CX6 测斜孔分别布设 7 个、7 个、9 个、6 个、5 个、5 个固定式测斜计，共计 39 个测斜计。在填土下伏覆盖层界面下 1m，界面上 2m 范围内，每隔 1m 布置一个测斜计，其他位置每隔 5m 布置一个固定式测斜计。每个深部测斜孔底部各布置一个孔隙水压力计。

分层沉降观测孔共布置 12 处，BS-FC1、BS-FC2、BS-FC3、BS-FC4、BS-FC5、BS-FC6、BS-FC7、BS-FC8、BS-FC9、BS-FC10、BS-FC11、BS-FC12 分别布置固定式测点 13 个、13 个、15 个、13 个、5 个、6 个、6 个、6 个、6 个、9 个、7 个，共计 105 个。

北门填方场地南区自动化监测点平面布置见图 8.18。

8.2.2.2 地表变形监测系统

GPS 变形监测点 51 个，其布设位置在原地表变形监测方案的观测桩位置的基础上，针对场地填土较厚的区域增加 6 处，各测点平面布置图见图 8.19，测点坐标见表 8.11。

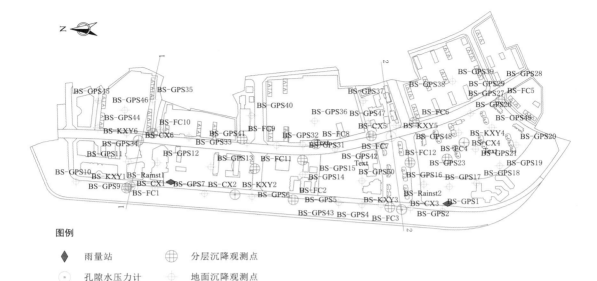

图例

◆　雨量站　　　　⊞　分层沉降观测点

⊗　孔隙水压力计　✛　地面沉降观测点

⊕　测斜观测点　　——　剖面线

图 8.18　北门填方场地南区自动化监测点平面布置图

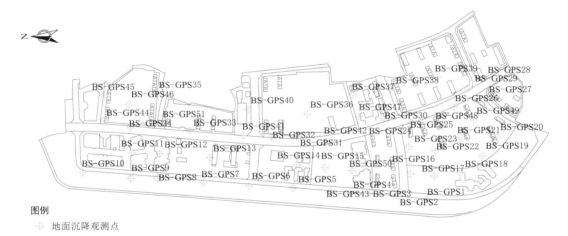

图例

✛　地面沉降观测点

图 8.19　北门高填方场地南区地面变形监测点平面布置图

表 8.11　　　　　　　　北门高填方场地南区地面变形监测点坐标一览表

序号	编　号	北坐标	东坐标
1	BS－GPS1	2978032.054	591078.0483
2	BS－GPS2	2978137.585	591089.3551
3	BS－GPS3	2978240.289	591101.6042
4	BS－GPS4	2978304.361	591098.7775
5	BS－GPS5	2978521.076	591120.449
6	BS－GPS6	2978682.369	591129.0409

续表

序号	编　　　号	北坐标	东坐标
7	BS－GPS7	2978844.933	591140.711
8	BS－GPS8	2979014.067	591159.6741
9	BS－GPS9	2979111.913	591158.2763
10	BS－GPS10	2979283.842	591182.0389
11	BS－GPS11	2979105.581	591254.0876
12	BS－GPS12	2979006.7	591250.3796
13	BS－GPS13	2978822.534	591233.0754
14	BS－GPS14	2978507.351	591207.1192
15	BS－GPS15	2978405.998	591197.2311
16	BS－GPS16	2978093.287	591173.7469
17	BS－GPS17	2978005.53	591165.0948
18	BS－GPS18	2977911.593	591177.4549
19	BS－GPS19	2977833.029	591238.9154
20	BS－GPS20	2977777.897	591312.4245
21	BS－GPS21	2977915.516	591300.5865
22	BS－GPS22	2978000.757	591260.3784
23	BS－GPS23	2978097.257	591274.8533
24	BS－GPS24	2978254.873	591298.9782
25	BS－GPS25	2978090.823	591364.9195
26	BS－GPS26	2977933.208	591422.8192
27	BS－GPS27	2977806.15	591461.4191
28	BS－GPS28	2977831.883	591532.1854
29	BS－GPS29	2977883.35	591495.1939
30	BS－GPS30	2978188.931	591381.0028
31	BS－GPS31	2978507.38	591313.4531
32	BS－GPS32	2978597.446	591311.8448
33	BS－GPS33	2978896.594	591339.1863
34	BS－GPS34	2979110.502	591352.0529
35	BS－GPS35	2979024.457	591473.8642
36	BS－GPS36	2978467.172	591397.086
37	BS－GPS37	2978301.514	591469.4607
38	BS－GPS38	2978161.59	591493.5856
39	BS－GPS39	2977994.324	591538.6187
40	BS－GPS40	2978683.399	591416.081
41	BS－GPS41	2978698.756	591319.7462

序号	编　号	北坐标	东坐标
42	BS－GPS42	2978398.583	591298.8039
43	BS－GPS43	2978384.621	591106.1345
44	BS－GPS44	2979209.749	591372.8001
45	BS－GPS45	2979206.957	591467.7387
46	BS－GPS46	2979116.207	591435.6271
47	BS－GPS47	2978282.702	591389.554
48	BS－GPS48	2977974.152	591356.0463
49	BS－GPS49	2977861.063	591375.5925
50	BS－GPS50	2978306.437	591185.7154
51	BS－GPS51	2978998.93	591364.4232

8.2.2.3　深部监测系统

分层沉降观测孔 12 个，测斜孔 6 个，图 8.20 为分层沉降监测点平面布置图，分层沉降观测点坐标见表 8.12。图 8.21 为深部测斜观测孔平面布置图，深部测斜观测点坐标见表 8.13。6 处孔隙水压力计均埋设在测斜孔底部（见图 8.22、表 8.14）。

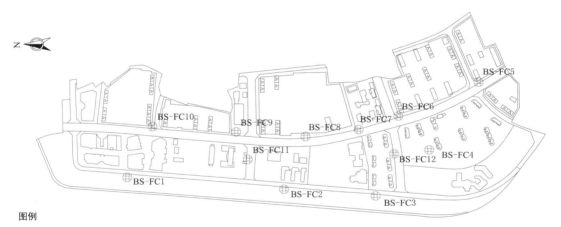

图例

⊕ 分层沉降监测点

图 8.20　北门高填方场地南区分层沉降监测点平面布置图

表 8.12　　　　　　北门高填方场地南区分层沉降监测点一览表

序号	测点编	北坐标	东坐标	管口高/m	测管深/m	磁环数/个
1	BS－FC1	2979111.845	591160.9368	803.5	26	13
2	BS－FC2	2978542.454	591116.1733	802.5	27	13
3	BS－FC3	2978209.414	591091.1058	798.0	31	15
4	BS－FC4	2978012.455	591264.7879	803.5	26	13
5	BS－FC5	2977833.402	591524.4158	820.0	10	5
6	BS－FC6	2978125.259	591393.7066	816.5	13	6

序号	测点编	北坐标	东坐标	管口高/m	测管深/m	磁环数/个
7	BS - FC7	2978272.083	591343.5716	816.0	13	6
8	BS - FC8	2978463.671	591314.923	818.0	12	6
9	BS - FC9	2978716.136	591332.8283	818.5	12	6
10	BS - FC10	2979022.318	591354.3148	816.5	13	6
11	BS - FC11	2978673.164	591228.9772	812.0	18	9
12	BS - FC12	2978139.583	591250.4636	814.5	15	7

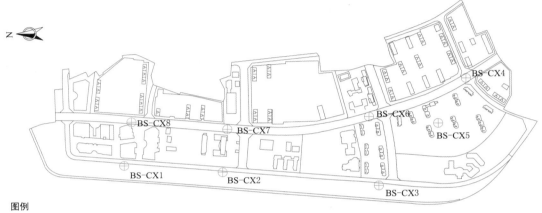

图例
⊕ 测斜观测点

图 8.21 北门高填方场地南区深部测斜观测孔平面布置图

表 8.13　　　　　北门高填方场地南区深部测斜观测点一览表

序号	测点编	北坐标	东坐标	管口高/m	测管深/m	测斜计个数
1	BS - CX1	2979099.91	591164.4449	803.5	26	7
2	BS - CX2	2978740.766	591135.4557	803.0	26	7
3	BS - CX3	2978170.645	591083.9193	795.5	34	9
4	BS - CX4	2977851.764	591491.3785	812.0	18	6
5	BS - CX5	2978206.077	591344.822	815.0	15	5
6	BS - CX6	2979070.921	591328.7169	813.0	16	5

表 8.14　　　　　北门高填方场地南区孔隙水压力观测点一览表

序号	测点编	北坐标	东坐标	管口高/m
1	BS - KXY1	2979099.91	591164.4449	803.5
2	BS - KXY2	2978740.766	591135.4557	803.0
3	BS - KXY3	2978170.645	591083.9193	795.5
4	BS - KXY4	2977851.764	591491.3785	812.0
5	BS - KXY6	2978206.077	591344.822	815.0
6	BS - KXY7	2979070.921	591328.7169	813.0

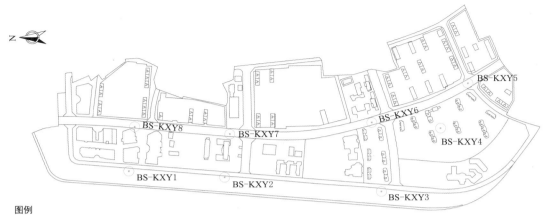

图例

⊙ 孔隙水压力计

图 8.22　北门高填方场地南区孔隙水压力观测孔平面布置图

8.2.2.4　数据采集、传输和视频监控

数据采集仪 2 个，布设位置与雨量计相同。

通信传输设备 2 个，与数据采集仪共用一个集装箱。

北门高填方场地南区数据采集系统及雨量站平面布置见图 8.23，北门高填方场地南区数据采集系统及雨量站观测点见表 8.15。

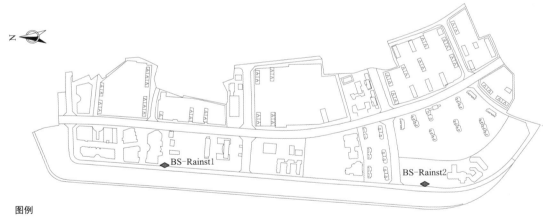

图例

◆ 雨量站

图 8.23　北门高填方场地南区数据采集系统及雨量站平面布置图

表 8.15　　　　　　北门高填方场地南区数据采集系统及雨量站观测点一览表

序　号	编　号	X	Y
1	BS－Rainst1	591180.5625	2978959.75
2	BS－Rainst2	591106.4375	2978012.75

8.2.3　高填方场地自动化监测系统与设备选型

8.2.3.1　自动化监测系统简介

北门高填方场地自动化监测系统主要由现场布设的分布式传感器、传感器数据采集处理器、汇聚传感器数据的通信网络、监控中心的数据处理和信息发布系统软件等部分组成。该自动化监测系统具有智能化、规模化、标准化和实时性、可靠性和安全性等特点，可以实时准确获取高填方场地变形数据，做到及时预警和应急避险，将在巧家县北门高填方场地变形监测预警中发挥关键作用。

8.2.3.2　自动化监测系统设计目标

北门高填方场地自动化监测系统，利用当代物联网技术、计算机科学技术等，实现对高填方场地变形监测指标数据实时自动采集、传输、管理及分析的综合监测技术。通过该系统的使用，可以随时掌握高填方场地表面位移、深层变形、孔隙水压力变化等数据，实现从表面到内部全方位 24h 不间断实时监测，及时掌握填方场地的动态变化情况，当现场实时采集的数据超出警戒值时，系统会发出预警或报警，从而使管理部门尽快启动相应的处理措施及预案，保障高填方场地的安全运行。

8.2.3.3　自动化监测系统设计原则

（1）系统的统一性。自动化监测系统的物联网设备和平台软件统一规划、统一设计，并进行统一安装与调试，系统构建完成后进行统一维护和管理。

（2）系统的经济性。自动化监测系统力求采用具有"代表性、少而精"的物联网设备，监测尽可能多的高填方场地地表以及深部变形破坏信息。

（3）系统的可靠性。监测设备及其附属设施安装保证稳固可靠，监测设备及其附属设备应安装简单、不易损坏、易于缆线布置，系统能真实可靠地反映高填方场地所处的自然环境、运行环境以及地质结构特征的各项参数信息。

（4）系统的实用性。结合高填方场地变形监测预警要求，监测系统能够实时获取高填方场地的状态信息，准确预警并及时发布预警信息。

（5）系统的技术先进性。系统应具有技术先进性和前瞻性，充分考虑各项相关支撑技术的发展、信息化建设水平和需求的飞速提高，如 3G 技术等，构建先进的基于物联网技术的高填方场地自动化监测系统。

（6）系统的安全性。系统设计实施与高填方场地地质结构特征紧密结合，确保系统的实施不对地质结构及相关区域的稳定性产生影响，同时监测系统能连续稳定运行。

（7）系统的可扩展性。在高填方场地安全监测周期内，自动化监测系统的功能和设备可根据管理部门的需要增加，方便扩充高填方场地的监测项目与监测内容。

8.2.4　自动化监测系统总体结构

基于物联网（传感网）技术的高填方场地监测预警系统，从架构上划分为"感、传、知、用"4 个层次，即监测感知层、信息传输层、数据处理层、预警发布层，见图 8.24。

（1）监测感知层。即数据采集，主要通过 GPS、测斜仪、分层沉降计、孔隙水压力计、雨量计等设备对高填方场地在外界环境作用下的相关量进行感知；把高填方场地的物力性质（状态改变）在系统内转化成为数字信号，使其可以进入网络通信。

（2）信息传输层。利用 GPRS 技术与移动通信技术，对各传感器采集的高填方场地

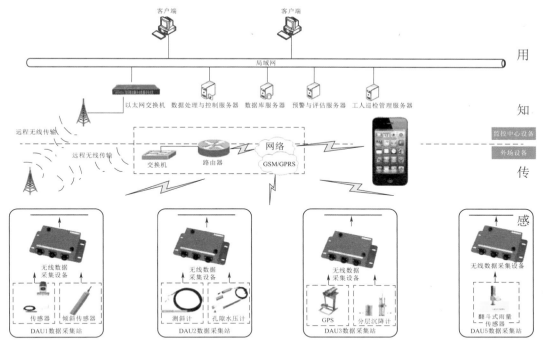

图 8.24　北门高填方场地自动化监测系统网络构成示意图

监测数据进行传输，起着连接感知层与数据处理层的桥梁作用。信息传输层是系统结构关键的环节，传输层的传输能力和稳定程度直接影响监控中心对数据的正常接收。

（3）数据处理层。对信息传输层接收的高填方场地监测数据进行存储、挖掘和分析，是整个北门高填方场地自动化监测系统的核心部分。数据的分析处理部分主要依靠与系统匹配的功能软件来实现。

（4）预警发布层。是基于物联网的自动化监测系统和管理部门的接口，实现高填方场地监测预警结果的实际应用。通过数据处理层得到的高填方场地变形稳定性信息与分析处理结果，结合高填方场地监测预警指标及预警阈值，最后经过管理部门对预警结果的审核、批准，发布高填方场地预警信息。

8.3　消落区高填方的预警指标与阈值研究

8.3.1　高填方场地预警指标

北门高填方场地在坡洪积台地上经人工填筑而成，并将经受长期周期性库水位升降作用影响。其变形稳定性主要体现在两个方面：一是填筑土体的整体稳定性，即在库水位升降作用等因素影响下是否会发生失稳滑动；二是填方场地的变形稳定问题，即整体沉降或差异沉降引起房屋、道路等的部分或全部功能丧失。变形监测预警技术涉及多学科，包括预警指标体系的选取、预警阈值的确定、预警信息的发布等，目前仍处于探索研究阶段。

（1）整体滑动失稳预警指标。高填方场地整体滑动失稳问题是多因素综合作用的结果，如降雨入渗、库水位升降、地震等。类比滑坡灾害监测预警指标体系，其预警指标应考虑多指标、多因素，建立多元综合预警体系。结合高填方场地物质组成及前述监测系统，用于场地整体滑动失稳的预警指标包括特征点地表临界变形量及变形速率、深部临界变形量及变形速率。其中临界变形速率是指滑坡在蠕滑过程中逐渐增加速度，直至达到快速滑动时的临界位移速度，在其位移趋势曲线图上存在一个位移极限拐点；目前位移速率极限值局限于个别滑坡动态监测的经验值积累阶段（例如新滩滑坡在位移跟踪监测基础上的成功预报），在理论和实验上仍需要进一步探索。

（2）场地变形稳定预警指标。高填方场地变形稳定问题，主要指场地的变形引发建筑物的变形失效。场地变形主要包括地表下沉、地表水平变形、地表倾斜等。

1）地表下沉包括均匀沉降和不均匀沉降。地表均匀沉降会在建筑物中产生附加应力，不会对建筑物造成严重损害，但过大的地表沉降会影响建筑物的正常使用。地表不均匀沉降会在建筑物内部产生附加应力和变形，当不均匀沉降超过建筑物允许值时，会导致建筑物出现倾斜、开裂等，影响其正常使用，甚至会引起建筑物倒塌破坏。

2）地表水平变形包括拉张和压缩变形。拉张变形是导致建筑物破坏最常见的情形，轻则在建筑物表面形成拉裂缝，重则导致建筑物到达开裂。相比于拉张变形，地表压缩变形的破坏性要小，但是，当压缩变形超过一定允许值后，建筑物会产生严重的破坏，如墙壁、地基被压碎，墙体出现水平裂缝等。

3）地表倾斜对高耸的建筑物影响较大，会导致此类建筑物重心偏移而产生附加倾覆力矩，结构内部产生附加应力，进而引起建筑物开裂或倾倒。

由于地表变形引起的建筑物损坏是一个长期累积的过程，地表变形引起建筑物的变形破坏易于识别，通常不会在短时间内对人员和财物造成明显损失。而填方场地的整体滑动失稳因变形演化的隐蔽性，则可能在短时间内发生，并造成重大的人员伤亡和财产损失。因此，本次监测预警主要针对填方场地的整体滑动失稳开展，预警指标主要选取临界位移速率等参量。

8.3.2　高填方场地预警等级

对于高填方场地开展变形监测预警的主要目的是及时采取有效的防御措施，降低填方场地变形破坏可能造成的损失。在不同的预警等级下应采取不同的应对措施。结合北门高填方场地可能面临的变形破坏问题及其产生的后果，将预警等级分为三级，填方场地滑动失稳预警等级划分见表 8.16。

表 8.16　　　　　　　　填方场地滑动失稳预警等级划分

滑动失稳发生概率	预警等级	表达形式	注　释
50%～80%	1	蓝色	发生滑动失稳的可能性较大
80%～90%	2	橙色	发生滑动失稳的可能性大
＞90%	3	红色	发生滑动失稳的可能性很大

（1）第 1 级预警（蓝色）。加强填方场地变形监测，提高监测数据采集频率，同时安排专业技术人员对填方场地进行巡视，做好人员和财物转移的准备工作。填方场地发生失稳滑动的概率为 50%～80%。

（2）第2级预警（橙色）。疏散填方场地变形区内的人员和财物到安全区域，同时对变形监测数据进行汇总分析，研判填方场地变形趋势。填方场地发生失稳滑动的概率为80%～90%。

（3）第3级预警（红色）。填方场地发生滑动失稳的概率高，应对填方场地滑动失稳时间进行预报，评估滑动失稳可能造成的影响，根据预案启动应对措施。填方场地发生失稳滑动的概率大于90%。

8.3.3　高填方场地预警阈值

统计资料显示滑坡进入加速变形阶段的变形速率为1～10mm/d不等，或者更大。大多数滑坡进入加速变形阶段的变形速率小于4mm/d；其中位移速率为0.5～2mm/d的滑坡数量最多，并且这些滑坡有着一个共同点，即均为滑动破坏。北门高填方场地经人工填筑而成，填筑土体与下伏覆盖层分界面为潜在软弱面，也是填方体发生滑动失稳的潜在界面。基于前述监测系统及相应的预警指标，提出北门填方场地临界位移速率阈值：

蓝色预警：单日位移速率不小于10mm/d。

橙色预警：单日位移速率不小于15mm/d。

红色预警：单日位移速率不小于20mm/d。

第9章 工程应用实例

9.1 白鹤滩水电站库区巧家县北门高填方工程

9.1.1 工程概况

北门居民区是巧家县城移民安置扩建规划区之一,场地为白鹤滩水电站蓄水后移民安置用地。该居民区规划有 5087 户,共安置 11638 人,建设用地面积约为 106.84hm² (含堤坝工程)。

拟建的场地位于冲洪积缓坡台地上,以石灰窑沟为界,分为南北两区块。北块场地呈不规则三角形分布,长约 800m,宽约 400m,面积约 21.97hm²。南块场地呈狭长四边形 (南北长约 1848m,东西宽约为 550m),面积约为 84.87hm²。场地地形总体平缓,呈东高西低,地形坡度一般为 3°~8°,局部有陡坎。场地现状地面高程 790~870m,规划高程为 826~836m,需对场地进行回填至设计高程,满足场地整体规划要求。

白鹤滩水电站蓄水后场地西侧紧邻改道后的金沙江,金沙江的正常运行水位 825m,死水位 765m。在正常运行条件下,水位将淹没巧家县城西北侧局部区域,为防止水库水位的周期性涨落、水面的冲刷、塌岸和库水浸没将对北门县城沿江地带产生较大的不利影响,场地西侧修建北门防护堤。

(1) 场平工程:其中土石方回填量 1265.9 万 m³ (最大填筑高度约 30m),强夯地基处理 205334m²,挡土墙 5228m³。

(2) 堤坝工程:该工程以石灰窑和大桥沟分界,分为北段防护工程、中段防护工程和南段防护工程,新建堤防北段 1257.61m、中段 502m、南段 1740.73m,坝体采用堆石坝,最大坝高 36m。

9.1.2 工程设计

(1) 设计内容:防护堤内侧北门居民区的场地回填,使回填后的场地满足地基基础的承载力和变形要求。

(2) 工程级别:一级。

(3) 设计使用年限:50 年。

(4) 设计依据:

1) 金沙江白鹤滩水电站巧家县北门居民点市政与基础设施工程地质勘察报告。(施工图设计阶段 2018 年 9 月)。

2) 巧家县北门建筑平面布置总图 (2018 年 11 月 15 日)。

3）相关规范：《建筑地基处理技术规范》（JGJ 79—2012）、《岩土工程勘察规范》（GB 50021—2001）、《建筑地基基础设计规范》（GB 50007—2011）、《碾压式土石坝施工规范》（DL/T 5129—2013）、《岩土工程监测规范》（YS 5229—2010）（2015 年版）、土石料压实和质量控制。《土石坝安全监测技术规范》（SL 551—2012）、《建筑地基基础工程施工质量验收标准》（GB 50202—2018）、《土工试验方法标准》（GB/T 50123—1999）、《建筑变形量测规范》（JGJ 8—2016）、《强夯地基处理技术规程》（CECS 279：2010），以及，其他相关技术标准、规程规范。

4）北门填筑工程水碾河料场工程地质平、剖面图及水碾河料场土工报告（2018 年 10 月 10 日）。

（5）场地料源回填压实要求。场地回填料源主要来源于水碾河料场、黎明石料场、旱谷地弃渣场，分区回填要求见表 9.1 和表 9.2。

表 9.1　　　　　　　　　　北门南区分区回填要求汇总

序号	分区名称	回填高度分区	承载力要求	压缩模量	压实度	粒　径　要　求
1	移民安置高层建筑区域	规划地面标高至原始地面	>150kPa	>150kPa	>0.97	粒径大于 2mm 的颗粒质量不小于回填总量 50%；粒径大于 20mm 的颗粒质量不小于回填总量 30%；粒径小于 0.0075mm 的颗粒质量小于回填总量 15%；最大粒径不超过 200mm
2	移民安置公建区域	规划地面标高至规划地面标高以下 1.5m			>0.92	粒径大于 2mm 的颗粒质量不小于回填总量 50%；粒径大于 20mm 的颗粒质量不小于回填总量 30%；粒径小于 0.0075mm 的颗粒质量小于回填总量 15%；最大粒径不超过 200mm
		规划地面标高以下 1.5m 至规划地面标高以下 6.0m	>150kPa	>150kPa	>0.97	粒径大于 2mm 的颗粒质量不小于回填总量 50%；粒径大于 20mm 的颗粒质量不小于回填总量 30%；粒径小于 0.0075mm 的颗粒质量小于回填总量 15%；最大粒径不超过 200mm
		规划地面标高以下 6.0m 至原始地面之间	>150kPa	>150kPa	>0.95	
3	城市配套公建区域	规划地面标高至规划地面标高以下 1.5m			>0.92	粒径大于 2mm 的颗粒质量不小于回填总量 50%；粒径大于 20mm 的颗粒质量不小于回填总量 30%；粒径小于 0.0075mm 的颗粒质量小于回填总量 15%；最大粒径不超过 200mm
		规划地面标高以下 1.5m 至规划地面标高以下 6.0m	>150kPa	>150kPa	>0.97	粒径大于 2mm 的颗粒质量不小于回填总量 50%；粒径大于 20mm 的颗粒质量不小于回填总量 30%；粒径小于 0.0075mm 的颗粒质量小于回填总量 15%；最大粒径不超过 200mm
		规划地面标高以下 6.0m 至原始地面之间	>150kPa	>150kPa	>0.95	

续表

序号	分区名称	回填高度分区	承载力要求	压缩模量	压实度	粒 径 要 求
4	后期发展用地高层建筑区域	规划地面标高至规划地面标高以下1.5m			>0.92	粒径大于2mm的颗粒质量不小于回填总量50%；粒径大于20mm的颗粒质量不小于回填总量30%；粒径小于0.0075mm的颗粒质量小于回填总量15%；最大粒径不超过200mm
		规划地面标高以下1.5m至规划地面标高以下6.0m	>150kPa	>150kPa	>0.97	粒径大于2mm的颗粒质量不小于回填总量50%；粒径大于20mm的颗粒质量不小于回填总量30%；粒径小于0.0075mm的颗粒质量小于回填总量15%；最大粒径不超过200mm
		规划地面标高以下6.0m至原始地面之间	>150kPa	>150kPa	>0.95	
5	旅游开发用地建筑区域	规划地面标高至规划地面标高以下1.5m			>0.92	粒径大于2mm的颗粒质量不小于回填总量50%；粒径大于20mm的颗粒质量不小于回填总量30%；粒径小于0.0075mm的颗粒质量小于回填总量15%；最大粒径不超过200mm
		规划地面标高以下1.5m至规划地面标高以下6.0m	>150kPa	>15MPa	>0.97	粒径大于2mm的颗粒质量不小于回填总量50%；粒径大于20mm的颗粒质量不小于回填总量30%；粒径小于0.0075mm的颗粒质量小于回填总量15%；最大粒径不超过200mm
		规划地面标高以下6.0m至原始地面之间	>150kPa	>15MPa	>0.95	
6	道路区域	规划地面标高至规划地面标高以下1.5m			>0.92	粒径大于2mm的颗粒质量不小于回填总量50%；粒径大于20mm的颗粒质量不小于回填总量30%；粒径小于0.0075mm的颗粒质量小于回填总量15%；最大粒径不超过100mm
		规划地面标高以下1.5m至原始地面之间	>120kPa	>12MPa	>0.95	粒径大于2mm的颗粒质量不小于回填总量50%；粒径大于20mm的颗粒质量不小于回填总量30%；粒径小于0.0075mm的颗粒质量小于回填总量15%；最大粒径不超过200mm

表 9.2　　　　　　　　　　　　　　北门北区分区回填要求汇总

序号	分区名称	回填高度分区	承载力要求	压缩模量	压实度	粒 径 要 求
1	旅游开发用地区域	规划地面标高至规划地面标高以下1.5m			>0.92	粒径大于2mm的颗粒质量不小于回填总量50%；粒径大于20mm的颗粒质量不小于回填总量30%；粒径小于0.0075mm的颗粒质量小于回填总量15%；最大粒径不超过200mm
		规划地面标高至规划地面标高以下1.5m	>150kPa	>150kPa	>0.97	粒径大于2mm的颗粒质量不小于回填总量50%；粒径大于20mm的颗粒质量不小于回填总量30%；粒径小于0.0075mm的颗粒质量小于回填总量15%；最大粒径不超过200mm
		规划地面标高以下6.0m至原始地面之间	>150kPa	>150kPa	>0.95	

序号	分区名称	回填高度分区	承载力要求	压缩模量	压实度	粒 径 要 求
2	后期发展用地高层建筑区域	规划地面标高至规划地面标高以下1.5m			>0.92	粒径大于2mm的颗粒质量不小于回填总量50%；粒径大于20mm的颗粒质量不小于回填总量30%；粒径小于0.0075mm的颗粒质量小于回填总量15%；最大粒径不超过200mm
		规划地面标高以下1.5m至规划地面标高以下6.0m	>150kPa	>150kPa	>0.97	粒径大于2mm的颗粒质量不小于回填总量50%；粒径大于20mm的颗粒质量不小于回填总量30%；粒径小于0.0075mm的颗粒质量小于回填总量15%；最大粒径不超过200mm
		规划地面标高以下6.0m至原始地面之间	>150kPa	>150kPa	>0.95	
3	旅游开发用地建筑区域	规划地面标高至规划地面标高以下1.5m			>0.92	粒径大于2mm的颗粒质量不小于回填总量50%；粒径大于20mm的颗粒质量不小于回填总量30%；粒径小于0.0075mm的颗粒质量小于回填总量15%；最大粒径不超过200mm
		规划地面标高以下1.5m至规划地面标高以下6.0m	>150kPa	>15MPa	>0.97	粒径大于2mm的颗粒质量不小于回填总量50%；粒径大于20mm的颗粒质量不小于回填总量30%；粒径小于0.0075mm的颗粒质量小于回填总量15%；最大粒径不超过200mm
		规划地面标高以下6.0m至原始地面之间	>150kPa	>15MPa	>0.95	
4	道路区域	规划地面标高至规划地面标高以下1.5m			>0.92	粒径大于2mm的颗粒质量不小于回填总量50%；粒径大于20mm的颗粒质量不小于回填总量30%；粒径小于0.0075mm的颗粒质量小于回填总量15%；最大粒径不超过100mm
		规划地面标高以下1.5m至原始地面之间	>120kPa	>12MPa	>0.95	粒径大于2mm的颗粒质量不小于回填总量50%；粒径大于20mm的颗粒质量不小于回填总量30%；粒径小于0.0075mm的颗粒质量小于回填总量15%；最大粒径不超过200mm

9.1.3　工程施工

9.1.3.1　场地平整

1. 施工工艺流程

场地清表施工工艺流程：控制点交接→原始地貌复测→定位放线→场地排水处理→场地清表→验收。

2. 场地清表

依据设计图纸及业主要求场地清表厚度暂定30cm进行，场地表面杂草、树根、垃圾、废渣需清理干净，现场大面积清理用推土机进行推运，小面积清理用挖掘机进行挖除。树根在人工砍树完成后进行，对于可利用的树木要进行妥善保管，用挖掘机进行挖除，树根不得留有余根，挖除树根后的坑洞，采用合格填料回填，并碾压密实。

9.1.3.2 特殊地基处理

1. 强夯施工

（1）强夯试验段施工。移民安置住宅区域及配套公建区域部分可液化土层较厚，根据设计图纸需采取强夯施工加固处理。在强夯范围内选择 4 块有代表性的区域作为试夯区，场地按 $21m \times 21m$ 布置，由各方现场共同确定，采用 $18 \sim 20t$ 钢筋混凝土夯锤，直径暂取 $D = 2.2 \sim 2.5m$，点夯夯击能 $4000kN \cdot m$，满夯夯击能 $1000kN \cdot m$。

试夯区主要目的是：检验土的加固效果，施工设备性能和考核；确定和调整正式强夯施工参数，根据试夯方案及总结报告指导大面积强夯施工。

施工程序：试夯设计→试夯→试夯检测→修正试夯参数→再试夯→强夯施工→夯后检测→试验段验收。

（2）施工工艺流程。强夯施工工艺流程：清表→地面标高测量→强夯区定位测量→强夯区开挖、平整→隔震沟、排水沟施工→点夯夯点放样→第一遍点夯→第二遍点夯→夯坑平整→满夯夯点放样→第一遍满夯→第二遍满夯→完工测量→检测、验收。

（3）主要施工步骤：

1）点夯夯点放样：第一遍点夯 $7m \times 7m$ 正方形布点，呈梅花形布置，第二遍点夯夯点布置在第一遍点夯两夯点中心处，第一遍夯点和第二遍夯点呈正方形布置，标出每一夯点点位，采用彩旗定位，第一遍与第二遍夯点采用不同颜色彩旗标识，偏差不大于 50mm。

2）点夯施工：①预先选好钢锤重量，钢锤重量偏差 ±100kg 内，计算好夯击能对应高度，按对应高度调整好吊钩限位器，限位器误差在 ±300mm 内；②夯机就位，夯锤对准夯点；③测量夯前夯锤锤顶高程；④将夯锤起吊至预定高度，夯锤自由落体后，放下吊钩；⑤测量锤顶高程，收锤标准同④要求，重复上述步骤，夯击数 9 击，且最后两击平均夯沉量小于 100mm 时停夯，完成一个夯点的夯击。重复上述步骤，完成第一遍所有夯点的夯击。待间歇时间满后（间隔时间 7d），再重复上述步骤，完成第二遍所有夯点的夯击，点夯夯点布置和夯机行走线路见图 9.1。

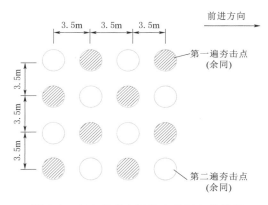

图 9.1 点夯夯点布置和夯机行走线路图

3）夯坑平整：待点夯施工完成后，作好各夯点测量记录，绘制夯沉曲线图，夯坑采用水碾河料场混合料铺填，32t 压路机碾压平整，震动碾不少于 5 遍，静碾不少于 3 遍，压实度达到场平原地面压实要求。

4）满夯施工：待点夯与满夯间歇时间满后，重复上述 6 点夯施工步骤，完成满夯施工，夯击能 $1000kN \cdot m$，最后两击平均夯沉量不大于 50mm，满夯锤印搭接不少于 300mm。

5）地基质量检测、验收：过程中作好每个夯点的夯击次数、每击的夯沉量、最后两击的平均夯沉量和总夯沉量、夯点施工起止时间记录，待间歇完成后，堤防工程进行地基标贯、地基强度、地基承载力检测，场平工程进行地基强度、地基承载力检测，合格后按《建筑地基基础工程施工质量验收规范》（GB 50202—2002）进行验收。

2. 桩基后注浆施工

（1）设计。北门4号地块勘测作业过程中，发现局部存在土洞。土洞较为发育的⑤层碎石为场地主要地基土层，工程性能较好，是拟建高层建筑的桩端持力层；部分位于桩端附近的土洞，会影响桩端持力层强度，导致桩端沉降，直接影响桩体自身的稳定性。为加快施工进度，将地基处理与桩基施工相结合，采用一桩一孔进行处理。即取消施工勘察判别是否存在土洞的步骤，直接对建议处理区域内拟建建筑物桩基进行一桩一孔土洞处理，根据钻孔揭示的土洞在桩基位置上的竖向分布情况，分别按照桩身段土洞、桩端以下土洞采取相应的处理方法进行土洞处理，从而使基础承载力更好，建筑物的安全系数大大提高。

采用后注浆方法进行土洞处理，提高基础承载力，通过预设于桩身内的注浆导管及与之相连的桩端、桩侧注浆阀注入水泥浆，使桩端、桩侧土体得到加固，从而提高单桩承载力，减小沉降。

（2）后注浆施工工艺。灌注桩后注浆其施工工艺流程（与旋挖桩施工工艺相结合）为：钢筋笼、注浆管加工制作→按照桩孔深配置压浆管→钻孔成孔→二次清孔→随钢筋笼下放压浆管→桩体混凝土灌注→压浆设备检查桩体混凝土灌注7～8h后用清水将出浆口冲开→桩基混凝土浇筑2d后注浆→浆液拌制→压浆达注浆压力或注浆量后结束→桩基检测。

（3）注浆管制作。注浆管采用内DN25的钢管制作，接长采用接头丝扣连接。加工前应检查制作注浆管的钢管是否有裂缝、孔洞、堵塞等缺陷。每根桩对称布置4根压浆管，（具体布设根据每根桩的设计要求，注浆管不替换纵向钢筋）每节压浆管连接丝扣加工长度不少于30mm，并保证丝扣的正直，以确保压浆管连接牢固和正直。桩端和侧壁出浆部用DN25单向截流阀连接（或在注浆管底部150mm的范围之内留置注浆孔，注浆口径10mm，间距为10mm呈梅花形布置，采用透明胶带包裹），当进口压力大于阀瓣重量及其流动阻力之和时，阀门被开启注浆，反之，介质倒流时阀门则关闭。阀外部保护层应能抵抗砂石等硬物质的剐撞而不致使注浆阀受损；阀出浆口用防水胶布包裹严密，以免将注浆口堵塞。桩侧注浆管按照设计要求，安放于回填土的中部，注浆管上端的长度高出现有地面300mm，以利于注浆，底部长于钢筋笼200mm。

（4）注浆管安装。安装压浆竖管时，须对每节压浆管进行注水检验，检验合格后用12号铁丝将其与钢筋笼绑扎固定，绑扎间距为1m，压浆竖管应采用丝扣连接，压浆管随同钢筋笼应徐徐放入密实封住，严禁强力下放及来回猛力转动，防止压浆管端部封口胶带破损，以免泥浆灌入堵塞压浆管。压浆管上口应用堵头封住，以避免泥浆或其他杂物落入堵塞浆管。

（5）注浆管的成品保护。露出地面的压浆管应用胶布封住，涂上红油漆或在压浆管附近插上小红旗，不得碰撞和挤压压浆管，在施工部署中应考虑不要在有压浆管处留设临时道路，严禁机械设备碾压压浆管。

（6）注浆材料及配合比。压浆所用水泥进场后立即取样送检，经检测证明质量合格，并将检测报告上交监理，经监理同意后方可使用。压浆材料为42.5级普通硅酸盐水泥，水灰比为0.5。

（7）制浆设备。制浆设备选用普通搅拌机，搅拌时间不少于 3min，自制备至用完的时间宜小于 4h。

（8）注浆设备。压浆设备采用耿 GX 兴 pn3－180P 变频泥浆泵，该灌浆泵提供的最大压力为 10MPa，满足允许压力 1.2～4MPa 最大灌浆压力的要求。灌浆管路采用高压灌浆胶管。

（9）注浆桩位的选择。为防止压浆时水泥浆液从附近薄弱地点冒出，对邻近设施造成影响，压浆的桩应在混凝土灌注完成 2d 后，并且需压浆的桩周围至少 10m 范围内没有其他施工作业。

（10）注浆施工顺序：

1）桩基浇筑 7～8h 后，利用注浆机通过注浆管进行清水开塞，确保注浆管的通畅。此时，混凝土处于终凝状态，利于打通压浆管道及阀门，注浆机械在注浆前及每次注浆施工间隔期间必须使用清水清洗，确保注浆机管道的通畅。

2）注浆作业于成桩 2d 后开始，此时混凝土的强度达到设计强度的 20％～30％左右，具体注浆时间根据桩身混凝土情况进行确定，注浆作业点与成孔作业点距离不宜小于 8～10m。注浆顺序采用自四周向中部对称注浆的顺序进行（四周或中部注浆时同样严禁从一侧至一侧的注浆方式）。压浆过程中宜采用间歇灌浆，间歇的时间根据灌浆情况而定，在小压力大流量的情况下一般应采用间歇灌浆，间歇时间一般为 30min，如间歇灌浆效果不佳，可在浆液中掺加丙凝等速凝材料，加速浆液的凝固，并适当延长间歇时间。

3）注浆过程中应全程处于监控状态，一旦出现初始压力急剧增加，注浆量过小等异常情况应立即关闭注浆机，待查明异常原因妥善处理后方可继续。

4）注浆过程中应注意合理控制注浆速率、压力及注浆量。注浆速率不超过 75L/min，桩端注浆压力应从 0 开始缓慢爬升至 1.2～4MPa，注浆水泥用量 0.5～2t 为主控注浆结束的指标；桩侧注浆压力应从 0 开始缓慢爬升至 1～2MPa，注浆水泥用量 0.3～0.5t 为主控注浆结束的指标。

5）压浆时应做好施工记录，记录的内容应包括施工时间、压浆开始及结束时间、压浆罐数和相应的压力、总压浆量和终止压力，以及出现的异常情况和处理的措施。

9.1.3.3 土石方回填、碾压

1. 填料要求

设计对回填材料有严格的规定和要求，具体见表 9.1、表 9.2。

土体回填前，应清除地表耕植土、有机质土、腐殖土、建筑垃圾、植物根系等不适合做持力层土体挖除运至水碾河弃土场，在填筑前应用压路机进行压实处理。

在回填施工中，应对回填料进行检查，发现误运至回填区的属于不适宜的回填材料应坚决清运出场。根据设计图纸所标明的各分区填料、结构物的位置和方案的要求正确的选择回填材料和检测控制指标。

为了保证回填质量，满足设计要求，通过填筑碾压试验，确定合理的合适的碾压机械、铺筑厚度、碾压遍数、含水率。通过试验得到如下结论。

（1）堤防回填料。

1）反滤料施工参数为：铺料厚度 50cm，天然含水状态（含水率范围值为 3.5％～5.5％），32t 压路机静碾 2 遍＋振动碾 4 遍，行车速度按 2.5km/h±0.5km/h 控制。

2）过渡料施工参数为：铺料厚度 50cm，天然含水状态，32t 压路机静碾 2 遍＋振动碾 4 遍，行车速度按 2.5km/h±0.5km/h 控制。

3）堆石体施工参数为：铺料厚度 100cm，天然含水状态，32t 压路机静碾 2 遍＋振动碾 6 遍，行车速度按 2.5km/h±0.5km/h 控制。

（2）场平回填料。

1）经过试验数据分析得出，22t 压路机适用于填料松铺厚度为 40cm 的场平回填碾压施工，填料的含水率控制在 5%～7% 之间，碾压遍数为 8 遍，其中震动碾压遍数不少于 5 遍。（采用 22t 压路机松铺 40cm 碾压遍数 8 遍，测得试验数据为压实度 97.4%、含水率 6.3%）。

2）经过试验数据分析得出，建议采用 32t 压路机适用于填料松铺厚度为 60cm 的场平回填碾压施工，填料的含水率控制在 5%～7% 之间，碾压遍数为 8 遍，其中震动碾压遍数不少于 5 遍。（采用 32t 压路机松铺 60cm 碾压遍数 8 遍，测得试验数据为压实度 97.5%、含水率 6.5%）。

2. 土石方回填工艺流程（见图 9.2）

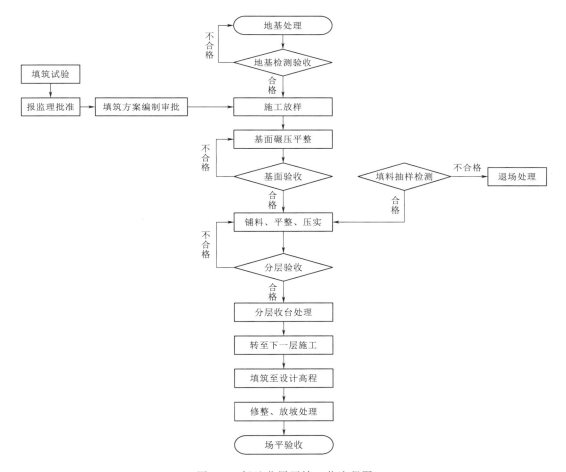

图 9.2　场地分层回填工艺流程图

在回填施工过程中,采用智慧碾压监测系统,主要实现以下方面:

1)碾压机械的运行轨迹、速度、激振力等数据进行实时动态监测。

2)实现碾压遍数、压实厚度、压实后高程、热升层等信息自动计算和统计与实时可视化显示。

3)碾压机械工作时,司机室内工业平板实时同步显示图形化轨迹与碾压覆盖区域,引导操作手进行碾压施工操作,避免漏碾或错碾。

4)当运行速度、振动频率、碾压遍数不达标、热升层状态变化时,系统会自动发送报警信息。

5)碾压结束后,系统支持碾压单元成果分析报告的输出,输出内容包括碾压轨迹图、行车速度分布图、碾压遍数图(无振和有振)、压实后高程分布图等,作为质量验收的辅助材料。

图 9.3 现场碾压实施图

6)碾压过程回放设置,除了实时观测碾压的实际情况外,由于所有的数据都已经储存在数据库中,因此还可以对已经碾压的全过程实际情况进行回放,作为施工效果的评价依据,碾压技术施工原理见图 7.6,现场碾压实施见图 9.3。

9.1.4 工程监测

9.1.4.1 施工监测断面监测内容

(1)挡墙沉降监测。

(2)地表沉降监测。

(3)地表水平位移监测。

(4)渗流压力监测。

(5)孔隙水压力监测。

(6)测斜监测。

(7)分层沉降监测。

(8)工作基点监测。

(9)巡视检查。

9.1.4.2 监测目的

通过在地基中埋设适当齐全的观测仪器和设备,在施工过程中全程观测地基的应力应变情况、沉降位移变化情况,及时对测试成果进行反馈、分析、验证、完善设计和指导施工,是实行信息化施工的重要依据。对控制工程质量、验证设计、指导施工、控制工程投资,具有十分重要的作用。

(1)挡墙沉降监测:通过观测可以测得挡墙表面在各级荷载下的沉降量,起到控制施工加荷速率的目的。

(2)地表沉降监测:通过观测可以测得地基表面在各级荷载下的沉降量,起到控制施工加荷速率的目的。

（3）地表水平位移监测：测定在荷载作用下地表的水平位移变化情况，以判断地基稳定性。

（4）渗流压力监测：掌握渗流压力分布情况和变化规律，结合工程地质情况、钻探与试验资料、土的渗透变形资料及其他观测资料，分析有无管涌、流土或接触冲刷等渗透变形或破坏；判断防渗、排水、降压设施是否有效，发现异常渗流情况，及时采取有效处理措施，保证工程安全运用。

（5）孔隙水压力监测：通过在不同深度埋设孔隙水压力测头，了解各层地基孔隙水压力变化的规律、地基土体的固结状态和土体强度增长规律。

（6）测斜监测：测定地基土内部在上部荷载作用下不同深度的水平位移变化情况，以判断地基稳定性。

（7）分层沉降监测：了解地基不同深度及各土层的垂直位移情况，以了解地基各土层的垂直位移与固结情况。

（8）工作基点监测：测定工作基点的位移变化情况，以判断工作基点稳定性。

（9）巡视检查：通过对现场的巡查了解，及时发现是否存在工程安全问题，并反应工程施工是否达标。

9.1.4.3　监测实施

1. 监测仪器的埋设和保护

（1）工作基点埋设：在稳定部分部位挖出 50cm×50cm×30cm（长×宽×高）深坑，并在坑底钻 $\phi14$mm、50cm 孔深钻孔，根据结构图配筋并浇筑观测墩，观测墩顶部埋设强制对中底盘，强制对中底盘埋设时应使用水平尺以保证底盘水平。埋设详图见图 9.4 和图 9.5。

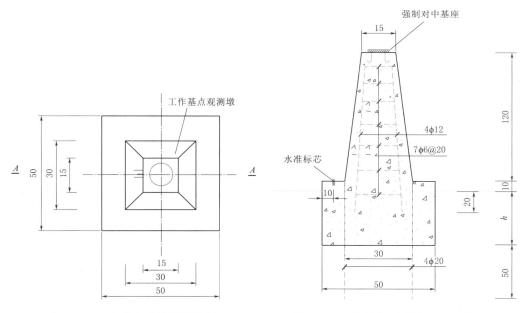

图 9.4　工作基点观测墩结构图　　　　图 9.5　工作基点观测墩 A—A 剖面图
（单位：cm）　　　　　　　　　　　　（单位：cm）

219

（2）监测仪器的埋设。根据设计图纸的要求，施工监测各断面除了地表沉降、挡墙沉降、地面水平位移外，还有分层沉降、孔隙水压力、渗流压力、测斜等观测内容，各观测测点的埋设条件各不相同。其中挡墙沉降布置比较简单，根据设计确定的位置，在不同位置进行铜钉埋设后，进行观测。其他监测仪器埋设如下。

a. 地表沉降。

制作：沉降板结构图根据设计施工图，采用 60cm×60cm×8mm 的钢板制作，钢板中心位置接 1.5 吋镀锌钢管作为测管，测管的垂直度为 90°，测管底部须与钢板牢固焊接。

安装：沉降板埋设板底应保持水平，保证沉降观测测管在铅直方向，在施工观测期间，应加强保护措施，以保证观测管的铅直方向。沉降板的埋设步骤为：定位放样→放置沉降板→连接沉降测杆及护管→四周回填料→测初始高程。每节沉降杆的长度为 1m，填筑时应随填筑面增高接长沉降观测管，保证沉降管露出地面 0.5m 以上。

保护：测管外应加保护管，保护管采用 3in 以上镀锌钢管，并保证测管在保护管内的自由度，施工期间应加强对测管的保护，避免其受损坏，沉降测点当遭到破坏后，在原位置处重新布设，并立即采取初始值，将先前破坏测点的累计沉降计入该测点的累计沉降中。

b. 地表水平位移。

制作：位移桩结构图根据设计施工图，采用 12cm×12cm×150cm 的钢筋混凝土预制桩制作，桩顶测头钢筋露出桩面约 1cm，且顶部划十字丝以利于观测。

安装：位移桩埋设采用打入法布设，应保持桩身垂直。在施工观测期间，应加强保护措施，以保证位移桩的铅直方向。

保护：测点应设在稳定可靠的位置，避免受压、振动和碰撞。测点位置使用红漆标识，所有监测点均需做好周围保护，避免其受损坏。

c. 孔隙水压力计。

安装：

1）根据设计图纸位置采用钻孔埋设法，测斜孔采用水钻，静压回转钻进，钻孔孔径 110mm，放样确定钻孔位置；要求分孔埋设，埋设深度可根据淤泥层厚度作适当调整。

2）将安装好护管的孔压计放入清水桶中，取一塑料袋装满清水，将煮沸过的透水石在水中放入塑料袋内，在将其放入清水桶内，依次在水下安装各孔压计透水石，安装整个过程孔压计应始终浸没在水中。

3）根据孔压计埋设数量及位置，计算各测点电缆线长度，并编制点号，记录各测点与其对应的孔压计出厂号和电缆线长度。

4）孔压计达到设计深度后检测孔压计性能，小心提起钻杆后，用频率仪检查频率变化是否正常，直到无异常为止，如发现孔压计无法读数，可以利用铅丝将孔压计拔起，检查原因后或另换孔压计重新埋设。

5）测试孔口应用隔水填料填实封严，封孔前应测试各孔压计的封孔前频率并记入埋设考证表，防止地表水渗入，封孔过程中可利用铅丝不断摇动使泥球落至预定位置，不可以成堆倒入泥球。

6）封孔完成后各孔压计铅丝绑扎在固定位置，防止孔压计在埋设初期下沉，造成埋设深度不准，测试孔口部应设置有效的防护装置，并设立明显的标志。

7）埋设完成后，测试埋设后频率值，并详细记录埋设情况，填写考证表。

保护：孔隙水压力计引出电缆采取3in以上镀锌钢管保护，回填完成后，电缆敷设应采用蛇形敷设，并充分考虑堤身的沉降。引至监测位置后，测头一端须采用防水密封材料保护。

d. 测斜管。

安装：根据设计图纸位置采用钻孔埋设法，测斜孔采用水钻，静压回转钻进，钻孔孔径110mm，测斜管采用ABS型管材，管径70mm，校准测斜管方位时，测斜管内的十字槽的一边应垂直堤轴线。测斜管安装完毕后，管外与孔壁之间采用回填砂封堵；埋设方法应符合有关规程规范要求。测斜管底部应置于设计高程，管内十字导槽必须对准堤防平面纵横方向。测斜管的埋设步骤为：定位放样→钻机成孔→埋放测斜管，封死管底→校准测斜管方位→中粗砂封孔→管口用200mm×200mm×100mm铁盒保护→测读初始值。

保护：测斜管加顶盖，外围砌筑砖墙保护墩，保护墩外壁刷黄白油漆。再在测斜管外侧加1m×1m钢管护栏，并悬挂测点标示牌作为警示标志，水平位移测点保护示意见图9.6。测斜管破坏后首先应疏通恢复，如修补不好应及时重新补打测斜孔。

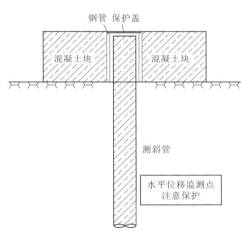

（a）结构示意图

（b）实物图

图9.6　水平位移测点保护示意图

e. 分层沉降。

安装：根据设计图纸位置采用钻孔埋设法，沉降管钻孔采用水钻，静压回转钻进，钻孔孔径110mm，分层管采用ABS型管材，管径70mm，深层沉降测量磁环的埋设深度对应于不同土层、不同的分界位置应尽量埋设一对应的磁环。埋设方法应符合有关规程规范要求。分层沉降测管及磁性环的埋设步骤为：定位放样→钻机成孔→埋放分层沉降管及磁性环→测初始值。埋设磁性环时，把磁性环套放在分层沉降管上，并用纸绳系住磁性环的弹簧钢片，待纸绳遇水强度降低则弹簧钢片弹出，磁性环就固定在孔壁上。

保护：堤身段分层沉降应采取镀锌钢管保护，并随围堤的加高不断接高沉降管，应做好管口的密封工作，以防止分层沉降管在施工中破坏。

f. 渗流压力。

根据设计图纸位置采用钻孔埋设法，钻孔直径 110mm，测斜孔采用水钻，静压回转钻进，钻孔孔径，选用 D50 直径或符合图纸要求材料制作，管底封闭。透水管可用导管管材加工制作，面积开孔率 10％～20％。自底预留 2m 沉沙段，向上钻透水孔，孔隙率复合规范要求。透水段顶端与导管及导管与导管间用外箍接头牢固相连。箍接时要连接牢固、密封。渗压测管埋设步骤为：定位放样→钻机成孔→埋放渗压管→测初始值。

埋设后的各观测测点将随着填筑工程施工高度的增加，而调整各测点的测管高度或测点电缆线的走向，满足整个施工期的观测需要。施工完成后，对所有观测设施进行编号，并测取初始值。同时做好观测设施警示标识。

2. 监测频率

（1）地表沉降、挡墙沉降。

监测仪器：采用天宝 DiNi0.3 水准仪进行观测。

监测要求：

1）要求在回填期间每回填一层观测 1 次，其后 3～7d 观测一次。

2）场地填筑完成后，第一次蓄水前，1 次/月。

3）第一次蓄水后至第一次水位降落后，1 次/周。

4）第一次水位降落后，1 次/月。

5）第一次蓄水一年后：1 次/半年。观测精度按照三等水准测量精度要求进行。

地表沉降监测点，共计 90 点，单点累计测次：80 次/点；累计总测次：7200 次。

挡墙沉降监测点，共计 34 点，单点累计测次：80 次/点；累计总测次：2720 次。

（2）地面水平位移。

观测仪器：采用徕卡 TCR1201 全站仪进行观测。

测试要求：

1）要求在回填期间每回填一层观测 1 次，其后 3～7d 观测一次。

2）场地填筑完成后，第一次蓄水前，1 次/月。

3）第一次蓄水后至第一次水位降落后，1 次/周。

4）第一次水位降落后，1 次/月。

5）第一次蓄水一年后：1 次/半年。

地面水平位移监测点，共计 89 点，单点累计测次：80 次/点；累计总测次：7120 次。

（3）分层沉降。

观测仪器：采用江苏产 CJ - 02 分层沉降仪进行观测。

测试要求：

1）要求在回填期间每回填一层观测 1 次，其后 3～7d 观测一次。

2）场地填筑完成后，第一次蓄水前，1 次/月。

3）第一次蓄水后至第一次水位降落后，1 次/周。

4）第一次水位降落后，1 次/月。

5）第一次蓄水一年后：1 次/半年。

分层沉降监测点，共计 15 点，单点累计测次：80 次/点；累计总测次：1200 次。

（4）渗流压力。

观测仪器：采用测压管进行观测。

测试要求：

1）蓄水 765～825m，1 次/d。

2）蓄水至 825m 后，1 次/周。

3）水位从 825m 下降至 765m 过程中，1 次/d。

4）水位降落至 765m，一次/周。

渗流压力监测点，共计 12 点，单点累计测次：80 次/点；累计总测次：960 次。

（5）孔隙水压力。

观测仪器：采用南京葛南实业有限公司 VW－102A 型读数仪进行观测。

测试要求：

1）要求在回填期间每回填一层观测 1 次，其后 3～7d 观测一次。

2）场地填筑完成后，第一次蓄水前，1 次/月。

3）第一次蓄水后至第一次水位降落后，1 次/周。

4）第一次水位降落后，1 次/月。

5）第一次蓄水一年后：1 次/半年。

孔隙水压力监测点，共计 23 点，单点累计测次：80 次/点；累计总测次：1840 次。

（6）测斜。

观测仪器：采用北京智力科学仪器厂 CX－08A 型测斜仪进行观测。

测试要求：

1）要求在回填期间每回填一层观测 1 次，其后 3～7d 观测一次。

2）场地填筑完成后，第一次蓄水前，1 次/月。

3）第一次蓄水后至第一次水位降落后，1 次/周。

4）第一次水位降落后，1 次/月。

5）第一次蓄水一年后：1 次/半年。

测斜监测点，共计 5 点，单点累计测次：80 次/点；累计总测次：400 次。

（7）工作基点。

监测仪器：采用天宝 DiNi0.3 水准仪进行观测。

监测要求：工作基点校核按二等水准要求施测。施工阶段每月至少监测 1 次，非正常情况下应增加观测次数。

地表沉降监测点，共计 4 点，单点累计测次：20 次/点；累计总测次：80 次。

（8）巡视检查。

监测设备：巡视检查以目测为主，可辅以锤、钎、量尺、放大镜等工器具以及摄像、摄影等设备进行。

监测要求：与位移变形观测同步开展。对自然条件、支护结构、施工工况、周边环境、监测设施等的巡视检查情况应做好记录。检查记录应及时整理，并与仪器监测数据进行综合分析。

9.1.5 实施效果

1. 智慧强夯

巧家移民房屋与市政工程，工期 3 年。北门强夯地基处理 205334m³，职高强夯地基处理 14465m²，总计面积为 219799m²。夯坑布置间距为 3.5m×3.5m，约 17943 个夯坑。按照设计要求每个夯坑夯击 8 次。通过人工监测与智能监测对比分析，见表 9.3。

表 9.3　　　　　　　　　　强夯施工班组的项目施工费比较表

项　　目	人工监测法	利用强夯施工智能监控装备	工期/费用节省
夯次平均历时	125s	75s	50s
夯坑平均历时	1120s	700s	420s
强夯历时	5582h	3680h	1902h
强夯工期	345d/14 个月	230d/9 个月	125d/5 个月
总计	工期节省约 6 个月		

采用本研究方法每个强夯施工班组可节省人力 2 人；每次夯击循环可节省时间 60s，折合节省工期约 6 个月，节省的工期达到总工期的 1/4，工期效益显著；节省成本高达 42.4%，经济效益显著，得到了建设单位及各参建单位肯定及一致好评。

该项目利用了强夯智慧监测装置。高填方地基强夯施工智能监测关键技术的研究成果，在现场强夯施工中得到了很好的应用，基于强夯施工的自动化智能监测设备，不仅提高了工程施工效率，通过施工智能监测平台，实现强夯施工的无人化、少人化作业，显著提升现场的施工安全管理水平，同时智能监测得到的强夯施工记录数据及现场影像，便于查取和存档，方便工程质量档案管理和复核，数据安全性和可追溯性好，具有显著的工程技术优势和良好的工程质量社会效益。节约了成本，提高了效率，节约了工期，得到了业主及各建设方的认可。

2. 智慧碾压

北门堤防堆石料填筑 468.1 万 m³，场平土石回填 1110 万 m³，如此大的填方造地工程，为了保证填筑质量及填筑工期，采用了智慧碾压，取得了显著的效果。采用智慧碾压后的检测结果（其中之一），见表 9.4。

表 9.4　　　　　　　　　　采用智慧碾压后的检测结果

试验点及取样位置	湿密度/(g/cm³)	整体含水率/%	干密度/(g/cm³)	最大干密度/(g/cm³)	最佳含水率/%	压实系数要求/%	压实系数	备注
1	2.327	6.8	2.180	2.22	6.1	≥97	98.2	—
2	2.311	6.0	2.180	2.22	6.1	≥97	98.2	—
3	2.322	6.3	2.184	2.22	6.1	≥97	98.4	—
4	2.315	6.5	2.173	2.22	6.1	≥97	97.9	—

试验点及 取样位置	湿密度 /(g/cm³)	整体含水率 /%	干密度 /(g/cm³)	最大干密度 /(g/cm³)	最佳含水率 /%	压实系数 要求/%	压实 系数	备注
5	2.322	6.6	2.178	2.22	6.1	≥97	98.1	—
6	2.326	6.5	2.184	2.22	6.1	≥97	98.4	—
7	2.292	6.0	2.162	2.22	6.1	≥97	97.4	—
8	2.315	6.9	2.167	2.22	6.1	≥97	97.6	—
9	2.322	6.2	2.187	2.22	6.1	≥97	98.5	—

9.2　白鹤滩水电站库区象鼻岭高填方工程

9.2.1　工程概况

象鼻岭居民点防护工程位于金沙江与小江间象鼻岭台地处，属昆明市东川区拖布卡镇格勒村所辖，为东川、巧家、会泽、会东两省四市四县交界处。距离巧家县城约 54km，距离东川区约 51km，龙东格公路从工程区附近通过，对外交通较方便。

象鼻岭居民点防护工程范围为金东大桥桥头位置的狭长地带，包括堤防工程和场地回填工程；堤线从象鼻岭南端高程 827.5m 的边坡处起始，向北沿金沙江侧布置约 700m，然后转至小江侧，沿小江侧向南布置约 685m 与现状 827.5m 高程地形衔接。防护堤全长约 1.44km；内侧场地填高，围地面积约 10.07hm²（151 亩）。

9.2.2　工程设计

9.2.2.1　工程级别及建筑物级别

该次防护工程所保护的对象为乡村，人口约 1600 人，根据《防洪标准》（GB 50201—2014），防洪对象等级为Ⅳ等，该工程防洪标准为 20 年一遇，主要建筑物级别为 4 级，次要建筑物级别为 5 级，临时建筑物级别为 5 级。根据《建筑边坡工程技术规范》（GB 50330—2013），边坡工程安全等级为一级。根据《中国地震动参数区划图》，工程区地震动峰值加速度为 0.30g，相对应的地震基本烈度为Ⅷ度，场地距离金东大桥仅约 250m，根据《金沙江金东大桥工程场地地震安全性评价报告》，场地基岩地震动峰值加速度 50 年超越概率 10% 为 0.284g，特征周期为 0.40s。因此工程区地震动峰值加速度采用 0.284g，回填场地作为建设用地，进行场地抗震复核。该工程合理使用年限为 30 年。

9.2.2.2　设计依据

（1）《金沙江白鹤滩水电站移民安置规划报告（云南部分）》附件 2-8-3 象鼻岭居民点防护工程设计专题报告。

（2）《堤防工程设计规范》（GB 50286—2013）。

（3）《建筑边坡工程技术规范》（GB 50330—2013）。

（4）《防洪标准》（GB 50201—2014）。

（5）《城市防洪工程设计规范》（GB/T 50805—2012）。

（6）其他相关技术标准、规程规范。

9.2.2.3　施工要求

1. 土方开挖

（1）除另有规定外，所有主体工程的基础均应干槽施工。应从上至下分层分段依次进行开挖，不允许在开挖范围的上侧弃土。

（2）邻近建筑物开挖前应采取有效的开挖支护措施。

（3）土方开挖过程中，如出现裂缝和滑动迹象时，应立即暂停施工，并采取应急抢救措施，必要时应设置观测点，及时观测边坡变化情况，并做好记录。

（4）堤脚土方开挖范围可根据现场实际情况调整。

2. 场地填筑

（1）填筑前：清除草皮、耕植土、抽水、清淤、清基 1m，临时开挖边坡坡率 1∶1。

（2）填料采用土石混合料，填料级配良好，回填料最大粒径不大于 2/3 层厚，碎石（>20mm）含量大于 50%，相对密度不小于 0.8，黏聚力不小于 5kPa，内摩擦角不小于 36°。含泥量不大于 10%，填筑应分层碾压，采用 20t 振动压路机震动碾压，碾压遍数为 6～8 遍，每层碾压厚度初定 0.6m，具体碾压机具、参数等根据碾压试验确定。

（3）建筑场地区域设计标高以下 8m 范围内：地基主要受力层范围内回填压实系数应不小于 0.97，在主要受力层范围以下回填压实系数应不小于 0.95。

（4）碾压后要求地基承载力达到 150kPa，回填土体压缩模量>10MPa。

（5）正式填筑前，应在现场进行填筑碾压试验，以确定堤身填筑料的碾压施工参数。

（6）图中现有设计高程均为最终标高，竣工时堤顶及场地内部填筑高程应相对于设计高程超填 30cm，作为蓄水后的堤顶预沉降。

（7）人工堆积体应全部挖除，施工时，如遇实际地质、地形情况不符，需及时与建设单位、设计单位、监理单位联系，根据实际情况做相应调整。

（8）级配碎石反滤层需满足反滤要求，满足级配曲线要求，相对密度应不小于 0.7。

（9）小江侧防护坡脚的土石混合料换填相对密度不小于 0.65。

9.2.3　工程施工

9.2.3.1　土石混合料填筑要求

砂砾石填筑前应先清除地表腐殖土，清表厚度为 1m，清表后再进行填前碾压夯实，压实度不小于 95%，然后填筑防护堤。若地基土含水量较高，则应截断地下水，并对土体进行翻晒，在最佳含水率下碾压密实。陡坡路堤段（地面横坡陡于 1∶5）应先挖台阶，台阶宽度不应小于 2.0m，每层回填厚度不超过 0.5m，以便于机械碾压密实，如台阶上方为高边坡则每阶高度不超过 3m。当基岩面上的覆盖层较薄时，应先清除覆盖层再在基岩上开挖台阶，然后填筑路基。大沟槽堤段，应开挖便道至沟底，挖设台阶，台阶宽度不应小于 2.0m 且每层回填厚度不超过 0.5m，如台阶上方为高边坡则每阶高度不超过 3m。

防护堤边坡施工采用阶梯形，每 10m 高程设置一级边坡平台，平台宽 3m，最上一级边坡坡率为 1∶3，第二级及以下边坡坡率大部分为 1∶1.7。个别细部边坡坡率根据设计图纸细部说明调整，每级边坡高度保持 10m 不变，边坡平台宽度为 3m。

注意事项：

（1）由于填方高度大，施工质量要求高，需从地基处理开始加强质量控制，采用级配好的填料，分层碾压密实，并采用追密压实等措施，保证施工质量；同时对堤身地段进行稳定和沉降监测，及时发现问题，及时解决问题。

（2）根据提供的GPS控制点和水准点布设控制网，及时组织复测。由测量班放出线路中线、填筑边线，并做好护桩。

（3）原地面处理前，对地质资料进行核查，地基承载力要符合设计要求，若不符合时，及时反馈至设计院进行处理。根据要求进行路基清表，挖除植被，开挖台阶。需采用特殊方案（碎石桩、CFG桩、旋喷桩、水泥搅拌桩、混凝土管桩、桩板结构等）加固时，先进行地基处理，再进行堤身填筑。

（4）堤身填筑按横断面全宽纵向水平分层填筑压实进行填筑，正式施工前进行试验段填筑，确定施工机械组合及具体施工工艺。自卸车运输填料至现场，按照提前画好的网格卸料，推土机配合平地机摊铺整平，振动压路机碾压密实。

（5）填筑时堤身两侧各加宽50cm，以保证边坡压实质量。碎石类土每层填筑压实厚度不超过50cm，每层最小填筑压实厚度不小于10cm。

（6）填料采用土石混合料，级配良好，具体各项指标严格按照设计要求进行填筑。

（7）清表完成，经施工单位自检合格后，建设单位、勘察单位、设计单位、监理单位、施工单位等相关负责人共同进行坑（槽）验收，验收合格后方可进行后续施工。

9.2.3.2　碾压施工方案

本填筑施工区域划分为5个施工区域，见图9.7。

1. 作业准备

（1）场地平整，清除表层土，进行表面松散碾压，修筑机械设备进出口道路，排除地表水，施工区周边做排水沟以确保场地排水畅通防止积水。

（2）测量放线，定出控制轴线、振动碾压场地边线。

（3）据设计要求的压实度及沉降量，初步确定振动碾压参数，在大面积振动碾压施工前选择有代表性的路段进行碾压试验，通

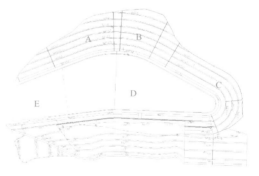

图9.7　填筑施工区域划分图

过试验，总结出人员安排、采用的机械设备的规格及性能，确定振动碾压的遍数、振动功率等参数，确定质量检测方法及评测标准。

2. 技术要求

（1）振动碾压的压实深度和压实影响深度应根据现场振动碾压试验确定。

（2）采用20t以上振动压路机碾压处理，振动频率应接近基底土层的自振频率，自振频率经现场试验确定。

（3）施工前，应标出需要进行振动碾压的范围，并查明场地范围内地下构造物、管线和电线的位置及标高，采用必要的防护措施，防止由于振动碾压施工造成损坏。清除处理范围内地表1m厚种植土。施工现场若有土坎、沟槽等应采用推土机、平地机或其他措施予以平整，对于坑穴等应填平夯实，且应防止基地积水。对于流向路基作业区的水源应在

施工前予以截断，并应在设计边沟的位置开挖临时排水沟，保证施工期间的排水。在施工范围内不得堆放有任何有碍于振动碾压的物品。

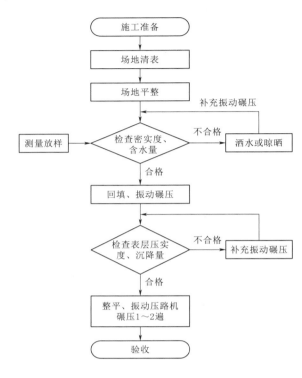

图 9.8　振动碾压施工工艺流程

（4）振动碾压应控制碾压速度，施工由地基处理两侧向中心碾压，轮迹覆盖整个路基表面为碾压一遍，碾压遍数应根据实验性施工确定，并应满足设计要求的压实标准，直至满足施工质量要求。振动碾压应按照静压→弱振→强振→静压的顺序施工。

（5）待振动碾压地基各项检测合格后，方可进行上部层及路堤填筑施工。

3. 施工程序与工艺流程

振动碾压施工工艺流程见图 9.8。振动碾压的施工程序为：施工准备→表层清除→测量放线→振动碾压→压实度检查→整平验收。

4. 施工要求

（1）施工准备：施工前，测量人员将中桩及左右两侧路基排水沟边桩用白灰线标记出作为需要进行振动碾压的范围。经调查，作业范围内无地下构造物、管线和电线等影响振动碾压施工的因素，已具备振动碾压作业条件。

（2）地表清理、平整：清除地基处理范围内地表草皮、植物根系等，若有土坎、沟槽、坑穴等，采用推土机、平地机予以平整。为防止基底积水，在设计边沟位置开挖临时排水沟，保证施工期间的排水。在施工范围内不得堆放有任何有碍于振动碾压的物品。

（3）土质含水量检测：检测地面以下 50cm 处的土体含水量。含水量应控制在最优值的 ±2% 以内，否则应进行晾晒或洒水（标段内主要以洒水为主，最终由试验确定）。

分层填筑厚度应根据压实机械压实能力、填料种类和要求的压实密度，通过现场工艺试验确定。通过试验确定填筑料的压实厚度和松铺厚度。

横向接缝处填料应翻挖并与新铺的填料混合均匀后再进行碾压，并注意调整其含水率，纵向应避免工作缝。

碾压后的基床表层质量应满足设计要求，局部表面不平整应补平并补压。

施工中应坚持层层检测、层层报检，确保压实度符合要求。

含水量适宜的填料应及时碾压，防止松散填料在空气中暴露时间过长，导致含水量损失难以压实。含水量不适宜的填料应进行调整处理后方可碾压。

压路机按 S 形走行，相邻两行碾压轮迹至少重叠 30cm，保证不漏压。振动压路机碾压线路见图 9.9。

9.2.4　工程监测

9.2.4.1　沉降点设置及数量

该工程共设置垂直位移测点 20 个，水准工作基点 6 个，水准校核基点 3 个。挡墙桩基上钢筋计 18 支，集线箱 1 个。

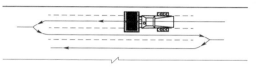

图 9.9　振动压路机碾压线路图

（1）工作基点和校核基点埋设在稳定基岩上，具体位置现场确定。

（2）堤顶垂直位移按三等水准要求施测，垂直位移量中误差限值为 ±2.0mm；施工期观测频次为 1 次/月，特殊情况下可适当增加。

（3）在堤坡挡土墙桩号 XL0＋904.47、XL0＋959.47、XL1＋098.87、XL1＋214.00、XL1＋288.87 处的靠堤顶侧基础桩内各布置 3 个钢筋计。

（4）水准点顶部盖板应露出防护堤顶部或挡墙顶部，以方便后期水准点开盖维护。

（5）集线箱布置在防护堤顶部，监测仪器电缆穿管保护后按就近原则引入其内。

9.2.4.2　沉降点观测

1. 工作基点及校核点埋设

象鼻岭防护工程工作基点及校核点布设要求：

（1）基准点应布设在变形影响范围以外，靠近观测目标，便于长期保存和联测的稳定位置。要求工作基点和校核点埋设在稳定的基岩上。

（2）监测点应根据图纸上的要求进行埋设，应能确切反应变形量和变形特征的位置，可以从基准点对其进行观测。

（3）施工时应对观测线路提供有效的保证，所有点位不得被碾压、扰动、遮挡。

（4）监测点、观测点应设有明显的标识。

2. 钢筋计的埋设与安装

钢筋计适用于长期埋设在水工结构物或其他混凝土结构物内，测量结构物内部的钢筋应力。

3. 钢筋计安装

（1）钢筋计焊接在钢筋笼主筋上，当作主筋的一段，焊接面积不应少于钢筋的有效面积，在焊接钢筋计时，为避免热传导使钢筋计零漂增加，需要采取冷却措施，用湿毛巾或流水冷却降温。

（2）在开挖侧与挡土侧的主筋对应位置都安装钢筋计，钢筋计布置按照设计图纸上的要求进行布设。

（3）钢筋计的采购按照设计要求进行采购，量程：拉 400MPa，压 100MPa，精度：±0.25％FS。

4. 钢筋计的原理

钢筋计采用振弦式，接收仪分别为频率仪和电阻应变仪。振弦式钢筋计的工作原理是：当钢筋计受轴力时，引起弹性钢弦的张拉拢变化，改变钢弦的振动频率，通过频率仪测得钢弦的频率变化即可测出钢筋所受作用力的大小，换算而得混凝土结构所受的力。

5. 表面变形观测点

表面变形观测点应按照设计图纸的要求进行布设，布设的点位在施工中注意保护。

9.2.4.3　变形观测

1. 仪器配备

变形监测应按照设计要求配备相应的设备。水准仪配备徕卡电子水准仪 LS10 型，观测精度为 0.3mm/km。

钢筋计观测仪：与钢筋计同步配备，观测精度为 ±0.25%FS。测量方式为自动测量，数据存储量为 6000 条。

表面变形观测采用施工期的控制网点，采用边角交会法观测，水平位移测量中误差为 ±3.0mm。仪器采用 TS15 型徕卡全站仪，测量精度为 3mm+1.5ppm。

2. 观测

观测应按照设计要求及周期进行观测，满足设计要求。

9.2.4.4　数据整理

完成变形观测后，应按照要求上报相应的数据。数据采集中，测量人员应认真测量，保证数据的连续性，为后期运营过程中提供数据支撑。

9.2.5　实施效果

象鼻岭回填量 380 万 m^3，针对象鼻岭居民点工程属房建用地，其具有填筑量大、控制指标高、填筑面积广、填筑厚度高等特点，特引进智慧化设备，加强现场质量管控，取得了显著的效果。采用智慧碾压后的观测点累计观测值见表 9.5。

表 9.5　　　　　　　　　采用智慧碾压后的观测点累计沉降值　　　　　　　　单位：mm

测点	压实完成后历经天数/d												
	10	30	60	90	120	150	180	210	240	270	300	330	360
D1	−5	−9	−14	−26	−28	−30	−31	−32	−34	−35	−36	−37	−39
D2	−3	−3	−6	−12	−15	−18	−21	−24	−28	−32	−34	−37	−38
D3	6	7	12	13	17	17	20	23	27	29	30	32	36
D4	0	1	8	12	13	12	13	14	14	16	17	22	24
D5	−3	−4	−6	−10	−12	−14	−16	−20	−22	−24	−26	−30	−32
D6	−3	−4	−3	−4	−6	−10	−15	−12	−13	−17	−17	−15	−13
D7	−1	−6	−10	−11	−10	−12	−16	−15	−19	−20	−20	−23	−26
D8	0	3	6	8	6	9	13	13	15	17	17	17	18
D9	−4	−8	−12	−18	−20	−26							
D10	4	7	15	21	24	27							
D11	4	4	8	10	9	13							
D12	−3	−9	−13	−17	−22	−28							
D13	2	3	12	13	16	19							
D14	5	10	14	20	23	26							
D15	−1	4	−1	−1	−1	0							
D16	2	2	−1	1	2	3							
D17	0	−2	−4	−7	−11	−11							

该工程利用了智慧碾压监测设备。运用智慧碾压技术，实时的监控、引导回填施工，加强质量管理。采取智慧化手段，使每台碾压设备均安装了车载传感器，通过北斗系统基于厘米级高精度定位技术，以每秒互传一次数据的频次采集和分析数据，实时采集碾压层厚、高程、速度、遍数、振碾与静碾等关键数据，第一时间把压实质量转化为简单易懂的导航画面信息，反馈到压路机驾驶舱的电子屏幕上，给驾驶员进行智能压实导航，从而避免了漏压、过压等问题的发生。从而确保了象鼻岭防护工程的施工质量和进度要求。节约了成本，提高了效率，节约了工期，得到了业主及各建设方的认可。

9.3 白鹤滩水电站库区溜姑高填方工程

9.3.1 工程概况

溜姑乡位于金沙江畔会东县，营盘山与西侧鲁南山之间，溜姑乡东西两侧山体高程在1000m左右，南面坡地高程827~830m。水库建成后，三面环山，一面临水（北面）。溜姑乡集镇现状高程基本在800~830m之间，水库蓄水后，集镇区域825m以下高程部分将被淹没。拟将集镇迁至营盘山上，营盘山自900m高程向上开挖多级台用作集镇安置，工程建设所产生的开挖料用于溜姑垫高造地工程，将原集镇所在地填高用作集镇配套的生产用地。

白鹤滩水电站会东县移民工程市政类总承包项目溜姑垫高回填造地工程由华东院、中国华西联合体组建总承包项目部进行管理，位于金沙江左岸，选址在营盘山和鲁南山之间的低洼地带（原溜姑集镇冲沟处）填高至826.3m高程。迁建集镇规划面积373亩，垫高造地面积472亩，迎水面为堤坝护坡全长约0.85km，集镇费用1.9亿元，垫高造地费用0.76亿元，安置人口2797人。

垫高造地高填方工程是配合溜姑集镇开挖料弃置和安置移民配备生产用地需求，临江而建，最大回填高度达到60m以上，施工区域面积约34hm^2，运输及回填量约572万m^3，受到白鹤滩水电站下闸制约，施工工期仅12个月且不能延长，平均运输及回填强度约48万m^3，高峰强度达到67万m^{3}以上。

9.3.2 工程设计

9.3.2.1 工程简介

1. 工程范围及工程内容

溜姑乡位于金沙江畔会东县，营盘山与西侧鲁南山之间，溜姑乡东西两侧山体高程在1000m左右，南面坡地高程827~830m。水库建成后，三面环山，一面临水。故可在临水侧新建护坡，内侧场地填高。由于需要消纳溜姑集镇的营盘山开挖料，故设计以营盘山开挖料量为依据，尽可能多的围地为原则，布置了护坡坡顶线，两端分别与营盘山、鲁南山相衔接。

该工程是白鹤滩水电站库区的移民造地工程，是百姓搬迁后的配套生产用地，临江而建，最大回填高度达到60m以上，白鹤滩水电站蓄水后存在周期性的水位消落运行，料源质量存在一定的不确定性，因此高填方的边坡稳定和沉降控制显得尤其重要。防护坝坝顶长约 970m，坝顶设计高程为 826.5m，最大坝高约 66.5m。堆石坝外部为主堆区，其内部区域为次堆区。坝体总填筑量约 209 万 m^3，其中过渡料 111520m^3，反滤料 78170m^3。堤防工程平面位置见图 9.10。

图 9.10 堤防工程平面位置图

2. 工程等级和建筑物级别

防护工程所保护的对象为溜姑集镇的配套生产用地，面积约为 516 亩，场地内无安置人口，根据《防洪标准》(GB 50201—2014)，防洪对象等级为 V 等，该工程防洪标准为 10 年一遇。主要建筑物（护坡）级别为 5 级，次要建筑物级别为 5 级，临时建筑物级别为 5 级。

根据《全国地震动参数区划图》，会东抗震设防基本烈度为 Ⅷ 度。规划会东县按抗震标准 8 度设防，设计基本地震动峰值加速度 0.20g。重要工程按基本烈度提高一度设防。根据《堤防工程设计规范》(GB 50286—2013)。该工程主要建筑物为 5 级，可不进行抗震设计。

9.3.2.2 工程布置及建筑物

会东县溜姑垫高造地工程范围为：营盘山与鲁南山之间的低洼地带填高至 826.3m 高程，迎水面护坡全长约 0.85km。工程包括护坡工程、造地工程、坡脚块石护坡工程和截洪沟工程、盲沟排水工程等。护坡轴线两端分别衔接营盘山和鲁南山；内侧垫高造地作为生产用地；场地边缘设置 2 条截洪沟，将山水截至库区排出，截洪沟末端采用抛石护底来消能防冲。

9.3.2.3 设计依据

(1)《金沙江白鹤滩水电站移民安置规划报告（四川部分）》（审定本）附件 17-1 溜姑垫高造地工程设计专题报告。

(2) 水电咨水工（2016）65 号关于报送《金沙江白鹤滩水电站建设征地移民安置规划（四川部分）防护工程设计专题报告初审意见》的函。

（3）《堤防工程设计规范》（GB 50286—2013）。

（4）《建筑边坡工程技术规范》（GB 50330—2013）。

（5）《防洪标准》（GB 50201—2014）。

（6）《城市防洪工程设计规范》（GB/T 50805—2012）。

（7）《碾压式土石坝设计规范》（DL/T 5395—2007）。

（8）《碾压式土石坝施工规范》（DL/T 5129—2013）。

（9）《水利水电建设工程验收规程》（SL 223—2008）。

（10）《面板堆石坝设计规范》（SL 228—2013）。

（11）《水利水电工程施工组织设计规范》（SL 303—2017）。

（12）《混凝土结构设计规范》（GB 50010—2010）。

（13）其他相关技术标准、规程规范。

9.3.2.4 设计技术要求

1. 土方开挖

（1）除另有规定外，所有主体工程的基础均应干槽施工。应从上至下分层分段依次进行开挖，不允许在开挖范围的上侧弃土。

（2）邻近建筑物开挖前应采取有效的开挖支护措施。

（3）土方明挖过程中，如出现裂缝和滑动迹象时，应立即暂停施工，并采取应急抢救措施，必要时应设置观测点，及时观测边坡变化情况，并做好记录。

（4）堤脚土方开挖范围可根据现场实际情况调整。

2. 堤防填筑

（1）填筑前，清基 0.5m；并仔细清理表面杂草、树根、垃圾、废渣，将表层耕植土保留。堤基凸块状地形需开挖平顺后再回填。

（2）采用 15～20t 自卸汽车运输上坝，进占法与后退法相结合的混合法卸料。采用分层铺设，层厚控制在 60cm 左右，大功率推土机平整，25t 振动碾碾压 6～8 遍，坡面采用 10t 斜坡碾碾压。碾压过程中均匀洒水，局部人工辅助整平、碾压。碾压施工参数由现场碾压试验确定。

（3）主堆石区石料采用弱风化或强风化石料填筑，石料抗压强度不小于 25～30MPa，碾压后小于 5mm 的颗粒含量为 0%～28%，小于 0.075mm 的颗粒含量不大于 8%；次堆石区采用硬岩（抗压强度不小于 25～30MPa）强化风料或碎石混合土填筑。

（4）场地填料正式填筑前，应参照相关规范的要求，在现场进行填筑碾压试验，以确定堤身填筑料的碾压施工参数。

（5）主堆石区石料填筑孔隙率不大于 20%，次堆石区填筑压实度不小于 0.97。

（6）过渡层、反滤层填筑相对密度不应小于 0.85。堤身反滤层、过渡层待碾压试验结束及填筑料相关筛分成果出来后，经设计计算复核过后再进行填筑。

3. 场平填筑

（1）填筑前，应仔细清理表面杂草、树根、垃圾、废渣和表层耕植土，清理厚度 50cm。

（2）场地回填分层填筑施工，填筑料从填筑料场 2m³ 反铲挖装 20～25t 自卸汽车运至工作面附近，推土机摊铺，采用分层铺设，层厚控制在50cm左右，压实度不小于0.85，相对密度不小于0.6。大功率推土机平整，32t振动碾压机碾压3~4遍。碾压过程中均匀洒水，局部人工辅助整平、碾压。碾压施工参数由现场碾压试验确定。

（3）场地回填正式填筑前，应在现场进行填筑碾压试验，以确定填筑料的碾压施工参数。

4. 填筑技术要求

（1）地面起伏不平时，应按着水平分层由低处开始逐层填筑，不得顺坡铺填。

（2）分段作业面长度，机械施工时段长不应小于100m，人工施工时段长可适当减短。

（3）作业面应分层统一铺土、统一碾压，严禁出现界沟，上下层的分段接缝应错开。

（4）相近施工段的作业面宜均衡上升，段间出现高差，应以斜坡面相接，结合坡度为1：3~1：5。

（5）已铺土料表面在压实前被晒干时，应洒水湿润。

（6）施工中若发现局部弹簧土、层间光面、层间中空、松土层或剪切破坏等现象时应及时处理，并经检验合格后方可铺新土。

5. 填筑质量控制

（1）检测填筑过程中的质量控制项目：填筑边界控制及填料质量；铺料的厚度及碾压遍数；结合部位的压实方法及施工质量。

（2）填筑的压实质量应以压实参数和指标检测相结合进行控制。

（3）应分层取样检验土的回填压实效果。

9.3.2.5 堤防工程基本特征

（1）就地取材，节省投资。与混凝土坝相比，堆石坝最突出的特点就是填筑坝体所需要的土、石等筑坝材料能够就地开采，充分利用当地材料和水利枢纽各建筑物的开挖料，从而可大量节省钢材、水泥和木材等重要建筑原材料，减轻了远途交通运输量，降低了工程总投资和填筑单价，令堆石坝具有很好的经济性。

（2）工程量大，施工强度高，建设工期长。如此大规模、高强度的施工作业必须进行科学的施工组织和管理，才能保证工程的顺利进行。

（3）施工分期分区复杂，填筑材料种类多。堤身采用碾压主（次）堆石体。护坡面设置过渡层、反滤层。堤防工程正常使用过程中，不同分区的功能和受力状况各不相同，对筑堤材料的级配和性能要求也不同。

（4）坝料料源多，施工场内运输量大，道路布置复杂。筑坝材料的性质千差万别，有石料场、土料场、砂石加工系统、掺合料场、存料场等多处料源，各料源的运距、分布范围、开采难度、要求的上坝强度等各不相同。

（5）堤防质量要求高，施工参数控制严格。由于防护坝施工过程的复杂性和不确定性，即使是具有丰富经验的施工单位，也难免会出现各种各样的施工疏忽，导致出现质量问题，轻者造成返工整改，延误施工进度，重者为工程运行留下隐患，甚至造成重大的安全事故。因此，必须对施工全过程中的每一个环节每一道工序都采取科学的施工工艺，执行明确的技术标准，进行严格的质量控制，确保防护坝工程质量。

9.3.3　工程施工

9.3.3.1　高强度回填施工组织设计

土石方工程施工内容包括清除树木、杂草，平整场地、基坑开挖、压实等作业，具有施工面广、作业时间长、强度高、参与机械繁多、受天气影响大等特点。土方施工组织方案包括土方挖运填方案、临时道路布置、施工机械配置等。其中土方挖运填方案主要是根据土方量来确定挖方区、填方区、弃土区；临时道路布置是指主要以最小运距为目标来布置机械运输路线；施工机械配置包括各种机械设备的型号、数量及参数，例如挖掘机和自卸汽车联合作业时，需要涉及的因素有挖掘机斗容量、自卸汽车装载量、挖掘机装满一车所用时间、自卸汽车排队等待时间、自卸汽车一个工作循环的时间等。对于项目施工质量和进度方面，高效的施工组织设计对整体项目施工进度存在直接影响，而且能够有效降低耗能，能够确保整体项目施工质量，为此项目施工过程中涉及的机器设备以及工具的控制对于确保项目整体质量至关重要。

1. 施工机械配套组合

（1）考虑到该工程挖填体量大，平均运输强度高，开挖与回填施工工期要求较短，土石方开挖与运输施工区域狭窄，运输道路交通较为拥挤、运输干扰多且复杂影响因素较多，因此通过优化施工机械配置和组合来对施工工期与施工成本进行优化。

（2）机械配置情况主要是指碾压机械的工作效率和数量以及质量检测和测量放样等步骤需要用到的工具等，其中碾压机械对填筑单元施工进度的影响是最重要的。碾压机械数量充足，工作效率高，必然会缩短碾压的完成时间，还能与质量检查工序之间衔接良好，有效地加快整个填筑单元的施工进度；相反地，如果碾压机械数量不足，利用率低，碾压工作就不能顺畅完成，从而影响整个填筑单元施工流水作业的开展。

（3）通过对该工程的主要施工机械数量进行计算，综合考虑现场的高强度运输、施工条件，得出了本土石方工程主要施工机械的配备组合方案，对现场主要使用的施工机械进行汇总，包括了机械名称、机械品牌、机械规格型号、机械的使用数量、机械的产地以及机械的额定功率，现场主要施工机械汇总结果见表9.6。

表 9.6　　　　　　　　　　现场主要施工机械汇总结果

序号	机械名称	品牌	型号规格	数量/台	产地	额定功率/（kW/rpm）
1	挖掘机	三一	SY235C	5	中国	128.5
2	挖掘机	卡特	323D	6	美国	118
3	挖掘机	卡特	320C	2	美国	110
4	挖掘机	小松	PC460	6	日本	257
5	挖掘机	小松	PC220	2	日本	125
6	自卸汽车	东风	25T	45	中国	250
7	自卸汽车	红岩金刚	25T	35	中国	290
8	推土机	宣工	TS160	3	中国	121
9	压路机	三一	SSR220AC－8H	2	中国	136

序号	机械名称	品牌	型号规格	数量/台	产地	额定功率/(kW/rpm)
10	压路机	徐工	XS223JS	2	中国	147
11	装载机	厦工	XG953Ⅲ	2	中国	162
12	装载机	山工	SEM653D	2	中国	162

2. 高效回填施工流程

正式施工前通过基底处理，为后续施工创造良好施工环境，然后依次进行分层填筑、摊铺整平、洒水和晒干、碾压施工工序，在进行碾压时，横向接头的轮迹重叠宽度为18～22cm，每块连接处的重叠碾压宽度为 1.1～1.5m，目的是防止漏压，且碾压时先轻后重，先用压路机预压一遍，以提高压实层上部的压实度，碾压机行驶速度在 2km/h 以内，即碾压速度在 2km/h 以内，从而保证碾压的均匀性，在碾压过程中随时检查填土含水量及压实度，确保压实质量，最后当填土接近设计标高时，根据现场土质及现场试压情况留准虚高，使碾压后的高程符合质量标准。施工流程包括以下步骤：

（1）基底处理，施工前由测量人员根据设计图纸放出分界线，并清除地表植被和建筑垃圾，对于不良地质情况的局部区域须根据设计图纸和现场勘察确定它们的具体位置并做好标志。

（2）分层填筑，在底层土处理按断面全宽分层填筑，由最低处填起，填土压实前松铺厚度按现场碾压试验结果确定。

（3）摊铺整平，通过自卸汽车从挖方区把土石方运至填土区，由推土机把卸下的土摊平。

（4）洒水和晒干，根据现场测定的填料含水量，与最佳含水量对照，超出±2％时，需对填料进行洒水或晒干处理，对含水量偏低的填料采取洒水翻拌，对含水量偏高的采取翻松晾晒，再次测定含水量合格后，整平碾压，填料含水量控制在最佳含水量±2％以内。

（5）碾压，碾压时，压路机从低到高、从边到中，碾压时横向接头的轮迹重叠宽度为18～22cm，每块连接处的重叠碾压宽度为 1.1～1.5m，碾压时先轻后重，先用压路机预压一遍，然后用推土机修平后再碾压，碾压机行驶速度在 2km/h 以内，碾压遍数为 6～8 遍。

（6）检测，在碾压过程中随时检查填土含水量及压实度，采用环刀法或灌砂法检测。

（7）最上一层土的填筑，当填土接近设计标高时，根据现场土质及现场试压情况留准虚高。整体的现场施工组织步骤紧凑，层层环扣，选用合适的施工设备，整体施工科学规范，极大地减小了返工概率，从而保证施工效率。

9.3.3.2　运输回转线路及工作面组织模式

运输回转路线必须以碾压回填质量控制为中心，合理调配回填料源，确保各分区填筑的供料。材料供应的数量不足，这时候会造成碾压不能正常开始，并延误后续工序的进行，容易形成窝工。因此，合理选择运输机械型号和数量，根据料源分布和回填高度的变化科学地规划运输线路的布置，做好统筹安排和管理，确保运输道路通畅，确保材料供应充足，避免不同料源运输过程中的相互干扰，是保证回填强度的关键。

1. 开挖区的施工资源调配布置

考虑到该工程挖填体量大，平均运输强度高，开挖与回填施工工期要求较短等特点。

现场管理需要合理的对场地资源进行调配，主要包括土石方的调配、人员与机械的调配、运输路线的确定。

（1）根据现场的实际情况，编制土石方调配图表，确定土石方的调配运输方案，绘制土石方动态调配图。

（2）定期进行实际开挖量、填筑量统计和土石方平衡复核，建立施工人员与开挖机械匹配方案与现场管理人员分工方案，并对整个施工过程建立动态管理方案。

（3）开挖机械与运输车辆的调配方案，根据地质情况与道路状况确定最优化路线。进行挖填分区方案比选，尽量实现同一时间段内各分区填挖平衡，避免远距离运输渣土和中转场地使用。在挖填分区初步确定后，结合施工机械配备，利用表上作业法，进行调配方案和路线方案优化，确定不同作业时间的最优调配路线。

（4）土石方装运机械配置是安排土石方调配过程中，对各个时期的调配任务进行施工机械设备数量、型号的分配。土石方工程施工机械种类多，施工场内施工场地分散，多分工程同时进行作业，从而对机械的分配有高要求。合理的机械配置可以提高机械利用率，避免造成资源浪费、工期延误等问题，对大型土石方工程的施工有重要参考依据。

2．高强度运输及回转路线设计

（1）交通布置原则。运输及回转路线规划需综合考虑场内地形条件、对外交通、枢纽布置、施工总布置和施工总进度等因素。具体布置原则如下：

1）满足回填碾压工程及防护坝的施工需要，适应料场和弃渣场的开采、运输要求，便于与对外交通、附属企业、仓储和生活、管理营区的沟通。

2）施工道路尽可能与竣工后的永久道路相连通。

3）在满足道路功能的前提下，根据地形、地质条件，合理布线，尽量减少拆迁、移民及工程投资。

4）符合相关技术规程、规范要求。

（2）主要路线规划布置。该工程位于原溜姑集镇区域，场区地形较平缓，对外交通便利。通过场内物资运输流向分析结果，并结合施工总进度安排，确定该工程的土石方开挖渣料运输强度为场内施工道路运输控制强度。施工高峰人数约 180 人，施工营地建筑面积约 1800m²，部分施工营地可利用库区移民废弃的房屋，其余集中布置在库区平缓场地内。该工程施工工厂及仓库主要有混凝土搅拌站、钢筋加工厂、物资仓库等。施工工厂及仓库在填筑区内高高程区域适当平整后解决，以减少工程投资，建筑面积约 950m²，占地面积约 3300m²。混凝土选择搅拌机在工作面附近拌制，单台生产能力 18～20m³/h。根据该工程建筑物的特点及施工总布置要求，场内物资运输主要为开挖料、大坝过渡料、反滤料的运输。

1）主要工程回填料约有 572 万 m³，受到白鹤滩水电站下闸制约，施工工期仅 12 个月且不能延长，平均运输强度约 48 万 m³，高峰强度达到 67 万 m³ 以上。

2）考虑将营盘山集镇安置点的上部开挖土料约 20 万 m³ 先堆存于土料中转场，用于后期复耕用土。

3）大坝填筑料、过渡料及反滤料全部采用自卸汽车运输。

4）砂砾料场位于蒙姑乡下游约 1km 田坝河漫滩处，距离工程区直线距离约 1km，现有简易碎石土路与工程区相接，交通相对较便利，运输条件较好。

5）石料场位于工程区东侧营盘山处且料场与工程区相邻，运距较近，运输条件较好。考虑该工程施工期开挖及填筑高峰强度大，且持续时间较长，为避免对地方交通产生较大干扰，本阶段在利用营盘山集镇安置点的永久对外交通道路的基础上，布置了 2 条主要施工道路：1 号临时道路（营盘山至工区的临时道路），泥结碎石路面宽 6.0m、长约 1.0km；2 号临时道路（地方道路至护坡底部的临时道路），泥结碎石路面宽 6.0m、长约 0.5km。主要路线规划布置情况见图 3.9。

9.3.4　工程监测

在溜姑区高强度大体量的土石方工程中，依据现场的施工情况，在大坝填筑区配置了 6 台碾压监控设备，并且能够正常运行以及系统的良好维护。通过碾压监控设备得到部分监测结果，取施工单元主堆（1）811.7～812.4m 与主堆（1）814.7～815.4m 进行分析，结果见表 9.7。

表 9.7　　　　　　　　　　　排 队 等 待 情 况 仿 真

序号	部位	施工单元	施工时间	数量
1	主堆	主堆（1）811.7～812.4m	2020 年 4 月 6—7 日	6
2		主堆（1）814.7～815.4m	2020 年 4 月 7—11 日	

主堆（1）811.7～812.4m 监控结果见表 9.8：

表 9.8　　　　　　　　　　主堆（1）811.7～812.4m 监控结果

单位工程名称			溜姑大坝填筑区					
分部工程名称		—	单元工程名称		—		开始时间	2020 年 4 月 6 日 7：51
施工单元名称		主堆（1）811.7～812.4m	施工面积 /m²		3821.66		结束时间	2020 年 4 月 7 日 14：05

项次	检测名称		质量标准		碾压面积检测			其他记录	
			设计值	允许偏差	监测面积 /m²	监测值	备注	名称	检测值
1	总碾压遍数		8		3355.65	87.8%			
2	振碾遍数		6		3471.60	90.8%			
3	压实厚度	设计压实厚度/cm	50.0	±5.0				平均压实厚度/cm	52.0
4	速度分析	行车速度 /(km/h)	0.5～6.0					正常行驶比例/%	98.7
								超速距离 /m	18.8

主堆（1）811.7～812.4m 的设计总碾压遍数为 8，但监测的实际总碾压遍数为设计值的 87.8%。主堆（1）811.7～812.4m 的设计振动碾压遍数为 6，但监测的实际振动碾压遍数为设计值的 90.8%。主推（1）811.7～812.4m 总碾压遍数图形与振碾遍数图形见图 9.11 和图 9.12。

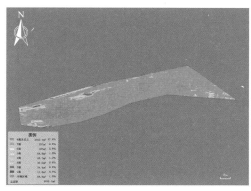

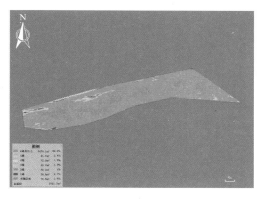

图 9.11　主推（1）811.7～812.4m
总碾压遍数图形

图 9.12　主推（1）811.7～812.4m
振碾遍数图形

主堆（1）814.7～815.4m 的设计总碾压遍数为 8，但监测的实际总碾压遍数为设计值的 53.1%。主堆（1）814.7～815.4m 的设计振动碾压遍数为 6，但监测的实际振动碾压遍数为设计值的 50.5%，具体见表 9.9。主堆（1）814.7～815.4m 总碾压遍数图形与振碾遍数图形见图 9.13 和图 9.14。

表 9.9　　　　　　　　　主堆（1）814.7～815.4m 监控结果

单位工程名称				溜姑大坝填筑区				
分部工程名称		—	单元工程名称		—	开始时间		2020 年 4 月 7 日 14：05
施工单元名称		主堆（1）814.7～815.4m	施工面积/m²		3，821.66	结束时间		2020 年 4 月 11 日 18：08
项次	检测名称		质量标准		碾压面积检测		其他记录	
			设计值	允许偏差	监测面积/m²	监测值	备注	名称	检测值
1	总碾压遍数		8		2023.72	53.0%			
2	振碾遍数		6		1931.58	50.5%			
3	压实厚度	设计压实厚度/cm	50.0	±5.0				平均压实厚度/cm	42.0
4	速度分析	行车速度/(km/h)	0.5～6.0					正常行驶比例/%	98.8
								超速距离/m	0.0

图 9.13 主堆（1）814.7～815.4m
总碾压遍数图形

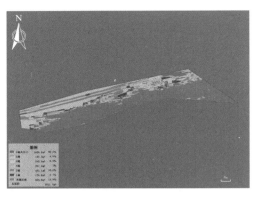

图 9.14 主堆（1）814.7～815.4m
总碾压遍数图形

9.3.5 实施效果

溜姑安置点，复杂条件下开挖强度超 50 万 m^3/月。通过资源配置优化与智慧工地运输系统，高峰强度超 67 万～75 万 m^3/月，基本实现开挖填料的零中转。通过开挖区和回填区场区划分、中转场设置、填筑区单元划分，科学确定回填施工流程，预测瞬时及工后沉降变形，自编程进行质量评定的快速处理，投入智慧化碾压设备等综合手段，高质量完成该工程项目。实现工期缩短 2 个月，节约了大量成本，得到了业主及政府主管部门的一致认可。

溜故迁建集镇垫高造地工程，由于政府事业单位过渡搬迁的影响，填筑施工作业面狭小，同时还存在高强短期作业，施工组织难度大，料源质量不确定性以及边坡稳定等问题。通过将整体系统分为三项子系统，提出相应的施工管理措施，解决了施工资源合理调配布置，科学规划布设主要施工道路和回转路线，优化现场施工机械配备，建立以施工机械配套为基础的高效回填施工流程。基于层次分析法建立施工进度与质量的实时评价指标体系，优化现场填筑质量快速检测方法，检测频率由 300 m^2 一点提高到 600 m^2 一点，对检测数据利用自编程序进行快速处理，并投入 GPS 智慧化碾压设备，在保证质量的前提下较大缩短了现场土方填筑的检测作业时间。对填筑体的瞬时沉降及工后沉降变形进行预测，针对压缩变形和渗透变形两种不同的沉降破坏模式选择相应施工治理方法，保障了垫高造地工程的边坡稳定。

溜姑迁建集镇施工区域面积约 34hm^2，但运输及回填量约 572 万 m^3，受到白鹤滩水电站下闸制约，施工工期仅 12 个月且不能延长，平均运输及回填强度约 48 万 m^3，高峰强度达到 67 万 m^3 以上，最大回填高度达到 60m 以上。

根据高质量、高强度回填施工质量的控制方法研究，将此方法（三点击实法）研究应用到白鹤滩水电站会东县移民工程市政类项目溜姑迁建集镇工程当中，在现场实际应用中发现，对压实度检测有着显著帮助，在控制质量的同时极大地优化减少了检测频率，提高了施工效率。以填方区 3 区 41 层 K0＋000～K0＋280 进行压实度试验检测，现场干密度检测点数据见表 9.10。

表 9.10 现场干密度检测点数据

| 取样部位 | 溜姑垫高造地区试验段 | | | | | 检测日期 | 2019 年 8 月 29 日 |
| 备注 | 带 * 者为快速检测方法数据 | | | | | 报告日期 | 2019 年 8 月 31 日 |

检测结果

测点部位	试坑体积 /cm³	试坑深度 /cm	湿密度 /(g/cm³)	含水率 /%	干密度 /(g/cm³)	最大干密度 /(g/cm³)	压实度 /%
1	6079.6	19.4	2.171	7.2	2.025	2.322	87.2
1 *						2.312	87.6
2	6208.0	19.8	2.172	7.6	2.019	2.324	86.9
2 *						2.315	87.2
3	6219.0	19.8	2.166	6.4	2.036	2.323	87.6
3 *						2.332	87.3
4	6022.6	19.2	2.195	7.4	2.044	2.327	87.0
4 *						2.339	87.4
5	6091.2	19.4	2.123	5.0	2.022	2.324	87.1
5 *						2.319	87.2
6	6194.2	19.7	2.212	8.0	2.048	2.327	88.0
6 *						2.319	88.3
7	6377.4	20.3	2.158	5.3	2.049	2.325	88.1
7 *						2.315	88.5
8	6005.8	19.1	2.173	7.0	2.031	2.323	87.4
8 *						2.318	87.6
9	6283.2	20.0	2.136	6.6	2.004	2.327	86.1
9 *						2.317	86.5
10	6056.2	19.3	2.160	6.9	2.020	2.321	87.0
10 *						2.311	87.4

统计结果表明，试验结果与常规试验方法相比较都可以满足试验规定的误差要求。填筑过程中，在土料压实质量检测环节中严格执行设计要求及规范，采取了三点击实法现场确定填土压实度步骤为操作性强且简便的快速检测方法，使得工作段压实质量检测工序时间控制在工期限制范围之内，缩短了土方填筑的循环作业时间，实现填筑快速施工。

参 考 文 献

［1］ Zhang Z H，Jiang Q H，Zhou C B，et al. Strength and failure characteristics of Jurassic Red – Bed sand-
stone under cyclic wetting – drying conditions ［J］. Geophysical Journal International，2014，198（2）：
1034 – 1044.

［2］ Goh S G，Rahardjo H，Leong，E. C. Shear strength equations for unsaturated soil under drying
and wetting ［J］. J. Geotech. Geoenviron. Eng.，2010，136（3）：594 – 606.

［3］ Stoltz G，Cuisinier O，Masouri F. Weathering of a lime – treated clayey soil by drying and wetting
cycles ［J］. Engineering Geology，2014，181：281 – 289.

［4］ Kong L W，Hossain M S，Tian H H. Influence of drying – wetting cycles on soil – water character-
istic curve of undisturbed granite residual soils and microstructure mechanism by nuclear magnetic
resonance（NMR）spin – spin relaxation time（T2）relaxometry ［J］. Canadian Geotechnical Jour-
nal，2018，55（2）：208 – 216.

［5］ A Aldaood，M Bouasker，M Al – Mukhtar. Impact of wetting – drying cycles on the microstructure
and mechanical properties of lime – stabilized gyseous soils ［J］. Engineering Geology，2014，174：
11 – 21.

［6］ M Milatz，T Törzs，E Nikooee，et al. Theoretical and experimental investigations on the role of
transient effects in the water retention behaviour of unsaturated granular soils ［J］. Geomechanics
for Energy and the Environment，2018，15（9）：54 – 64.

［7］ M Julina，T Thyagaraj. Combined effects of wet – dry cycles and interacting fluid on desiccation cracks and
hydraulic conductivity of compacted clay ［J］. Engineering Geology，2020，267（3）：1 – 15.

［8］ Tang C S，Cui Y J，Shi B，et al. Desiccation and cracking behaviour of clay layer from slurry state
under wetting – drying cycles ［J］. Geoderma，2017，166（1）：111 – 118.

［9］ Thyagaraj T，Julina M. Effect of pore fluid and wet – dry cycles on structure and hydraulic conduc-
tivity of clay ［J］. Géotechnique Lett. 2019，9（4）：348 – 354.

［10］ Chen W B，Liu K，Feng W Q，et al. Influence of matric suction on nonlinear time – dependent
compression behavior of a granular fill material ［J］. Acta Geotechnica，2020（15）：615 – 633.

［11］ Yin J H. Non – linear creep of soils in oedometer tests ［J］. Geotechnique，1999，49（5）：699 – 707.

［12］ H Xu，X Ren，J N Chen. Centrifuge model tests of geogrid – reinforced slope supporting a high em-
bankment ［J］. Geosynthetics International，2019，26（6）：629 – 640.

［13］ S Rajesh，B V S Viswanadham. Centrifuge and numerical study on the behavior of clay – based land-
fill covers subjected to differential settlements ［J］. Journal of Hazardous，Toxic，and Radioactive
Waste，2012，16（4）：284 – 297.

［14］ S Rajesh，B V S Viswanadham. Centrifuge modeling and instrumentation of geogrid – reinforced soil
barriers of landfill covers ［J］. Journal of Geotechnical and Geoenvironmental Engineering，2012，
138（1）：26 – 37.

［15］ B V S Viswanadham，H. L. Jessberger，M. ASCE. Centrifuge modeling of geosynthetic rein-
forced clay liners of landfills ［J］. Journal of Geotechnical and Geoenvironmental Engineering，
2005，131（5）：564 – 574.

242

［16］ J P Gourc，S Camp，B V S Viswanadham，et al. Deformation behaviour of clay cap barriers of hazardous waste containment systems：Full – scale and centrifuge tests. ［J］. Geotext Geomembr，2010，28（3）：281 – 291.

［17］ S Camp，J P Gourc，O Pléb. Landfill clay barrier subjected to cracking：Multi – scale analysis of bending tests ［J］. Appl. Clay Sci. ，2010，48（3）：384 – 392.

［18］ McDowell G R. Micromechanics of creep of granular materials ［J］. Geotechnics，2003，53（10）：915 – 916.

［19］ Goodwin A K，O'Nell M A，Anderson W F. The use of X – ray computer tomography to investigate particulate interactions within opencast coal mine backfills ［J］. Engineering Geology，2003，70：331 – 341.

［20］ E Kavazanjian，J A Gutierrez. Large scale centrifuge test of a geomembrane – lined landfill subject to waste settlement and seismic loading ［J］. Waste Management，2017，68：252 – 262.

［21］ K Jeonga，S Shibuya，T T Kawabata，et al. Seismic performance and numerical simulation of earth – fill dam with geosynthetic clay liner in shaking table test ［J］. Geotextiles and Geomembranes，2020，48（2）：190 – 197.

［22］ Y Q Tang，X Ren，B Chen，et al. Study on land subsidence under different plot ratios through centrifuge model test in soft – soil territory ［J］. Environmental Earth Sciences，2012，66（7）：1809 – 1816.

［23］ R Nazir，N Sukor，H Niroumand，et al. Performance of soil instrumentation on settlement prediction ［J］. Soil Mechanics and Foundation Engineering，2013，50（2）：61 – 64.

［24］ K Hashiguchi. Subloading surface model in unconventional plasticity ［J］. International Journal of Solids and Structures，1989，25（8）：917 – 945.

［25］ A Morro. Modelling of viscoelastic materials and creep behavior ［J］. Meccanica，2017，52（13）：3015 – 3021.

［26］ J L Justo，P Durand. Settlement – time behaviour of granular embankments ［J］. International Journal for Numerical and Analytical Methods in Geomechanics，2000，24（3）：281 – 303.

［27］ Yin J H，Graham J. Equivalent times and one – dimensional elastic viscoplastic modeling of time – dependent stress – strain behavior of clays ［J］. Canadian Geotechnical Journal，1994，31（1）：42 – 52.

［28］ Morsy M M，Morgenstern N，Chan D. Simulation of creep deformation in the foundation of Tar Island Dyke ［J］. Canadian Geotechnical Journal，1995，32（6）：1002 – 1023.

［29］ Biot M A. General theory of three – dimensional consolidation ［J］. Journal of Applied Physics，1941，12（2）：155 – 164.

［30］ Schiffman R L，Chen A，Jordan J C. An analysis of consolidation theories ［J］. Journal of Soil Mechanics ＆ Foundations Div，1969，95（1）：285 – 312.

［31］ Yin J H，Graham J. Viscous – elastic – plastic modelling of one – dimensional time dependent behavior of clays ［J］. Canadian Geotechnical Journal，1989，26（2）：199 – 209.

［32］ Liu G R，Gu Y. A point interpolation method for two - dimensional solids ［J］. International Journal for Numerical Methods in Engineering，2001，50（4）：937 – 951.

［33］ Fei X C，S M ASCE，D Zekkos，et al. Factors Influencing long – term settlement of municipal solid waste in laboratory bioreactor landfill simulators ［J］. Journal of Hazardous，Toxic，and Radioactive Waste，2013，17（4）：259 – 271.

［34］ D E Bleiker，G Farquhar，E M Bean. Landfill settlement and the impact on site capacity and refuse hydraulic conductivity ［J］. Waste Management ＆ Research，1995，13（5）：533 – 554.

［35］ G L S Babu，K R Reddy，S K Chouksey. Parametric study of MSW landfill settlement model ［J］. Waste Management，2011，31（6）：1222 – 1231.

［36］ E Durmusoglu，M Y Corapcioglu，F ASCE，et al. Landfill settlement with decomposition and gas generation ［J］. Journal of Environmental Engineering，2005，131（9）：1311－1321.

［37］ Chen Y M，Ke H，D G. Fredlund，et al. Secondary compression of municipal solid wastes and a compression model for predicting settlement of municipal solid waste landfills ［J］. Journal of Geotechnical and Geoenvironmental Engineering，2010，136（5）：706－717.

［38］ Jia L，Huang G L. Application of a viscoelastic model to creep settlement of high－fill embankments ［J］. Advances in Civil Engineering，2019.

［39］ Vicente N，Victor B，Ángel Y，et al. Settlement of embankment fills constructed of granite fines ［J］. Computers & Geosciences，2008，34（8）：978－992.

［40］ Zhang F H，Zhang L，Zhou T B，et al. An experimental study on settlement due to the mutual embedding of miscellaneous fill and soft soil ［J］. Advances in Civil Engineering，2020.

［41］ 刘雨，朱自强，陈俊桦，等. 干湿循环条件下水泥改良泥质板岩粗粒土的静力特性试验研究 ［J］. 中南大学学报（自然科学版），2019，50（3）：679－687.

［42］ 尹剑. 干湿循环作用下夹泥碎石土路基填料力学特性研究 ［J］. 兰州工学院学报，2018，（25）6：16－19.

［43］ 刘文化，杨庆，唐小微，等. 干湿循环条件下不同初始干密度土体的力学特性 ［J］. 水利学报，2014，45（3）：261－268.

［44］ 王建华，高玉琴. 干湿循环过程导致水泥改良土强度衰减机理的研究 ［J］. 中国铁道科学，2006，27（5）：23－25.

［45］ 陈金锋，徐明，宋二祥，等. 不同应力路径下石灰岩碎石力学特性的大型三轴试验研究 ［J］. 工程力学，2012，29（8）：195－201.

［46］ 邓华锋，肖瑶，方景成，等. 干湿循环作用下岸坡消落带土体抗剪强度劣化规律及其对岸坡稳定性影响研究 ［J］. 岩土力学，2017，38（9）：2629－2638.

［47］ 郑治. 填石料的长期变形性能模拟试验研究 ［J］. 中国公路学报，2001，14（2）：18－21.

［48］ 冯延云，张晓明，丁树文，等. 干湿循环作用下崩岗土体抗拉强度的衰减性分析 ［J］. 水土保持学报，2020，34（3）：168－174.

［49］ 曹杰，郑建国，张继文，等. 不同边界条件下黄土高填方沉降离心模型试验 ［J］. 中国水利水电科学研究院学报，2017，15（4）：256－262.

［50］ 郑建国，曹杰，张继文，等. 基于离心模型试验的黄土高填方沉降影响因素分析 ［J］. 岩石力学与工程学报，2019，38（3）：560－571.

［51］ 杜伟飞，郑建国，刘争宏，等. 黄土高填方地基沉降规律及排气条件影响 ［J］. 岩土力学，2019，40（1）：325－331.

［52］ 刘宏，张倬元，韩文喜. 用离心模型试验研究高填方地基沉降 ［J］. 西南交通大学学报，2003，38（3）：323－326.

［53］ 孙静，孙琳. 土工离心模型试验研究土石混合填料的沉降变形特性 ［J］. 中外公路，2019，39（2）：14－18.

［54］ 李天斌，田晓丽，韩文喜，等. 预加固高填方边坡滑动破坏的离心模型试验研究 ［J］. 岩土力学，2013，34（11）：3061－3070.

［55］ 赵建军，解明礼，余建乐，等. 工程荷载诱发填方边坡变形破坏机制试验研究 ［J］. 工程地质学报，2019，27（2）：426－436.

［56］ 张英平，唐益群，徐杰，等. 水位循环升降作用下粉土变形及沉降机理 ［J］. 同济大学学报（自然科学版），2017，45（12）：1773－1782.

［57］ 赵建军，余建乐，解明礼，等. 降雨诱发填方路堤边坡变形机制物理模拟研究 ［J］. 岩土力学，2018，39（8）：2933－2940.

[58] 曹喜仁，钟守滨，淤永和，等. 高填石路堤工后沉降分析及工程算法探讨 [J]. 湖南大学学报（自然科学版），2002 (6)：112-117.

[59] 陈晓斌. 高速公路粗粒土路堤填料流变性质研究 [D]. 长沙：中南大学，2007.

[60] 耿之周，徐锴，李雄威. 堆石流变模型及在高填方路基工程中的应用 [J]. 岩土工程学报，2016，38 (2)：255-259.

[61] 王占军，陈生水，傅中志，等. 堆石料流变的黏弹塑性本构模型研究 [J]. 岩土工程学报，2014，36 (12)：2188-2194.

[62] 黄耀英，包腾飞，田斌，等. 基于组合指数型流变模型的堆石坝流变分析 [J]. 岩土力学，2015，36 (11)：3217-3222.

[63] 曹文贵，李鹏，程晔. 高填石路堤蠕变本构模型及其参数反演分析与应用 [J]. 岩土力学，2006，(8)：1299-1304.

[64] 徐明，宋二详. 高填方长期工后沉降研究的综述 [J]. 清华大学学报（自然科学版），2009，49 (6)：786-789.

[65] 朱才辉，李宁，刘明振，等. 吕梁机场黄土高填方地基工后沉降的时空规律分析 [J]. 岩土工程学报，2013，35 (2)：293-301.

[66] 吕庆，尚岳全，陈允法，等. 高填方路堤粘弹性参数反演与工后沉降预测分析 [J]. 岩石力学与工程学报，2005，24 (7)：1231-1235.

[67] 李秀珍，许强，孔纪名，等. 九寨黄龙机场高填方地基沉降的数值模拟分析 [J]. 岩石力学与工程学报，2005，24 (12)：2188-2193.

[68] 刘宏，李攀峰，张倬元，等. 九寨黄龙机场高填方地基工后沉降预测 [J]. 岩土工程学报，2005，27 (1)：90-93.

[69] 叶观宝，饶烽瑞，张振，等. 基于监测数据反演的软土高填方地基性能分析 [J]. 岩土工程学报，2017，39 (S2)：62-66.

[70] 王博林，马文杰，王旭，等. 最优组合预测模型在高填方提沉降中的应用研究 [J]. 岩土工程学报，2019，52 (S2)：36-43.

[71] 朱彦鹏，蔡文宵，杨校辉. 高填方路堤沉降模型试验现场试验 [J]. 建筑科学与工程学报，2017，34 (1)：84-90.

[72] 杨校辉，朱彦鹏，郑楠. 高填方土石混合料强度与变形特性及沉降预测研究 [J]. 岩石力学与工程学报，2017，36 (7)：1780-1790.

[73] 葛苗苗，李宁，张炜，等. 黄土高填方沉降规律分析及工后沉降反演预测 [J]. 岩石力学与工程学报，2017，36 (3)：745-753.

[74] 罗汀，姚仰平，松冈元. 基于SMP准则的土的平面应变强度公式 [J]. 岩土力学，2000 (4)：390-393.

[75] 刘恩龙，沈珠江. 结构性土的强度准则 [J]. 岩土工程学报，2006 (10)：1248-1252.

[76] 刘恩龙，沈珠江. 结构性土强度准则探讨 [J]. 工程力学，2007 (2)：50-55.

[77] 吕玺琳，黄茂松，钱建固. 层状各向异性无黏性土三维强度准则 [J]. 岩土工程学报，2011，33 (6)：945-949.

[78] 姚仰平，孔玉侠. 横观各向同性土强度与破坏准则的研究 [J]. 水利学报，2012，43 (1)：43-50.

[79] 刘洋. 砂土的各向异性强度准则：原生各向异性 [J]. 岩土工程学报，2013，35 (8)：1526-1534.

[80] 刘洋. 砂土的各向异性强度准则：应力诱发各向异性 [J]. 岩土工程学报，2013，35 (3)：460-468.

[81] 路德春，梁靖宇，王国盛，等. 横观各向同性土的三维强度准则 [J]. 岩土工程学报，2018，40 (1)：54-63.

［82］ 田雨，姚仰平，路德春，等. 基于修正应力法的横观各向同性莫尔-库仑准则及被动土压力公式 ［J］. 岩土力学，2019，40（10）：3945－3950.

［83］ 邵生俊，许萍，陈昌禄. 土的剪切空间滑动面分析及各向异性强度准则研究 ［J］. 岩土工程学报，2013，35（3）：422－435.

［84］ 陈昌禄，邵生俊，罗爱忠，等. 土的静态空间滑动面及其强度准则适应性研究 ［J］. 地下空间与工程学报，2015，11（5）：1185－1192.

［85］ 邵生俊，张玉，陈昌禄，等. 土的 σ（1/2）～3空间滑动面强度准则及其与传统准则的比较研究 ［J］. 岩土工程学报，2015，37（4）：577－585.

［86］ 施维成，朱俊高，代国忠，等. 粗粒土在 π 平面上的真三轴试验及强度准则 ［J］. 河海大学学报（自然科学版），2015，43（1）：11－15.

［87］ 施维成，朱俊高，代国忠，等. 三向应力状态下粗粒土的强度准则研究 ［J］. 重庆交通大学学报（自然科学版），2017，36（1）：64－67，116.

［88］ 张玉，邵生俊，王丽琴，等. 平面应变条件下土的强度准则分析及验证 ［J］. 岩土力学，2015，36（9）：2501－2509.

［89］ 张玉，邵生俊，赵敏，等. 平面应变条件下土的强度准则在黄土工程问题中的应用研究 ［J］. 土木工程学报，2018，51（8）：71－80.

［90］ 郑颖人，向钰周，高红. 岩土类摩擦材料空间 Mohr 应力圆与强度准则 ［J］. 岩石力学与工程学报，2016，35（6）：1081－1089.

［91］ 曹威，王睿，张建民. 横观各向同性砂土的强度准则 ［J］. 岩土工程学报，2016，38（11）：2026－2032.

［92］ 高凌霞，李顺群，刘双菊，等. 非饱和土的强度准则及其吸力摩擦角 ［J］. 广西大学学报（自然科学版），2019，44（1）：141－147.

［93］ 郑国锋，郭晓霞，邵龙潭. 基于状态曲面的非饱和土强度准则及其验证 ［J］. 岩土力学，2019，40（4）：1441－1448.

［94］ 陈昊，胡小荣. 非饱和土三剪强度准则及验证 ［J］. 岩土力学，2020，41（7）：2380－2388.

［95］ 张振平，付晓东，盛谦，等. 基于含石量指标的土石混合体非线性破坏强度准则 ［J］. 岩石力学与工程学报，2021，40（8）：1672－1686.

［96］ Duncan JM，Chang. Nonlinear Analysis of Stress and Strain in Soils ［J］. Asce Soil Mechanics and Foundation Division Journal，1970，96（5）：1629－1653.

［97］ 沈珠江. 考虑剪胀性的土和石料的非线性应力应变模式 ［J］. 水利水运科学研究，1986（4）：1－14.

［98］ 陈成，周正明. 一个考虑剪胀性和应变软化的土体非线性弹性模型 ［J］. 岩土工程学报，2013，35（S1）：39－43.

［99］ 侯伟亚，张兆省，张幸幸，等. 几种堆石料双曲线模型参数整理方法的比较 ［J］. 水力发电，2018，44（12）：52－58.

［100］ 安然，孔令伟，张先伟. 残积土孔内剪切试验的强度特性及广义邓肯-张模型研究 ［J］. 岩土工程学报，2020，42（9）：1723－1732.

［101］ 张琰，张丙印，李广信，等. 压实黏土拉压组合三轴试验和扩展邓肯张模型 ［J］. 岩土工程学报，2010，32（7）：999－1004.

［102］ 王家辉，江洎洧，饶锡保，等. 渣场松散碎石土应力-应变特性研究 ［J］. 长江科学院院报，2021，38（5）：88－93，102.

［103］ 李兆明. 考虑颗粒破碎的粗粒土本构模型 ［D］. 大连：大连理工大学，2007.

［104］ 孙增春，汪成贵，刘汉龙，等. 粗粒土边界面塑性模型及其积分算法 ［J］. 岩土力学，2020，41（12）：3957－3967.

[105] 胡小荣，汪日堂，董肖龙. 饱和砂土的三剪弹塑性边界面模型研究（一）——模型理论 [J]. 应用力学学报，2020，37（2）：580-588，928.

[106] 刘祎，蔡国庆，李舰，等. 一个统一描述饱和-非饱和土温度效应的热-弹塑性本构模型 [J]. 岩土力学，2020，41（10）：3279-3288.

[107] 刘红，陈琴梅，卢黎，等. 考虑温度影响的非关联弹塑性饱和黏土本构模型 [J]. 土木与环境工程学报（中英文），2020，42（4）：53-59.

[108] 袁庆盟，孔亮，赵亚鹏. 考虑水合物填充和胶结效应的深海能源土弹塑性本构模型 [J]. 岩土力学，2020，41（7）：2304-2312，2341.

[109] 梁文鹏，周家作，陈盼，等. 基于均匀化理论的含水合物土弹塑性本构模型 [J]. 岩土力学，2021，42（2）：481-490.

[110] 沈珠江. 结构性黏土的弹塑性损伤模型 [J]. 岩土工程学报，1993（3）：21-28.

[111] 沈珠江. 结构性黏土的非线性损伤力学模型 [J]. 水利水运科学研究，1993（3）：247-255.

[112] 兑关锁，沈珠江. 土体损伤本构模型理论分析 [C] //中国土木工程学会. 中国土木工程学会第八届土力学及岩土工程学术会议论文集. 北京：万国学术出版社，1999.

[113] 张嘎，张建民. 粗粒土与结构接触面受载过程中的损伤 [J]. 力学学报，2004（3）：322-327.

[114] 张嘎，张建民. 土与结构接触面弹塑性损伤模型用于单桩与地基相互作用分析 [J]. 工程力学，2006（2）：72-77.

[115] 张嘎，吴伟，张建民. 粗粒土亚塑性损伤模型 [J]. 清华大学学报（自然科学版），2006（6）：793-796.

[116] 杨超，崔玉军，黄茂松，等. 循环荷载下非饱和结构性黄土的损伤模型 [J]. 岩石力学与工程学报，2008（4）：805-810.

[117] 杨明辉，孙龙，赵明华，等. 基于统计损伤理论的非饱和土简易本构模型 [J]. 水文地质工程地质，2015，42（3）：43-48，58.

[118] 张向东，李庆文. 考虑 Weibull 分布的饱和风积土统计损伤硬化模型研究 [J]. 防灾减灾工程学报，2015，35（6）：726-732.

[119] 曾晟，刘其兵，孙冰，等. 考虑中间主应力的粗粒土扰动状态应力—应变模型 [J]. 防灾减灾工程学报，2016，36（2）：225-230.

[120] 龚哲，陈卫忠，于洪丹，等. Boom 黏土热-力耦合弹塑性损伤模型研究 [J]. 岩土力学，2016，37（9）：2433-2442，2450.

[121] 龙尧，张家生，陈俊桦. 结构接触面剪切特性及软硬化损伤模型 [J]. 华南理工大学学报（自然科学版），2016，44（12）：128-134.

[122] 李文涛，周志威. 胶凝粗粒土强度及损伤特性探讨 [J]. 水电与新能源，2017（11）：18-21

[123] 张德，刘恩龙，刘星炎，等. 基于修正 Mohr-Coulomb 屈服准则的冻结砂土损伤本构模型 [J]. 岩石力学与工程学报，2018，37（4）：978-986.

[124] 赵顺利，邓伟杰，路新景，等. 基于自然应变损伤模型的膨胀土冻融损伤分析 [J]. 岩土工程学报，2020，42（S1）：127-131.

[125] 周崟，张家铭，宁伏龙，等. 干湿循环作用下基于 Laplace 分布的裂土应变硬化损伤模型 [J]. 中南大学学报（自然科学版），2020，51（12）：3484-3492.